北京电子科技职业学院“百名教师到企业挂职（岗）实践、开发百门工学结合
BEIJING POLYTECHNIC 项目课程、编写百部工学结合校本教材活动”系列教材

高等职业教育“十二五”机电类规划教材

车床模型制作与装配

主　编　王　皑　薛　梅

参　编　黄桂芸　李　勇　刘燕军

机　械　工　业　出　版　社

本书配合职业教育分级制改革而编制，为机电一体化专业四级课相用书。本书突出应用性，不强调理论的系统性与完整性。在“实用为主，够用为度”原则指导下，围绕“车床模型制作与装配”这一教学载体为主线，由浅入深地对车床模型制作过程中所需相关知识和技能进行讲述，以辅助相关学员的学习与训练。本书内容包括三维建模技术，CAXA三维实体设计软件的应用，CAXA电子图板的应用，金属切削机床（包括车床、铣床等）的基本操作以及机械产品装配的基础知识等，本书还适当补充了机械设计的一些基础知识，通过“车床模型制作与装配”这个载体，将这些知识有机地结合起来，进行相关知识的学习和相关技能训练，为后续相关课相学习打好基础。

本书可作为职教分级制改革的高职院校非机类专业的教材。

本书配有电子课件，凡使用本书作教材的教师可登录机械工业出版社教育服务网（http://www.cmpedu.com）下载，或发送电子邮件至cmpgaozhi@sina.com索取。咨询电话：010-88379375。

图书在版编目（CIP）数据

车床模型制作与装配/王皑，薛梅主编．—北京：机械工业出版社，2014.1
高等职业教育“十二五”机电类规划教材
ISBN 978-7-111-44688-0

Ⅰ.①车… Ⅱ.①王…②薛… Ⅲ.①数控机床-车床-模型-制作-高等职业教育-教材②数控机床-车床-装配（机械）-高等职业教育-教材 Ⅳ.①TG519.1

中国版本图书馆CIP数据核字（2013）第264078号

机械工业出版社（北京市百万庄大街22号　邮政编码100037）
策划编辑：王英杰　责任编辑：王英杰　武　晋
版式设计：常天培　责任校对：刘秀丽
封面设计：赵颖喆　责任印制：张　楠
北京京丰印刷厂印刷
2014年1月第1版·第1次印刷
184mm×260mm·12.75印张·312千字
0 001—1 500册
标准书号：ISBN 978-7-111-44688-0
定价：29.00元

凡购本书，如有缺页、倒页、脱页，由本社发行部调换

电话服务	网络服务
社服务中心：（010）88361066	教材网：http://www.cmpedu.com
销售一部：（010）68326294	机工官网：http://www.cmpbook.com
销售二部：（010）88379649	机工官博：http://weibo.com/cmp1952
读者购书热线：（010）88379203	**封面无防伪标均为盗版**

北京电子科技职业学院
《“三百活动”系列教材》编写指导委员会

《车床模型制作与装配》编写组

编著：王皑　薛梅　黄桂芸　李勇　刘燕军

序

职业教育作为与经济社会联系最为紧密的教育类型，它的发展直接影响到生产力水平的提高和经济社会的可持续发展。职业教育的逻辑起点是从职业出发，是为受教育者获得某种职业技能和职业知识、形成良好的职业道德和职业素质，从而满足从事一定社会生产劳动的需要而开展的一种教育活动。高等职业教育以培养高端技能型专门人才为教育目标，由于职业教育与普通教育的逻辑起点不同，其人才培养方式也是不同的。教育部《关于推进高等职业教育改革创新引领职业教育科学发展的若干意见》（教职成［2011］12号）等文件要求“高等职业学校要与行业（企业）共同制订专业人才培养方案，实现专业与行业（企业）岗位对接、专业课程内容与职业标准对接；引入企业新技术、新工艺，校企合作共同开发专业课程和教学资源；将学校的教学过程和企业的生产过程紧密结合，突出人才培养的针对性、灵活性和开放性；将国际化生产的工艺流程、产品标准、服务规范等引入教学内容，增强学生参与国际竞争的能力”，其目的就是要深化校企合作，工学结合人才培养模式改革，创新高等职业教育课程模式，在中国制造向中国创造转变的过程中，培养适应经济发展方式转变与产业结构升级需要的“一流技工”，不断创造具有国家价值的“一流产品”。我校致力于研究与实践这个高等职业教育创新发展的中心课题，变使命为己任，从区域经济结构特征出发，确立了“立足开发区，面向首都经济，融入京津冀，走出环渤海，与区域经济联动互动、融合发展，培养适应国际化大型企业和现代高端产业集群需要的高技能人才”的办学定位，形成了“人才培养高端化，校企合作品牌化，教育标准国际化”的人才培养特色。

为了创新改革高端技能型人才培养的课程模式，增强服务区域经济发展的能力，寻求人才培养与经济社会发展需求紧密衔接的有效教学载体，学校于2011年启动了“百名教师到企业挂职（岗）实践、开发百门工学结合项目课程、编写百部工学结合校本教材活动”（简称“三百活动”），资助100名优秀专职教师，作为项目课程开发负责人，脱产到世界500强企业挂职（岗）实践锻炼，去选择“好的企业标准”，转化为“好的教学项目”。教师通过深入生产一线，参与企业技术革新，掌握企业的技术标准、工作规范、生产设备、生产过程与工艺、生产环境、企业组织结构、规章制度、工作流程、操作技能等，遵循教育教学规律，收集整理企业生产案例，并开发转化为教学项目，进行“教、学、训、做、评”一体化课程教学设计，将企业的“新观念、新技术、新工艺、新标准”等引入课程与教学过程中。通过“三百活动”，有效促进了教师的实践教学能力、职业教育的项目课程开发能力、“教、学、训、做、评”一体化课程教学设计能力与职业综合素质。

学校通过“教师自主申报”、“学校论证立项”等形式，对项目的选题、实施条件等进行充分评估，严格审核项目立项。在项目实施过程中，做好项目跟踪检查、项目中期检查、项目结题验收等工作，确保项目的高质量完成。《车床模型制作与装配》是我校“三百活动”系列教材之一。课程建设团队将企业系列真实项目转化为教学载体，经过两轮的“教、学、训、做、评”一体化教学实践，逐步形成校本教学资源，并最终完成本教材的建设工作。“三百活动”系列教材建设，得到了各级领导、行业企业专家和教育专家的大力支持和热心的指导与帮助，在此深表谢意。相信这套“三百活动”系列教材能为我国高等职业教育的课程模式改革与创新做出积极的贡献。

北京电子科技职业学院

副校长　安江英

于 2013 年 2 月

前　　言

一、职业教育分级制介绍

高等职业教育的目的是实施国家技能型人才培养工程，加快培养生产与服务一线急需的技能型人才，特别是现代制造业、现代服务业紧缺的高素质、高技能专门人才。高等职业教育的课程必须打破传统做法的束缚，将学习过程、工作过程与学生的能力和个性发展联系起来，课程内容设置强调理论与实践相结合、知识与技能相统一，保证学生从学校平稳过度到就业岗位，实现高素质技能型人才的培养目标。为了适应社会分工和人才层次结构的客观需求，适应人们不同的学习需求，在中等、高等两个主要职业教育层次基础上，应建立合理的职业教育层次结构，形成职业教育分级制。经过多年探索，北京市教委决定自2011年开始进行职业教育分级制改革。

我校积极参与北京市职业教育分级制改革，对机电一体化技术专业进行课相改革实践，经过广泛调研，与企业、行业合作共同开发了机电一体化技术专业4级课相-课程体系，如图0-1所示。该课相体系由“职业基础模块、职业能力模块、职业拓展模块”三大模块组

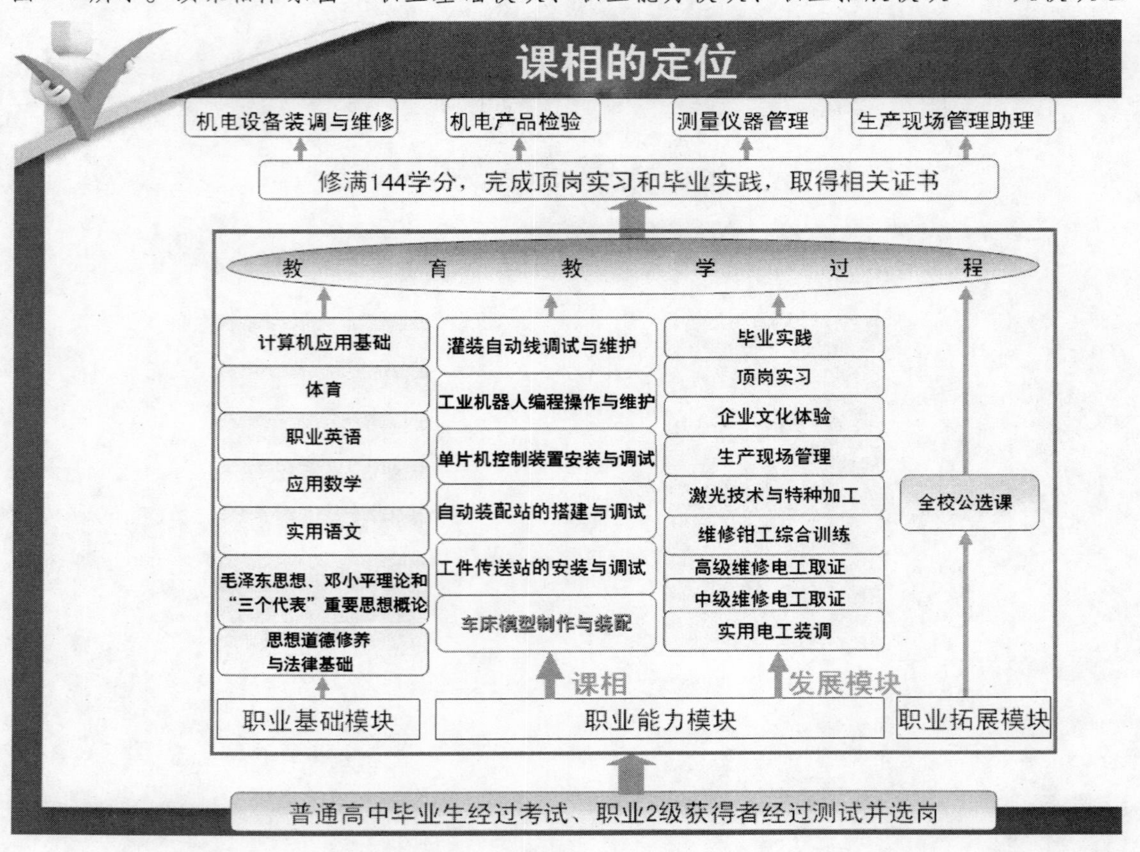

图0-1　机电一体化技术4级课相-课程体系

成。其中，职业能力模块由六大课相组成，采用“教、学、训、做、评”一体化的教学模式进行教学。

在该课相体系中，普通高中毕业生、职业2级证书获得者，经过测试并选岗，通过三大模块的学习与训练，修满144学分，完成顶岗实习和毕业实践，取得相关证书后就可到相应的工作岗位实习与工作，如机电设备装调与维修、机电产品检验测量、仪器管理、生产现场管理助理等岗位。

“车床模型制作与装配”是机电一体化技术4级课相的专业基础课相，在学生入学后的第二学期开设。后续课相学习所需要的机械方面的知识与技能，都要包含在“车床模型制作与装配”课相中，包括“机械制图、机械设计基础、机械制造基础，以及三维实体造型、机械装配”等知识和技能都要进行学习与训练。

本书是为“车床模型制作与装配”课相的教学编制的学生辅导用书。

二、“车床模型制作与装配”课相内容与要求

课相分为五部分：车床及其模型认识与拆卸、车床与模型零部件测量、车床模型零件图绘制与三维实体造型、车床模型零件加工、车床模型组装等，即“拆、测、绘、造、装”，通过这五部分的学习与训练完成相关技能的培养。各部分教学目标与要求如图0-2所示。

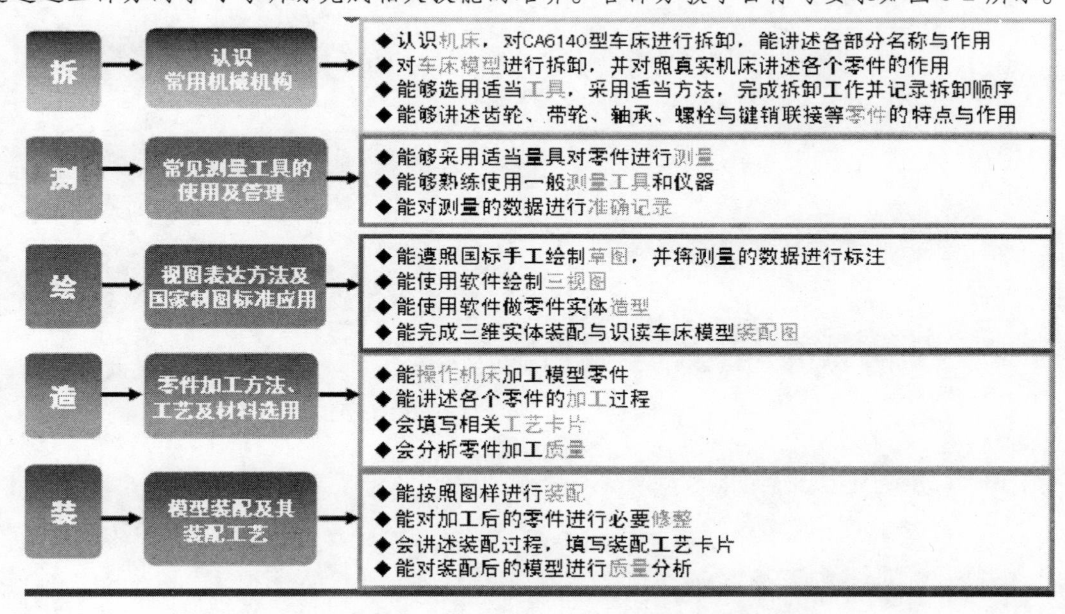

图0-2 “拆、测、绘、造、装”各部分教学目标与要求

“车床模型制作与装配”课相的教学对教师要求较高。“车床模型制作与装配”课相的教师不仅要具备机械制图、机械基础、机械制造技术、CAD等方面的理论知识，还要能够熟练操作用到的各种机床设备。因此，教师要下大工夫提高自己，才能完成教学任务。当然也可以采用教学团队的方式，各位老师协作，完成教学任务。

由于要在192学时内完成预定的多项职业能力学习，各种知识与技能学习可穿插进行，不必拘泥学科体系的完整。这种教学模式不仅可以提高学生的学习兴趣，还节省了时间，提高了学习效率，学生通过完成任务学会了思考，提高了实践能力。

《车床模型制作与装配》这本书只是教与学的参考资料，不能在教学中按照章节，顺序讲解，那样就失去了课程改革的意义。本书主要为学生在课后自学提供一个全面的辅导。本书每一项内容在理论上都不很深，突出应用，以够用为度。本书由北京电子科技职业学院自动化工程学院的教师编写。其中，第1章由王皑和李勇编写，第2章由王皑编写，第3章由黄桂芸编写，第4章由薛梅编写，第5章由刘燕军编写。王皑、薛梅任主编，负责全书的统稿工作。

由于编者水平有限，编写时间仓促，对课程改革用书的编写还在探索阶段，问题和错误难免存在，希望用到此书的读者批评指正，提出宝贵意见。

编者

目　录

第 1 章　车床的基本结构与功能

车床是指以工件旋转为主运动，车刀移动为进给运动加工回转表面的机床。它可用于加工各种回转成形面，如内外圆柱面、内外圆锥面、内外螺纹。以及端面、沟槽、滚花等。车床是金属切削机床中使用最广、生产历史最久、品种最多的一种机床。车床的种类型号很多，按其用途和结构可分为：仪表车床、卧式车床、单轴自动车床、多轴自动和半自动车床、转塔车床、立式车床、多刀半自动车床、专门化车床等。近年来，计算机技术被广泛运用到机床制造业，随之出现了数控车床、车削加工中心等机电一体化产品。

本章学习目标

1. 能够正确讲述车床等金属切削机床的功能与结构。
2. 能够讲述机床的分类与型号。
3. 能够讲述车床模型各个零件的名称与作用。

1.1　车床简介

本节学习目标

认识车床结构、普通车床工艺范围。

车床一般分为卧式车床、立式车床、数控车床等。图 1-1 ~ 图 1-4 所示为几种常见的车床。

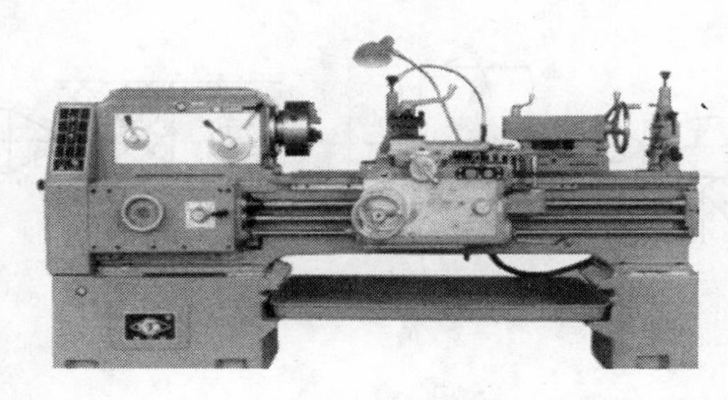

图 1-1　卧式车床

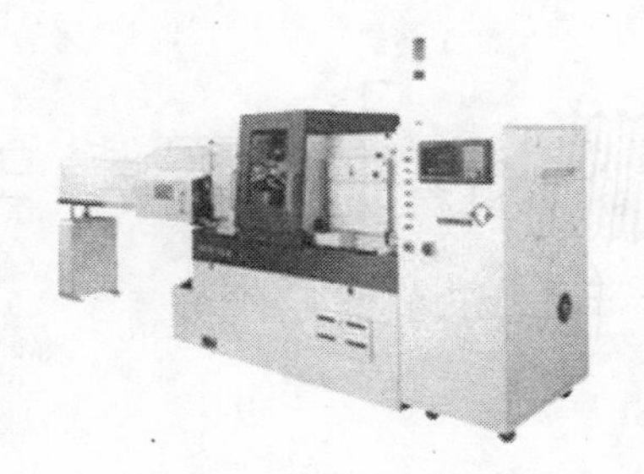

图 1-2　数控车床

卧式车床所能加工的典型表面如图 1-5 所示。

CA6140 型卧式车床的整体结构与各个部分名称如图 1-6 所示。

卧式车床的主要组成部件有：主轴箱、交换齿轮箱、进给箱、溜板箱、刀架、尾座、光杠、丝杠、床身、床脚和冷却装置。

（1） 主轴箱　主轴箱的主要任务是将主电动机传来的旋转运动经过一系列的变速机构使主轴得到所需的正反两种转向的不同转速，同时主轴箱分出部分动力将运动传给进给箱。

主轴箱中的主轴是车床的关键零件。主轴运转的平稳性直接影响工件的加工质量，一旦主轴的旋转精度降低，机床的使用价值就会降低。

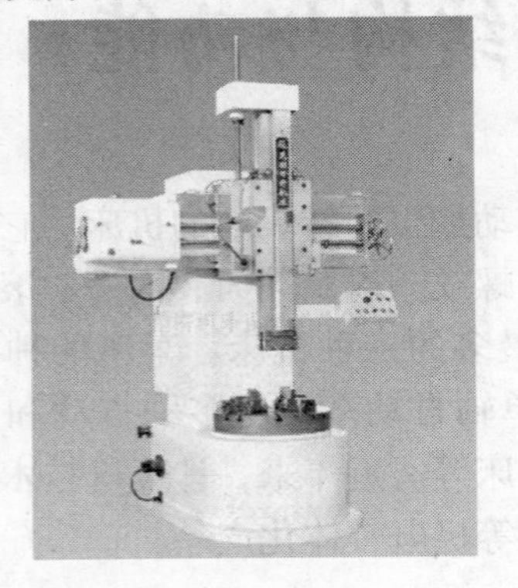

图 1-3 立式车床

图 1-4 数控立式车床

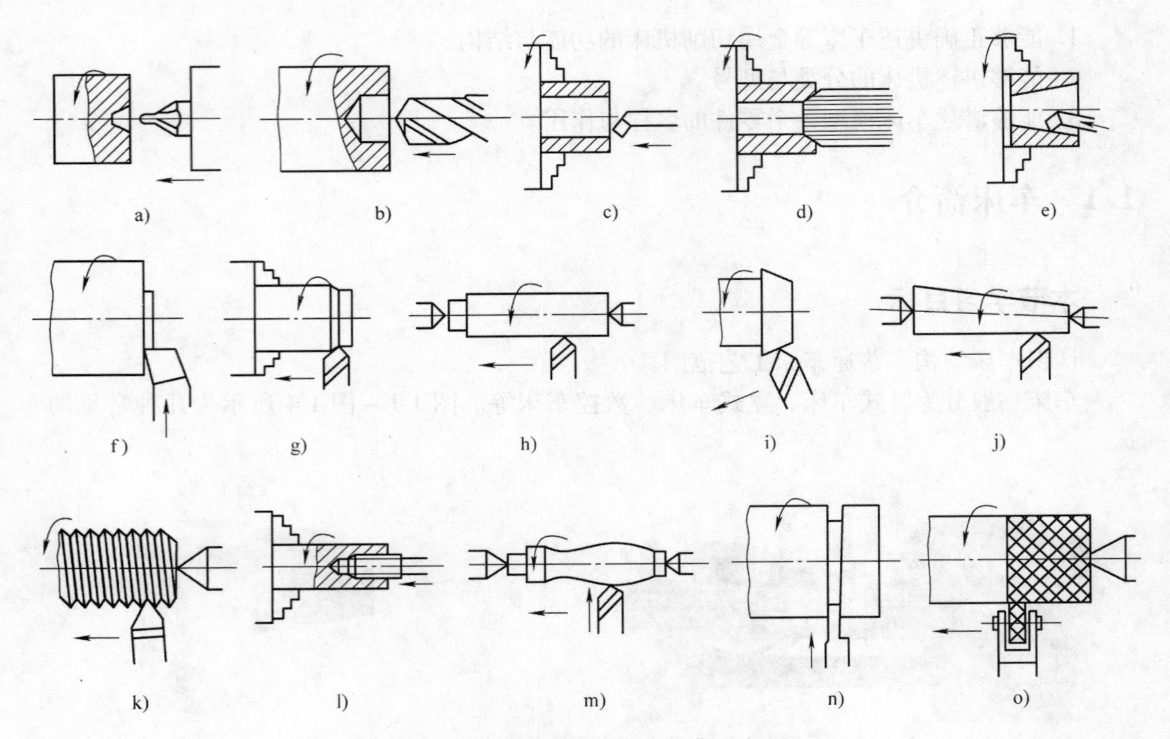

图 1-5 卧式车床所能加工的典型表面

a）车中心孔 b）钻孔 c）车孔 d）铰孔 e）车锥孔 f）车端面 g）车外圆（变径）
h）车外圆（不变径） i）车短外锥 j）车长外锥 k）车螺纹 l）攻螺纹 m）车成形面
n）车槽 o）滚花

（2）进给箱 进给箱中装有进给运动的变速机构，调整其变速机构，可得到所需的进给量或螺距，通过光杠或丝杠将运动传至刀架以进行切削。丝杠与光杠用来联接进给箱与溜板箱，并把进给箱的运动和动力传给溜板箱，使溜板箱获得纵向直线运动。丝杠是专门为车削各种螺纹而设置的，在进行工件的其他表面车削时，只用光杠，不用丝杠。

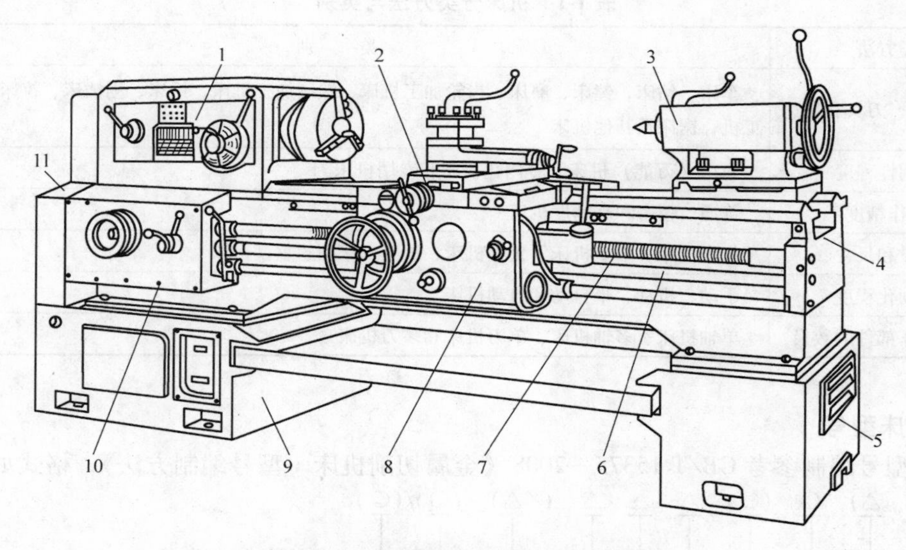

图 1-6　CA6140 型卧式车床的整体结构

1—主轴箱　2—刀架　3—尾座　4—床身　5、9—床脚　6—光杠　7—丝杠
8—溜板箱　10—进给箱　11—交换齿轮

（3）溜板箱　溜板箱是车床进给运动的操纵箱，内装将光杠和丝杠的旋转运动变成刀架直线运动的机构，通过光杠传动实现刀架的纵向进给运动、横向进给运动和快速移动，或者通过丝杠带动刀架作纵向直线运动，以便车削螺纹。

（4）刀架　刀架由两层滑板（中、小滑板）、床鞍与刀架体共同组成，用于安装车刀并带动车刀作纵向、横向或斜向运动。

（5）尾座　尾座安装在床身导轨上，并沿此导轨纵向移动，以调整其工作位置。尾座主要用来安装后顶尖，以支承较长工件，也可以安装钻头、铰刀等进行孔加工。

（6）床身　床身是车床精度要求很高的带有导轨（山形导轨和平导轨）的一个大型基础部件。用于支承和联接车床的各个部件，并保证各部件在工作时有准确的相对位置。

（7）冷却装置　冷却装置主要通过冷却水泵将水箱中的切削液加压后喷射到切削区域，降低切削温度，冲走切屑，润滑加工表面，以提高刀具使用寿命和工件的表面加工质量。

1.2　金属切削机床的分类与型号

本节学习目标

一般机械切削机床的分类与型号识别等。

1. 机床的分类

机床的品种规格繁多，为便于区别、使用和管理，必须加以分类。机床的分类方法有以下几种，见表 1-1。

表 1-1 机床分类方法与类别

分类方法	类 别
按加工性质、刀具和用途	车床、钻床、镗床、磨床、齿轮加工机床、螺纹加工机床、铣床、刨插床、拉床、特种加工机、锯床及其他机床
按通用性程度	通用（万能）机床、专门化机床和专用机床
按工作精度	普通、精密和高精度机床
按重量和尺寸	仪表机床、中型机床、大型机床、重型机床和超重型机床
按自动化程度	手动、机动、半自动和自动机床
按主要工作部件的数目	单轴机床、多轴机床、单刀机床和多刀机床

2. 机床型号

机床型号编制参考 GB/T 15375—2008《金属切削机床 型号编制方法》，格式如下：

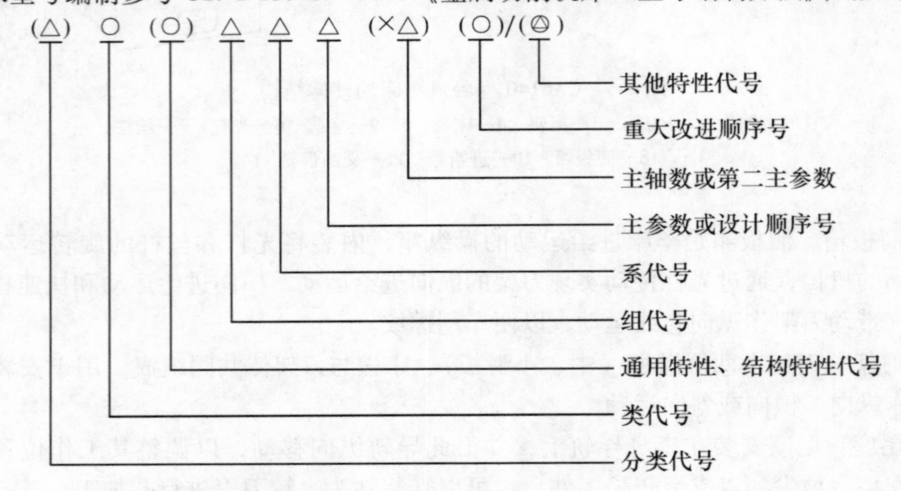

（1）类别代号 金属切削机床的类别代号见表 1-2。

表 1-2 金属切削机床的类别代号

类别	车床	钻床	镗床	磨床			齿轮加工机床	螺纹加工机床	铣床	刨插床	拉床	锯床	其他机床
代号	C	Z	T	M	2M	3M	Y	S	X	B	L	G	Q
读音	车	钻	镗	磨	二磨	三磨	牙	丝	铣	刨	拉	割	其

（2）机床的特性代号 金属切削机床的通用特性代号见表 1-3。

表 1-3 金属切削机床的通用特性代号

通用特性	高精度	精密	自动	半自动	数控	加工中心（自动换刀）	仿形	轻型	加重型	柔性加工单元	数显	高速
代号	G	M	Z	B	K	H	F	Q	C	R	X	S
读音	高	密	自	半	控	换	仿	轻	重	柔	显	速

（3）车床的名称和类、组、系划分（表 1-4）。

表 1-4　车床名称和类、组、系划分

组		系		主参数	
代号	名称	代号	名　称	折算系	名　称
0	仪表小型车床	0	仪表台式精整车床	1/10	床身上最大回转直径
		2	小型排刀车床	1	最大棒料直径
		3	仪表转塔车床	1	最大棒料直径
		4	仪表卡盘车床	1/10	床身上最大回转直径
		5	仪表精整车床	1/10	床身上最大回转直径
		6	仪表卧式车床	1/10	床身上最大回转直径
		7	仪表棒料车床	1	最大棒料直径
		8	仪表轴车床	1/10	床身上最大回转直径
		9	仪表卡盘精整车床	1/10	床身上最大回转直径
1	单轴自动车床	0	主轴箱固定型自动车床	1	最大棒料直径
		1	单轴纵切自动车床	1	最大棒料直径
		2	单轴横切自动车床	1	最大棒料直径
		3	单轴转塔自动车床	1	最大棒料直径
		4	单轴卡盘自动车床	1/10	床身上最大回转直径
		6	正面操作自动车床	1	最大车削直径
2	多轴自动半自动车床	0	多轴平行作业棒料自动车床	1	最大棒料直径
		1	多轴棒料自动车床	1	最大棒料直径
		2	多轴卡盘自动车床	1/10	卡盘直径
		4	多轴可调棒料自动车床	1	最大棒料直径
		5	多轴可调卡盘自动车床	1/10	卡盘直径
		6	立式多轴半自动车床	1/10	最大车削直径
		7	立式多轴平行作业半自动车床	1/10	最大车削直径
3	回转、转塔车床	0	回转车床	1	最大棒料直径
		1	滑鞍转塔车床	1/10	卡盘直径
		2	棒料滑枕转塔车床	1	最大棒料直径
		3	滑枕转塔车床	1/10	卡盘直径
		4	组合式转塔车床	1/10	最大车削直径
		5	横移转塔车床	1/10	最大车削直径
		6	立式双轴转塔车床	1/10	最大车削直径
		7	立式转塔车床	1/10	最大车削直径
		8	立式卡盘车床	1/10	卡盘直径
4	曲轴及凸轮轴车床	0	旋风切削曲轴车床	1/100	转盘内孔直径
		1	曲轴车床	1/10	最大工件回转直径
		2	曲轴主轴颈车床	1/10	
		3	曲轴连杆轴颈车床	1/10	最大工件回转直径

（续）

组		系		主参数	
代号	名称	代号	名称	折算系	名称
4	曲轴及凸轮轴车床	5	多刀凸轮轴车床	1/10	最大工件回转直径
		6	凸轮轴车床	1/10	最大工件回转直径
		7	凸轮轴中轴颈车床	1/10	最大工件回转直径
		8	凸轮轴端轴颈车床	1/10	最大工件回转直径
		9	凸轮轴凸轮车床	1/10	最大工件回转直径
5	立式车床	1	单轴立式车床	1/100	最大车削直径
		2	双轴立式车床	1/100	最大车削直径
		3	单轴移动立式车床	1/100	最大车削直径
		4	双轴移动立式车床	1/100	最大车削直径
		5	工作台移动单轴立式车床	1/100	最大车削直径
		7	定梁单柱立式车床	1/100	最大车削直径
		8	定梁双柱立式车床	1/100	最大车削直径
6	落地及卧式车床	0	落地车床	1/100	最大工件回转直径
		1	卧式车床	1/10	床身上最大回转直径
		2	马鞍车床	1/10	床身上最大回转直径
		3	轴车床	1/10	床身上最大回转直径
		4	卡盘车床	1/10	床身上最大回转直径
		5	球面车床	1/10	刀架上最大回转直径
		6	主轴箱移动型卡盘车床	1/10	床身上最大回转直径
7	仿形及多刀车床	0	转塔仿形车床	1/10	刀架上最大车削直径
		1	仿形车床	1/10	刀架上最大车削直径
		2	卡盘仿形车床	1/10	刀架上最大车削直径
		3	立式仿形车床	1/10	最大车削直径
		4	转塔卡盘多刀车床	1/10	刀架上最大车削直径
		5	多刀车床	1/10	刀架上最大车削直径
		6	卡盘多刀车床	1/10	刀架上最大车削直径
		7	立式多刀车床	1/10	刀架上最大车削直径
		8	异形多刀车床	1/10	刀架上最大车削直径
8	轮、轴、辊、锭及铲齿车床	0	车轮车床	1/100	最大工件直径
		1	车轴车床	1/10	最大工件直径
		2	动轮曲拐销车床	1/100	最大工件直径
		3	轴颈车床	1/100	最大工件直径
		4	轧辊车床	1/100	最大工件直径
		5	钢锭车床	1/10	最大工件直径
		7	立式车轮车床	1/100	最大工件直径
		9	铲齿车床	1/100	最大工件直径

（续）

组		系		主参数	
代号	名称	代号	名称	折算系	名称
9	其他车床	0	落地镗车床	1/10	最大工件回转直径
		2	单能半自动车床	1/10	刀架上最大车削直径
		3	气缸套镗车床	1/10	床身上最大回转直径
		5	活塞车床	1/10	最大车削直径
		6	轴承车床	1/10	最大车削直径
		7	活塞环车床	1/10	最大车削直径
		8	钢锭模车床	1/10	最大车削直径

钻床、铣床等其他金属切削机床统一名称和类、组、系划分表见附录。

3. 机床型号举例

（1）CA6140

C——类代号（车床类）

A——结构特性代号

6——组代号（落地及卧式车床组）

1——系代号（卧式车床系）

40——主参数（最大工件回转直径的 1/10）

（2）XK5030

X——类代号（铣床类）

K——通用特性代号（数控）

5——组代号（立式升降台铣床组）

0——系代号（立式铣床系）

30——主参数（工作台面宽度的 1/10）

（3）MG1432A

M——类别代号（磨床类）

G——通用特性（高精度）

1——组代号（外圆磨床组）

4——系代号（万能外圆磨床系）

32——主参数（最大磨削直径 320mm）

A——重大改进顺序号（第一次重大改进）

（4）Z3040×16

Z ——类代号（钻床类机床）

3——组代号（摇臂钻床组）

0——系代号（摇臂钻床系）

40——主参数（最大钻孔直径 40mm）

16——第二主参数（最大跨距 1600mm）

1.3　车床应用的传动机构

本节学习目标

以车床为例，了解常见的各种传动机构等。

1. 齿轮传动

齿轮传动在机械传动中应用广泛，是最重要的传动之一，它可以用来传递空间任意两轴之间的运动和动力，这在车床传动中得到充分体现，如主轴箱、变速箱等。齿轮传动机构形式如图1-7所示。

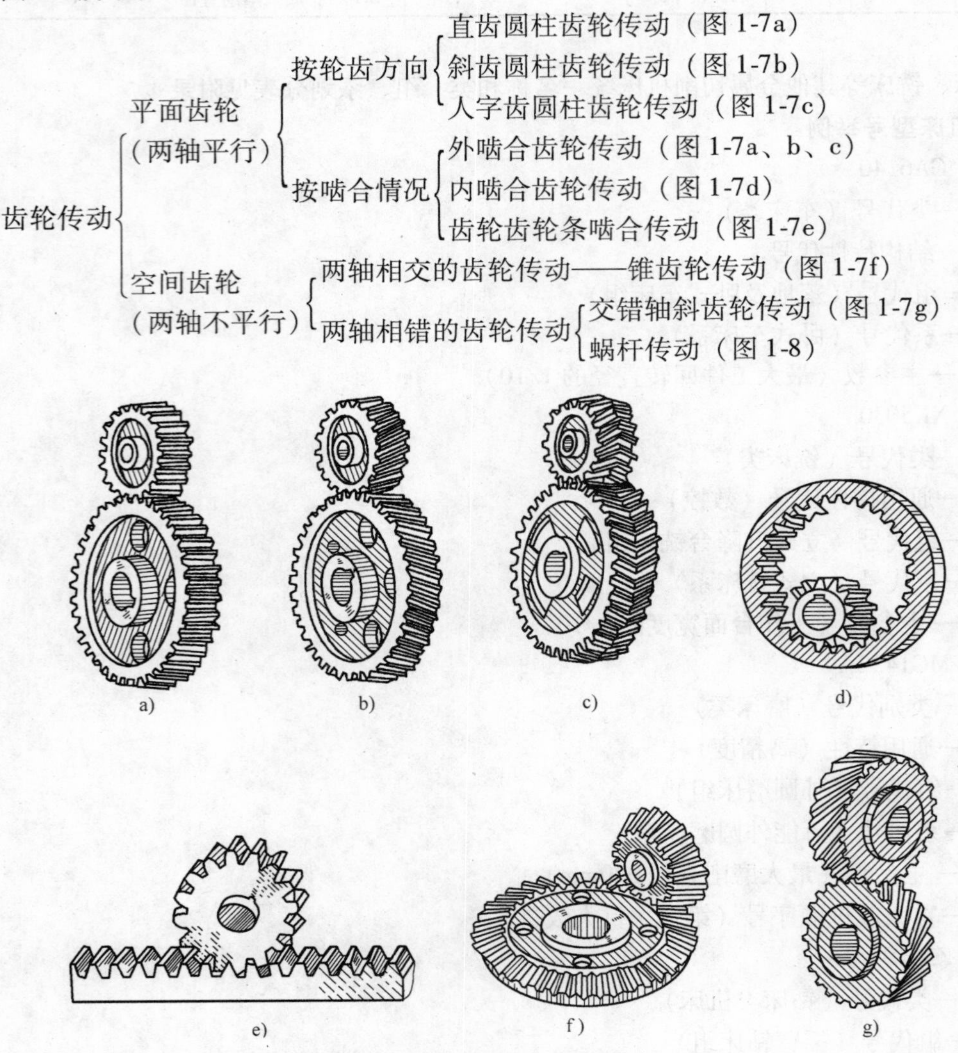

图1-7　齿轮传动机构形式

a）直齿圆柱齿轮传动　b）斜齿圆柱齿轮传动　c）人字齿圆柱齿轮传动　d）内啮合齿轮传动　e）齿轮齿条传动　f）锥齿轮传动　g）交错轴斜齿轮传动

按照齿廓曲线的形状，齿轮传动又可分为渐开线齿轮传动、摆线齿轮传动和圆弧齿轮传动。按齿轮传动是否封闭，齿轮传动还可分为开式齿轮传动和闭式齿轮传动。

齿轮传动在工作过程中有两项基本要求：

（1）传动平稳　要求齿轮传动的瞬时传动比不变，尽量减小冲击、振动和噪声，以保证机器的正常工作。

（2）承载能力高　要求在尺寸小、重量轻的前提下，轮齿的强度高、耐磨性好，在预定的使用期限内不出现断齿、齿面点蚀及严重磨损等失效现象。

齿轮传动的主要优点如下：能保证瞬时传动比恒定，工作可靠性高，传递运动准确可靠；传递的功率和圆周速度范围较宽；结构紧凑，可实现较大的传动比；传动效率高，使用寿命长；维护简便。

齿轮传动的缺点如下：运转过程中有振动、冲击和噪声；齿轮安装要求较高；不能实现无极变速；不适宜用在中心距较大的场合。

齿轮传动的传动比是主动齿轮转速与从动齿轮转速之比，也等于两齿轮齿数之反比。

2. 蜗杆传动

蜗杆传动是在空间交错的两轴之间传递运动和动力的一种传动，两轴线之间的夹角可为任意值，常用的为90°。蜗杆传动由蜗杆和蜗轮组成，一般蜗杆为主动件。蜗杆和螺纹一样有右旋和左旋之分，分别称为右旋蜗杆和左旋蜗杆。蜗杆上只有一条螺旋线的称为单头蜗杆，即蜗杆转一周，蜗轮转过一齿；若蜗杆上有两条螺旋线，就称为双头蜗杆，即蜗杆转一周，蜗轮转过两个齿。蜗杆传动具有结构紧凑、传动比大、传动平稳及在一定的条件下具有可靠的自锁性等优点。图 1-8 所示为蜗杆传动机构。

图 1-8　蜗杆传动机构

蜗杆传动是由交错轴斜齿圆柱齿轮传动演变而来的。小齿轮的轮齿分度圆柱面上缠绕一周以上，这样的小齿轮外形像一根螺杆，称为蜗杆。大齿轮称为蜗轮。为了改善啮合状况，将蜗轮分度圆柱面的母线改为圆弧形，使之将蜗杆部分地包住，并用与蜗杆形状和参数相同的滚刀展成加工蜗轮，这样齿廓之间为线接触，可传递较大的动力。

蜗杆传动的特点如下：

1）传动比大，结构紧凑。蜗杆头数用 i_1 表示（一般 $i_1=1\sim4$），蜗轮齿数用 i_2 表示。从传动比公式 $i=i_2/i_1$ 可以看出，当 $i_1=1$，即蜗杆为单头，蜗杆必须转 i_2 转蜗轮才转一转，因而可得到很大传动比。一般在动力传动中，取传动比 $i=10\sim80$；在分度机构中，i 可达

1000。这样大的传动比如用齿轮传动，则需要采取多级传动才行，所以蜗杆传动结构紧凑，体积小、重量轻。

2）传动平稳，无噪音。因为蜗杆齿是连续不间断的螺旋齿，它与蜗轮齿啮合时是连续不断的，蜗杆齿没有进入和退出啮合的过程，因此工作平稳，冲击、振动、噪声小。

3）蜗杆传动具有自锁性。蜗杆的螺旋升角很小时，蜗杆只能带动蜗轮传动，而蜗轮不能带动蜗杆转动。

4）蜗杆传动效率低。一般认为蜗杆传动效率比齿轮传动低，尤其是具有自锁性的蜗杆传动，其效率在0.5以下，一般效率只有0.7～0.9。

5）发热量大，齿面容易磨损，成本高。

3. 带传动

带传动由主动轮、从动轮和传动带组成。当主动轮1转动时，利用轮和传动带之间的摩擦或啮合作用，将运动和动力通过传动带2传递给从动轮3，如图1-9所示。带传动具有有过载保护，缓冲吸振，运行平稳、无噪声，远距离传动（$a_{\max}=15\mathrm{m}$），制造、安装精度要求不高等优势，在近代机械中应用广泛。但其传动也有不足，如弹性滑动使传动比不恒定、张紧力较大（与啮合传动相比）、轴上压力较大、结构尺寸较大、不紧凑、打滑、带寿命较短、带与带轮之间会产生摩擦放电现象，而且不适宜高温、易燃易爆的场合。

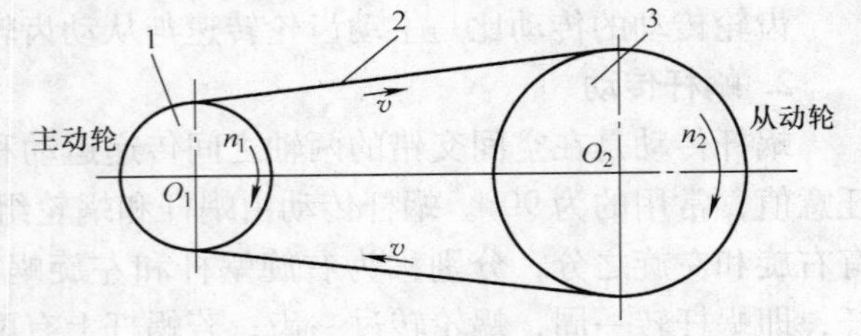

图1-9 带传动机构运动示意图

4. 轮系

一对齿轮组成的机构是齿轮传动的最简单的形式，但是在机械中，为了将输入轴的一种转速变换为输出轴的多种转速，或者为了获得很大的传动比，常采用一系列互相啮合的齿轮，将输入轴和输出轴连接起来，这种由一系列齿轮组成的传动系统称为轮系。即由多对齿轮所组成的传动系统称为齿轮系，简称轮系。

按照传动时各齿轮的轴线位置是否固定，轮系分为定轴轮系和行星轮系两种基本类型。传动时所有齿轮的几何轴线位置均固定不变，这种轮系统称为定轴轮系。机床主轴箱就是定轴轮系的一种，如图1-10所示。

轮系广泛应用于各种机械、机器和仪表中，其功用大致可归纳为以下几个方面：

1）传递相距较远的两轴之间的传动。当主动轴和从动轴之间的距离相距较远时，如果仅用一对齿轮来传动，齿轮尺寸会很大，既占空间，又浪费材料，而且制造、安装都不方便，若可改用轮系来传动，齿轮尺寸减小，制造安装较方便。

2）实现变速传动。当主动轴转速不变时，利用轮系，可使从动轴获得多种工作转速。车床主轴箱就是这种效果。

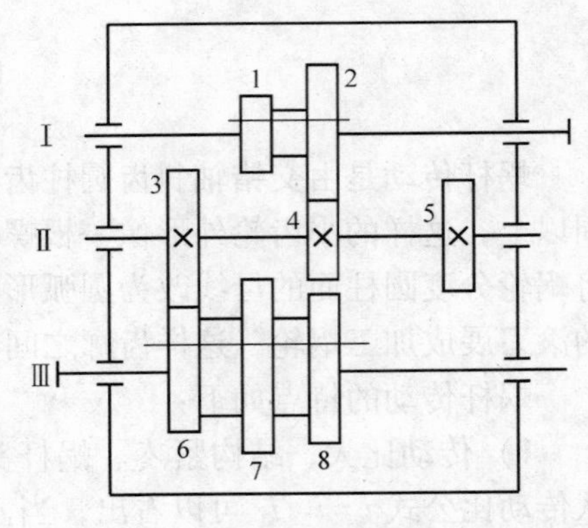

图1-10 机床主轴箱中的轮系

3）获得较大的传动比。当两轴之间需要极大传动比时，固然可以用多级齿轮组成定轴轮系来实现，但由于轴和齿轮的增多会导致结构复杂。若采用轮系，则只需很少几个齿轮就可获得很大的传动比。

1.4　车床的运动分析

本节学习目标

车床传动原理和传动路线分析。

1. 车床的运动

车床的表面成形运动有：主轴带动工件的旋转运动、刀具的进给运动。前者是车床的主运动，其转速通常以 n（r/min）表示。后者有几种情况：刀具既可作平行于工件旋转轴线的纵向进给运动（车圆柱面），又可作垂直于工件旋转轴线的横向进给运动（车端面），还可作与工件旋转轴线方向倾斜的运动（车削圆锥面），或者作曲线运动（车成形回转面）。进给运动通常以进给量 f（mm/r）表示。

2. 传动原理图

从传动原理上来分析，机床加工过程中所需要的各种运动，是通过运动源、传动装置和执行机构并以一定的规律所组成的传动链来实现的。

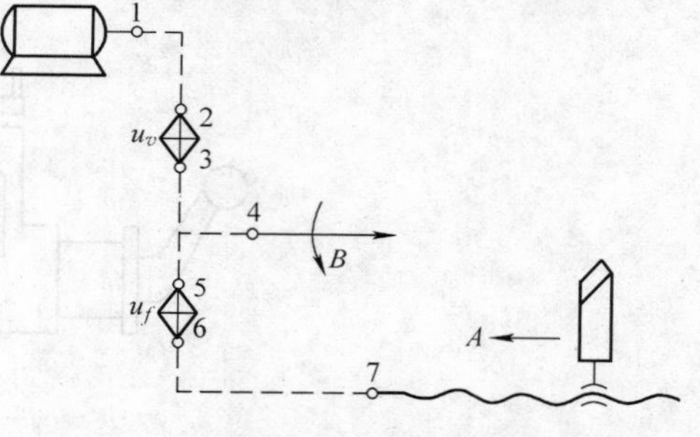

图 1-11　CA6140 型卧式车床传动原理图

为便于研究机床的传动联系，常用一些简明的符号把传动原理和传动路线表示出来，这就构成传动原理图。图 1-11 所示为 CA6140 型卧式车床传动原理图。

3. CA6140 型卧式车床传动系统图（图 1-12）

4. 主传动系统的分析

（1）传动路线表达式

$$\text{电动机}—\frac{\phi130}{\phi230}—\text{I}—\left\{\begin{array}{l}\begin{array}{l}M_1\text{左}\\(\text{正转})\end{array}—\left[\begin{array}{c}\frac{56}{38}\\ \frac{51}{43}\end{array}\right]— \\ \begin{array}{l}M_1\text{右}\\(\text{反转})\end{array}—\frac{50}{34}—\text{VII}—\frac{34}{30}\end{array}\right\}—\text{II}—\left\{\begin{array}{c}\frac{39}{41}\\ \frac{30}{50}\\ \frac{22}{58}\end{array}\right\}—\text{III}—\left\{\begin{array}{c}\left[\begin{array}{c}\frac{20}{80}\\ \frac{50}{50}\end{array}\right]—\text{IV}—\left[\begin{array}{c}\frac{20}{80}\\ \frac{51}{50}\end{array}\right]—\text{V}—\frac{26}{58} \\ \text{------------}\frac{63}{50}\text{------------}\end{array}\right\}—\text{VI（主轴）}$$

（2）主轴转速值和级数的计算

1）转速级数

$$\text{正转}\quad 2\times3\times(1+2\times2-1)=24(\text{种})$$
$$\text{反转}\quad 3\times(1+2\times2-1)=12(\text{种})$$

2）转速运动平衡式

$$n_{\text{主}}=n_{\text{电}}\times\frac{130}{230}\times(1-\varepsilon)\,u_{\text{I}-\text{II}}\times u_{\text{II}-\text{III}}\times u_{\text{III}-\text{VI}}$$

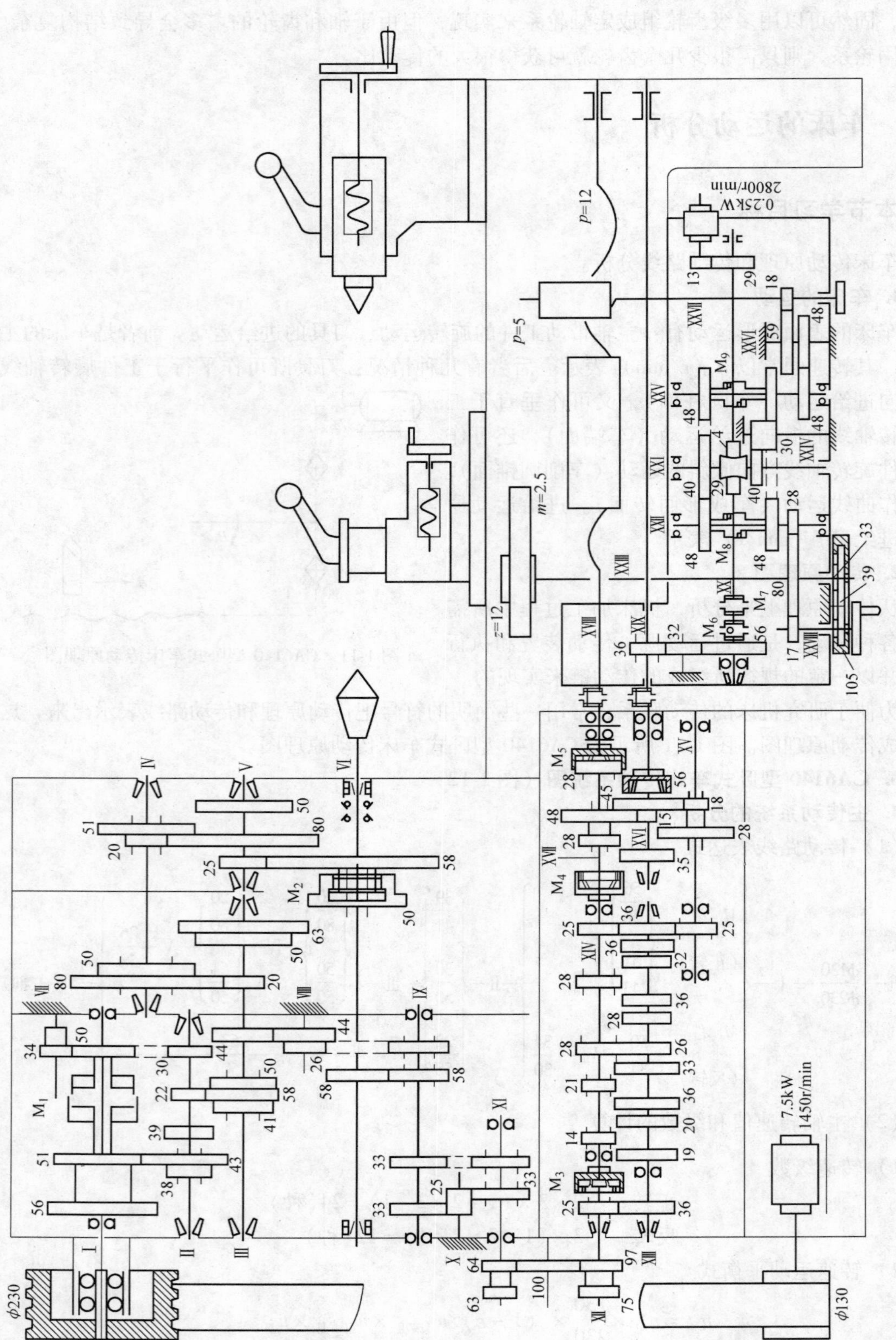

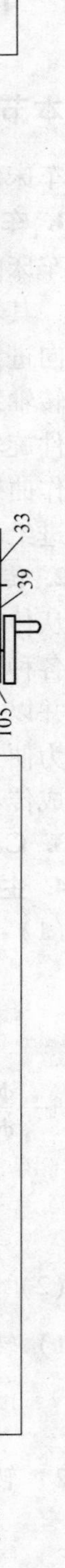
图1-12 CA6140型卧式车床传动系统图

5. 机动进给传动系统

进给运动传动链的两个末端件分别是主轴和刀架，其功用是使刀架实现纵向或横向移动及变速与换向。

A. 车削螺纹传动路线

CA6140 能车削米制、寸制、模数制和径节制四种标准螺纹，此外，还可以车削大导程、非标准和较精密的螺纹。既可以车削右旋螺纹，也可以车削左旋螺纹。

B. 纵向和横向进给传动链

为了减少丝杠的磨损和便于操纵，机动进给是由光杠经溜板箱传动的。一般车削时刀架机动进给的纵向和横向进给传动链，由主轴至进给箱中轴XVII的传动路线与车米制或寸制常用螺纹的传动路线相同，其后运动经齿轮副传至光杠XIX（此时离合器 M5 脱开，齿轮 z_{28} 与轴XIX齿轮 z_{56} 啮合），再由光杠经溜板箱中的传动机构，分别传至光杠齿轮齿条机构和横向进给丝杠XXVII，使刀架作纵向或横向机动进给。

1.5　车床模型结构

本节学习目标

在了解真实车床的基础上，认识车床模型。能够讲述各个零件名称及其作用。

车床模型三维实体如图 1-13 所示，整体长、宽、高尺寸分别约为 278mm、95mm、105mm。车床模型装配图如图 1-14 所示。为保证能在 192 学时中加工完成，设计时省略了传动装置等，共计 43 个零件。

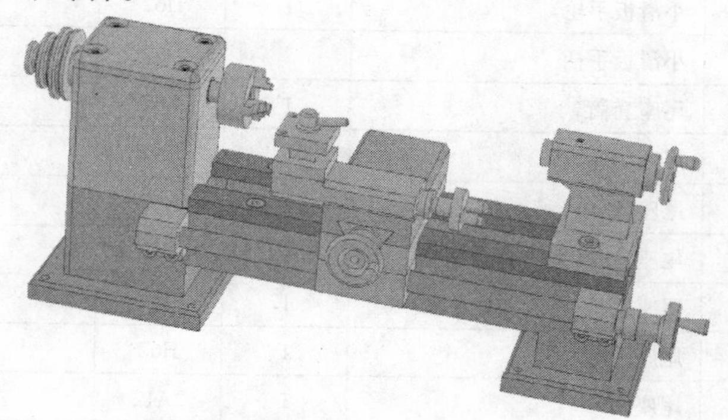

图 1-13　车床模型三维实体

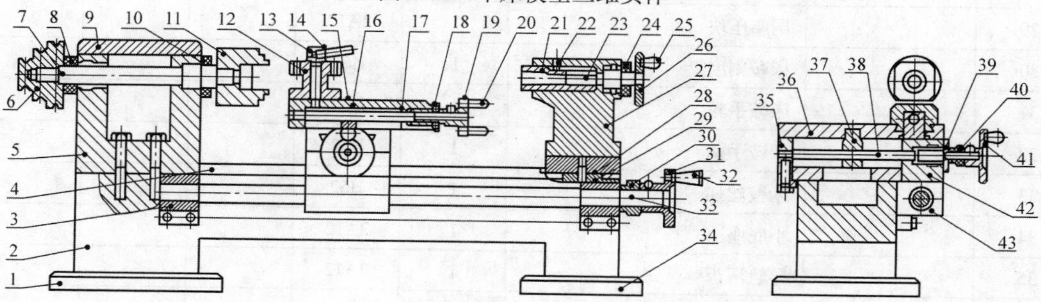

图 1-14　车床模型装配图

序号	代号	名　称	数量	材料	重　量		备注
					单件	总计	
1		大底板	1	2A12			
2		床身	1	2A12			
3		丝杠支架	2	2A12			
4		导轨	2	H62			
5		主轴箱	1	2A12			
6		带轮	1	H62			
7		主轴	1	H62			
8		主轴后端盖	1	H62			
9		主轴箱盖	1	2A12			
10		主轴前端盖	1	H62			
11		自定心卡盘	1	H62			
12		方刀架	1	2A12			
13		方刀架螺钉	1	H62			
14		方刀架扳手	1	H62			
15		小滑板	1	2A12			
16		小滑板螺母	1	H62			
17		小滑板丝杠	1	H62			
18		小滑板刻度盘	1	H62			
19		小滑板手轮	1	H62			
20		小滑板手柄	2	H62			
21		尾座套筒	1	H62			
22		尾座导向螺钉	1	H62			
23		尾座丝杠	1	H62			
24		尾座后盖	1	H62			
25		尾座手柄	1	H62			
26		尾座手轮	1	H62			
27		尾座	1	2A12			
28		尾座底座	1	H62			
29		尾座压块	1	2A12			
30		床鞍刻度盘	1	H62			
31		床鞍手轮	1	H62			
32		床鞍手柄	1	H62			
33		床鞍丝杠	1	H62			
34		小底座	1	2A12			
35		导轨压板	1	2A12			
36		中滑板	1	2A12			

（续）

序号	代号	名　称	数量	材料	重　量		备注
					单件	总计	
37		中滑板螺母	1	H62			
38		中滑板丝杠	1	H62			
39		中滑板丝杠端盖	1	H62			
40		中滑板刻度盘	1	H62			
41		中滑板手轮	1	H62			
42		床鞍	1	2A12			
43		床鞍螺母	1	2A12			

本章节的学习，需要结合视频、车间现场观看及讨论分析来完成。通过学习，了解认识车床，知道“车床模型”这个学习载体在生产实际中的作用，提高认识，为后续的零件图绘制、三维实体设计、加工零件及整体装配等学习任务的完成打下良好的基础。

第 2 章　车床模型零件的三维实体设计

实体是人类想要了解和描述的某种事物与概念（或称为对象）。实体设计也称为实体建模，即在计算机的辅助下依据对象在真实世界中的本来面目，直接建立其三维模型，进行分析、计算、仿真，在完成设计后输出结果（如图纸、文件等）的过程。

二维设计过程与实体设计过程有明显的不同。在进行二维设计时，虽然也需要依据对象的真实面目来进行设计，但首先要把三维的实体转换为平面视图关系进行设计、分析与计算，之后再利用平面视图来反映对象的真实面目。显然，在这个过程中缺乏直观性，且不太符合人们的思维习惯，需要受过专门训练的人员才可以进行。

本章学习目标

1. 能够应用 CAXA 实体设计软件进行简单实体的设计。
2. 能够应用 CAXA 实体设计软件进行实体零件装配。

2.1　CAXA 实体设计软件概述

本节学习目标

1. 了解 CAXA 实体设计软件操作界面（图 2-1）。

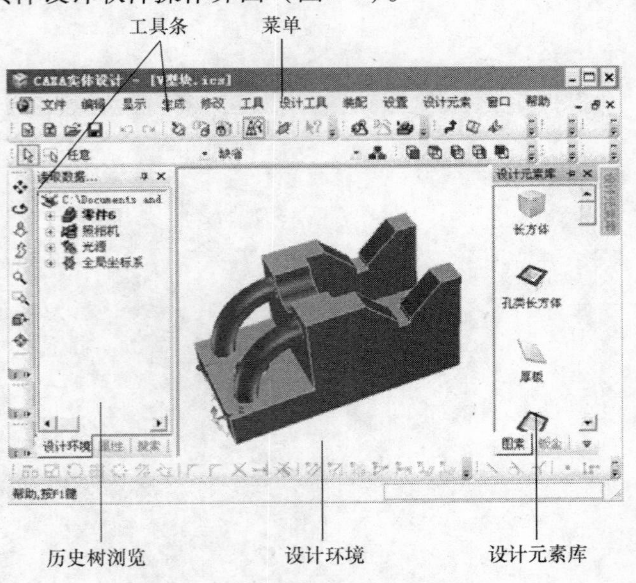

图 2-1　CAXA 实体设计软件操作界面

2. 能叙述 CAXA 实体设计软件设计零件的基本思路。

2.1.1　菜单

CAXA 实体设计软件的菜单系统由以下几部分组成：

1. 主菜单和下拉菜单

图 2-2 所示为 CAXA 实体设计软件主菜单，其下级还可有下拉菜单、子菜单等。

图 2-2　主菜单与下拉菜单

2. 快捷菜单

在不同状态下，很多时候单击鼠标右键，会出现包含不同菜单项的快捷菜单。如选中零件不同状态，可单击鼠标右键打开不同内容的快捷菜单，如图 2-3 所示。

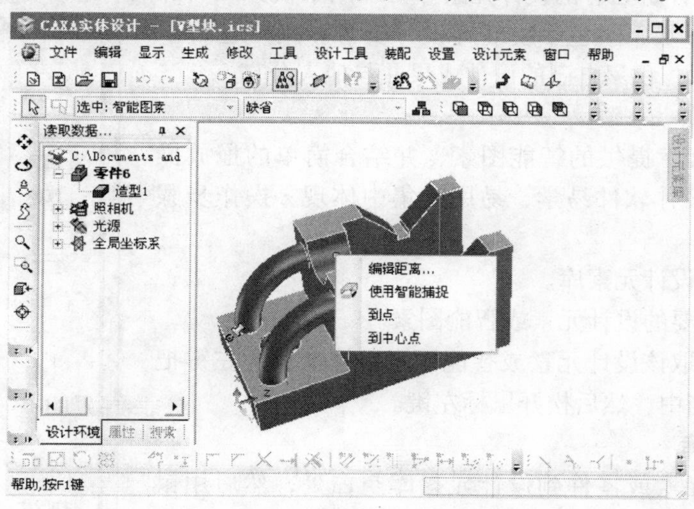

图 2-3　快捷菜单

2.1.2　工具条

常用的工具条会在软件初次安装时，自动显示在设计界面上。用户也可以隐藏或显示不同的工具条（图2-4）。操作步骤如下：

1）从“显示菜单”选择“工具条”。

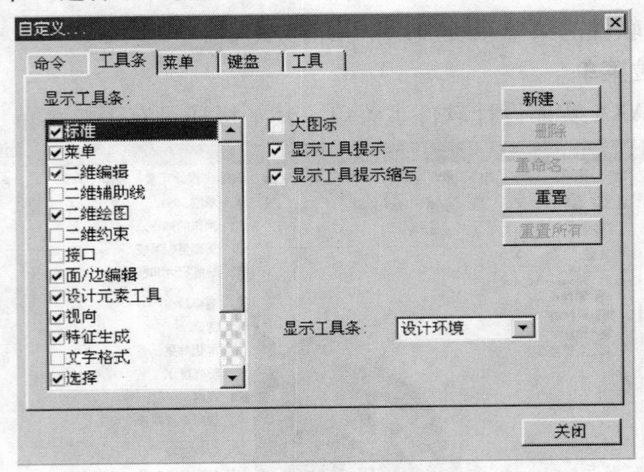

图2-4 工具条显示

2）在弹出的“自定义”对话框中，选中工具条栏目内需要显示的工具条。

用户也可以在任意一个显示的工具条上单击右键，从弹出的对话框中选择需要显示的工具条。

2.1.3 设计元素库

1. 调用元素库

CAXA 实体设计所独有的设计元素库可以用于设计和资源的管理，如图2-5所示。设计元素库包含了如形状、颜色、纹理等设计资源。用户也可以创建自己的元素库，积累自己的设计成果并与他人分享。

2. 拖放式操作

利用设计元素库提供的智能图素，并结合简单的拖放操作是CAXA实体设计软件易学、易用的集中体现。操作步骤如下：

1）打开一个设计元素库。

2）找到所需要的设计元素或智能图素。

3）用鼠标拾取该设计元素或智能图素，按住鼠标左键把它拖到设计环境当中，然后松开鼠标左键。

3. 新建元素库

拖动自定义元素或零件到设计元素库空白处，然后用鼠标依次单击“设计元素”-“保存”。

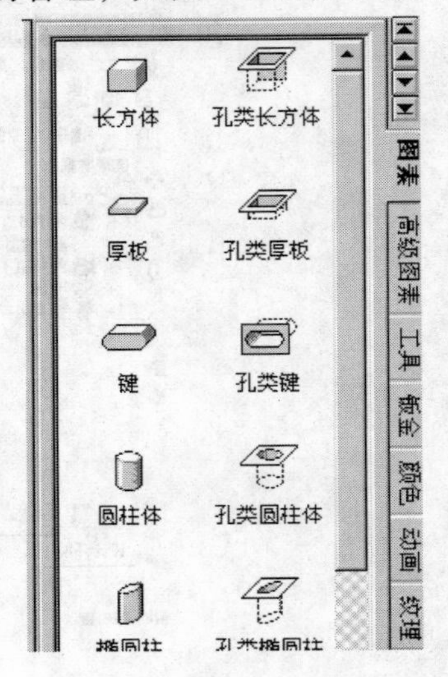

图2-5 设计元素库

2.1.4 历史浏览树

CAXA 实体设计环境中提供了设计历史树的查阅功能，该功能具有以下几方面的作用：

1）提高设计效率。当设计相似度较高的一些零件时，可利用设计树，仅对其中的某几个造型进行修改，就可以生成新的零件，无需从头进行设计。另外，还可以从设计历史树中快速地选择零件中包含的图素，提高设计速度。

2）共享设计经验。可以通过查阅设计高手的设计历史树，了解他们的设计思路，并学习到他们的设计技巧。

3）更加便于进行装配设计。利用设计历史树有利于形成更加清晰的装配关系。

2.1.5　对话框

在执行某些命令时，会出现对话框，用户可在对话框中进行一些属性设置，选择某些选项，或者输入文本等，如图 2-6 所示。

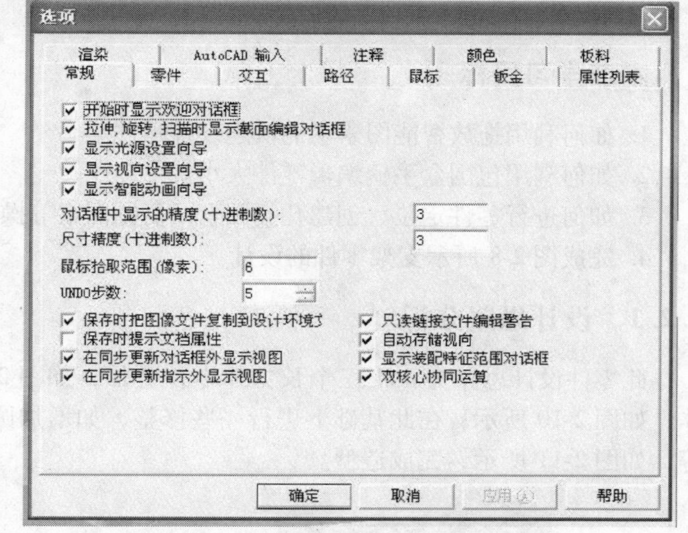

图 2-6　“选项”对话框

2.1.6　向导

在启动 CAXA 实体设计软件中的某些命令后，会出现操作向导。向导是由一系列对话框组成的，利用它可以一步步地引导用户完成操作，如图 2-7 所示。

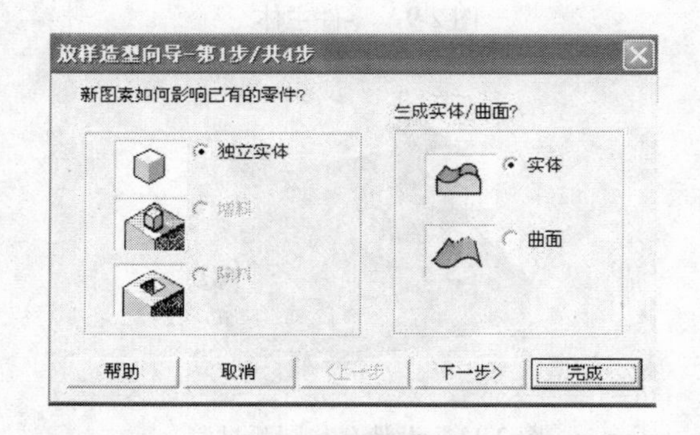

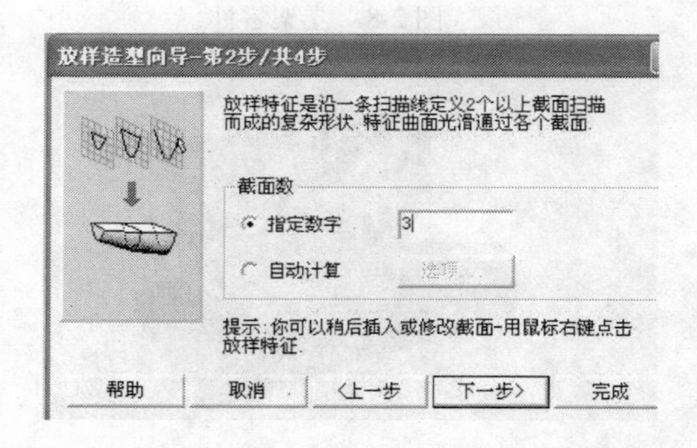

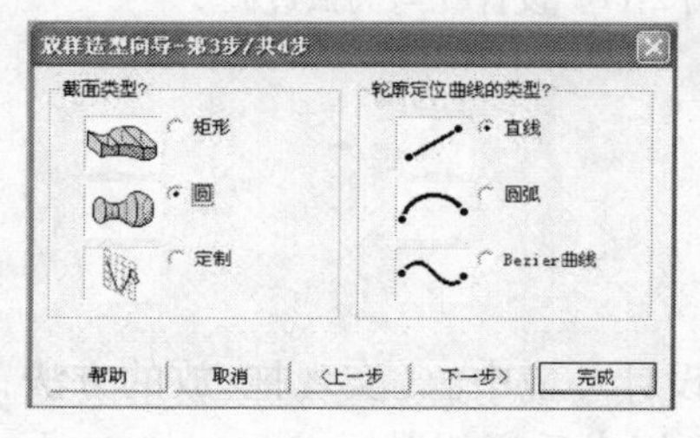

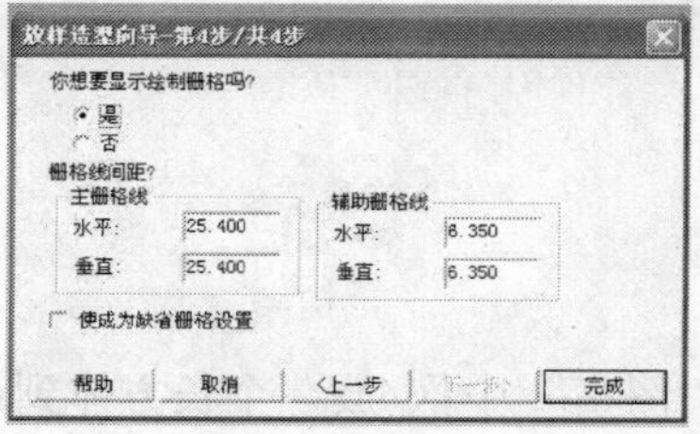

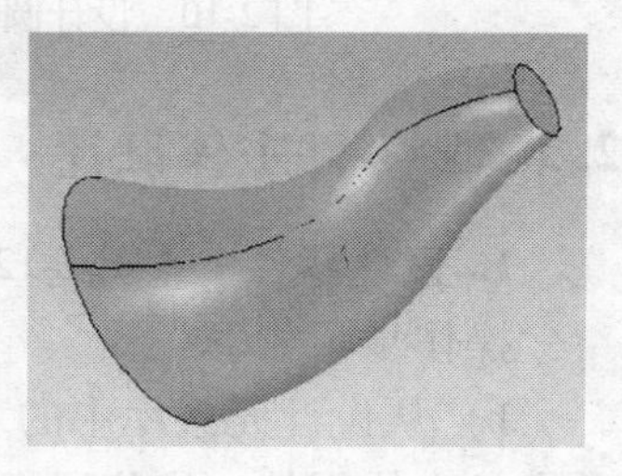

图 2-7　向导

2.2 特征实体造型

本节学习目标

1. 如何利用拖放智能图素功能快速设计零件。
2. 如何利用包围盒手柄编辑零件大小。
3. 如何进行零件定位、创建孔类图素及复制图素等操作。
4. 完成图 2-8 所示支架零件的设计。

2.2.1 设计思路分析

此零件设计思路为：将三个长方体零件叠加，如图 2-9 所示；生成主体后再设计圆柱体，如图 2-10 所示；在此基础上进行一些修整，如增加圆台、圆孔与方孔，进行圆角过渡等，如图 2-11 所示，完成造型。

图 2-8　支架零件

图 2-9　零件主体

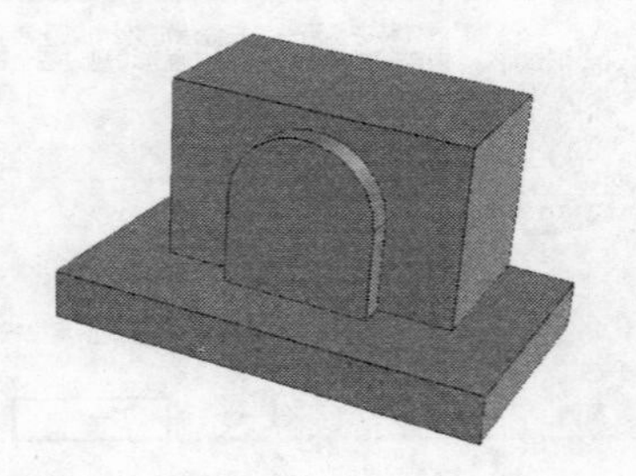

图 2-10　设计圆柱体

图 2-11　设计孔与圆弧过渡

2.2.2 零件主体设计

1. 设计零件 1（图 2-12）

操作步骤如下：

1）从设计元素库中的“图素”中拖/放一个长方体到设计环境中。（实现拖/放的方法：单击长方体零件，按住鼠标不放左键，将长方体拖到设计环境中后释放鼠标。）

2）单击长方体 1 使零件处于智能图素状态。

3）在长方体1前端表面的智能图素手柄处单击鼠标右键，弹出快捷菜单。

4）在弹出的快捷菜单中单击“编辑包围盒”选项。

5）在弹出的对话框中用下列数值代替长、宽、高的值，长度=35，宽度=20，高度=4。

6）单击“确定”按钮。

2. 设计零件2

此部分将介绍如何对另一零件定位并确定其大小。操作步骤如下：

1）从“图素”中拖/放第二个长方体（长方体2）到设计环境中，将其锚点置于长方体1的顶面长边的中心。

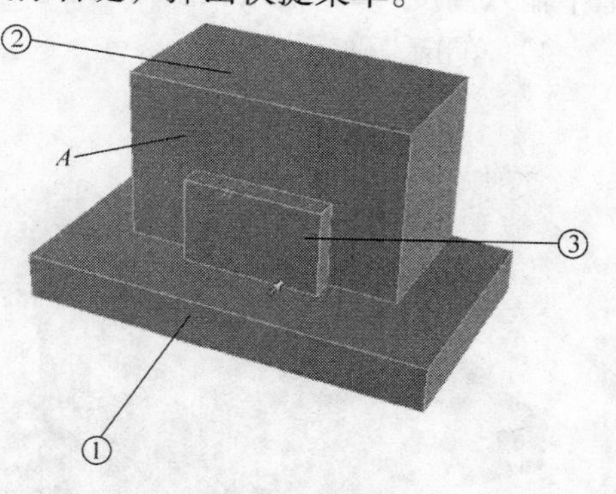

图2-12　零件主体设计

2）要重定义长方体2的大小，按住<Shift>键，在操作手柄上单击并拖动长方体2，使其与最初的长方体1的后表面齐平。当鼠标与边齐平时，边缘成绿色高亮状态，此时松开鼠标。

3）右键单击相反方向的操作手柄，在“编辑包围盒”对话框中设置宽度=12.5。

4）右键单击顶面上的操作手柄，选择“编辑包围盒”选项，在弹出的对话框中设置高度=15。

5）右键单击长方体2得到选择菜单，单击“智能图素属性”选项。

6）单击“包围盒”属性页，输入长度=24。

7）单击“确定”按钮。

3. 设计零件3

利用智能图素设计零件3，操作步骤如下：

1）将第三个长方体放置到长方体1与长方体2的内交线的中点。

2）按住<Shift>键并拖/放面操作手柄，使长方体3的面与图2-12所示表面*A*齐平。（当表面*A*呈绿色高亮显示时可达到齐平。）

3）使用类似的方式使后表面的手柄与面齐平。

4）右键单击前表面手柄，选择“编辑包围盒”选项，在弹出的对话框中输入高度=2。

5）右键单击智能图素，从弹出的菜单种选择“智能图素属性”选项，输入长度=12。

6）右键单击顶部表面手柄，选择“编辑包围盒”选项，在弹出的对话框中输入宽度=7.5。

7）单击“确定”按钮。

2.2.3　圆台、圆孔与方形孔设计

1. 设计零件4（图2-13）

在零件前表面上添加圆台，操作步骤如下：

1）从“图素”中将一个圆柱体拖/放至长方体3的前上方边缘的中点，如图2-14所示。

2）将圆柱体的后表面拖至长方体2的前表面*A*。

3）右键单击圆柱体前表面的中心操作手柄，选择“编辑包围盒”选项，在弹出的对话

框中输入高度 =2，输入长度 =12。

4）单击“确定”按钮。

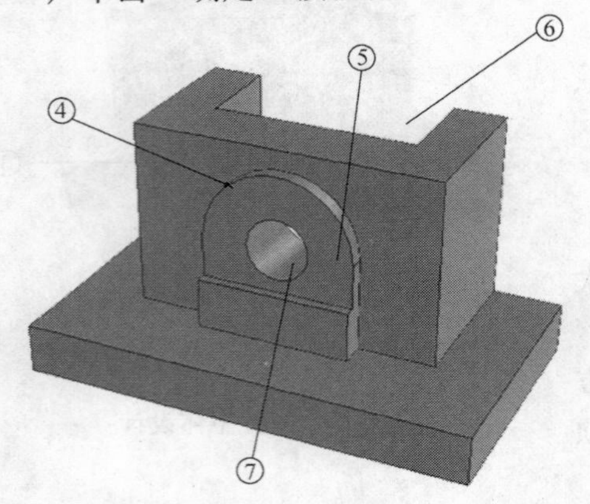

图 2-13 设计圆台和圆孔

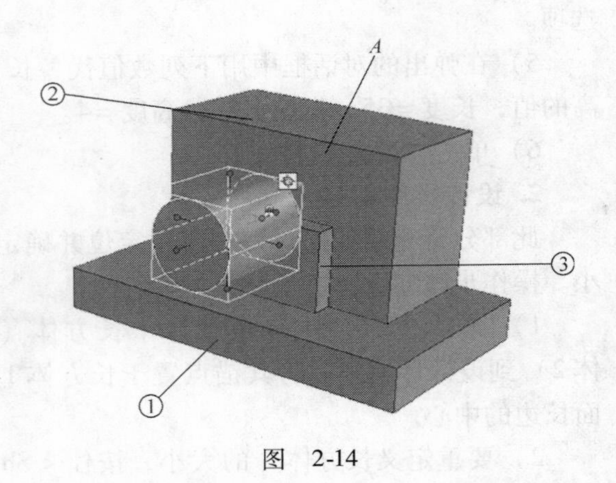

图 2-14

2. 设计零件长方孔 6

使用孔类图素从零件中去除材料，操作步骤如下：

1）从“图素”中将一孔类长方体拖/放至长方体 2 的后方边缘的中点。

2）拖动孔类长方体的手柄，使其与长方体 2 的后表面齐平。当处于齐平状态时长方体 2 的后表面呈绿色高亮显示。

3）右键单击孔类长方体前表面的中心操作手柄，选择“编辑包围盒”选项，在弹出的对话框中将宽度设置为 7.5，在“长度”中输入 16.5，如图 2-15 所示。

4）拖动底部手柄与长方体 1 的顶面齐平。

5）拖动顶部手柄与长方体 2 的顶面齐平。

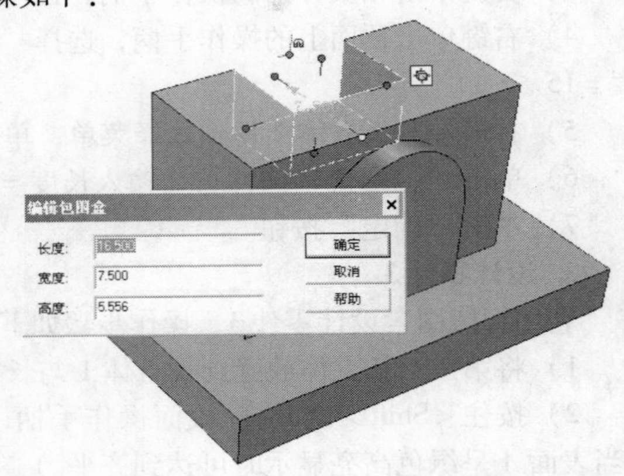

图 2-15 零件长方孔的设计

3. 设计零件 4 前面台阶 5

在凸起的前端面上创建一个台阶，操作步骤如下：

1）从“图素”中拖出另外一个孔类长方体，将它拖到圆柱体上边缘的中心。

2）拖动孔类长方体的顶部手柄与长方体 3 的顶面齐平。

3）右键单击孔类长方体的后表面手柄，在弹出的菜单中选择“编辑包围盒”选项，在高度中输入 0.8。

4）如图 2-16 所示，拖动孔类长方体的底部手柄与长方体 1 的上表面齐平，右键单击孔

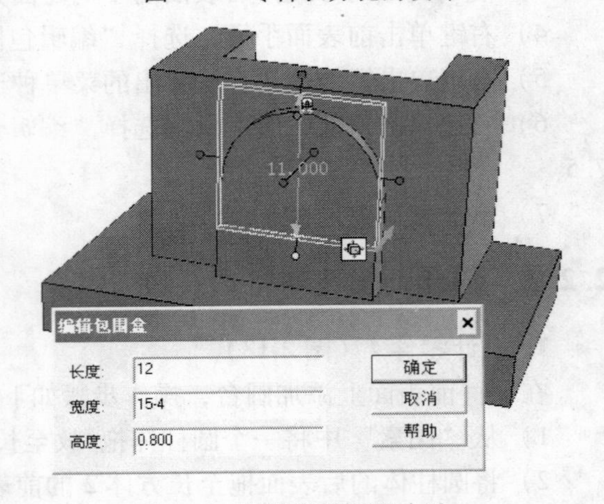

图 2-16 设计前端面的台阶 5

类长方体的下表面手柄，在弹出的菜单中选择“编辑包围盒”选项，在显示的宽度值基础上减去 4，在“长度”后输入 12。

5）单击“确定”按钮。

4. 设计零件孔 7

在凸台的中心添加一个通孔，操作步骤如下：

1）从“图素”中拖/放一孔类圆柱体至凸起圆柱部分的中心。

2）右键单击孔类圆柱体侧表面的手柄，选择“编辑包围盒”选项，在弹出的对话框中输入长度 =5。

2.2.4　圆弧过渡与圆台、圆孔的设计（图 2-17）

1. 设计零件圆弧过渡 8 和 9

圆弧过渡操作步骤如下：

1）单击工具条中“面/边编辑”中“圆角过渡”命令。

2）单击 *B*、*C* 两条棱边，如图 2-18 所示。

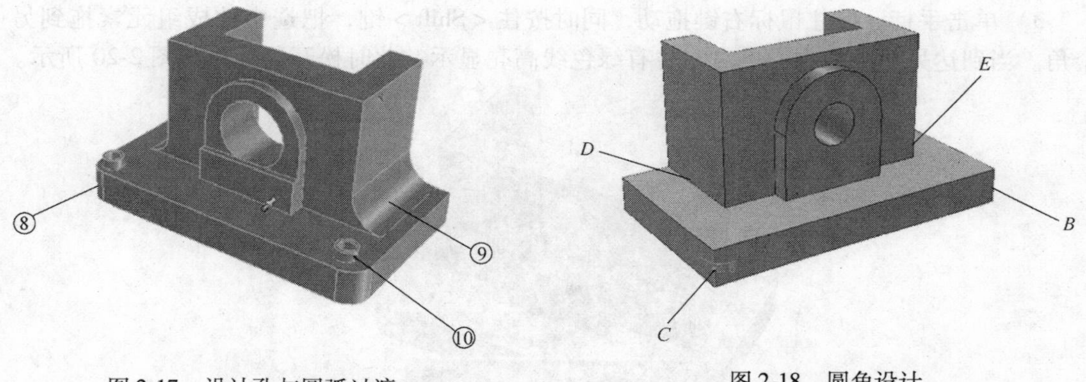

图 2-17　设计孔与圆弧过渡　　图 2-18　圆角设计

3）在弹出的对话框中“半径”后的文本框中输入值 2.5。

4）从“圆角过渡”菜单中选择“应用并退出”。

5）继续单击工具条中“面/边编辑”中的“圆角过渡”命令。

6）单击边缘 *D* 和 *E*，在“半径”栏中输入 3.75。

7）从“圆角过渡”菜单中选择“应用并退出”。

2. 设计零件 10

圆台与圆孔设计的操作步骤如下：

1）在长方体 1 的每个前角添加一个带通孔的凸台。

2）拖/放一圆柱体到前部过渡圆弧的中心。

3）单击鼠标右键，弹出“编辑包围盒”对话框。

4）将直径设为 2.5，将凸台高设置为 1.25，单击“确定”按钮。

5）拖放一孔类圆柱体到凸台的中心。

6）将圆柱孔的直径设置为 1.875，如图 2-19 所示。

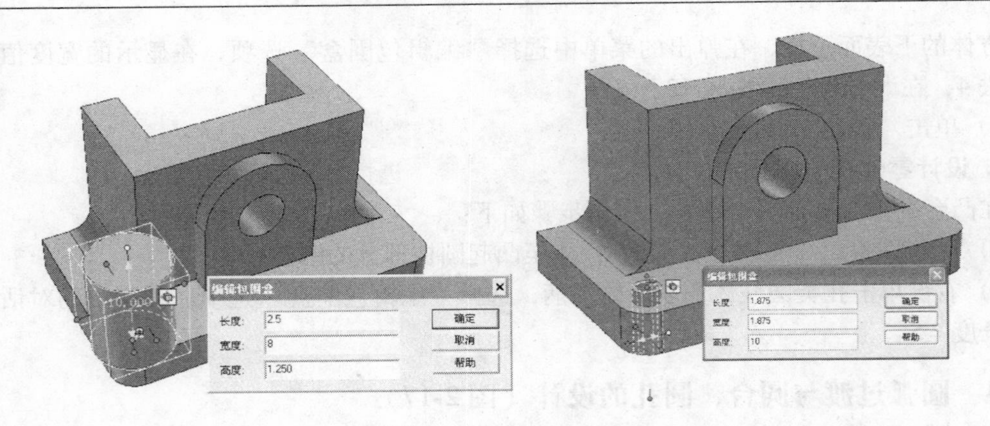

图 2-19 设计圆台及圆孔

3. 复制凸台与圆孔

操作步骤如下：

1）按下 < Shift > 键，单击圆柱凸台表面，然后单击孔类圆柱体的表面。

2）单击三维球。

3）单击手柄，按住鼠标右键拖动，同时按住 < Shift > 键，把选中的成组元素拖到另一个角。当到达另一角的中心点时，将有绿色线高亮显示，此时松开鼠标，如图 2-20 所示。

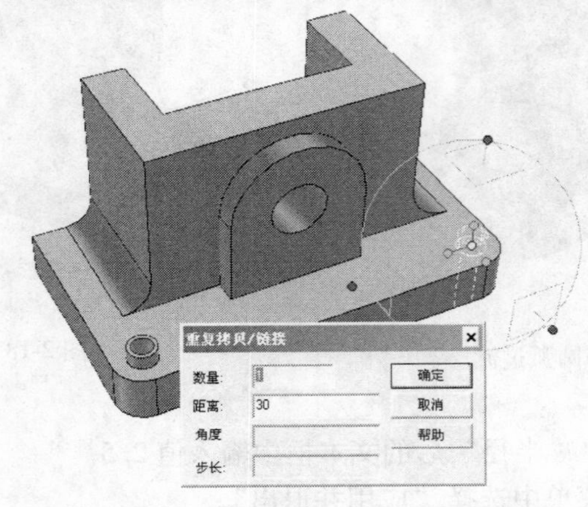

图 2-20 复制凸台与圆孔

4）软件将询问在此位置移动，复制，还是链接复制所选元素。单击“链接”。

5）关闭三维球，完成此零件的实体设计。

2.3 车床模型中典型零件的造型

本节学习目标

1. 应用设计元素库中“自定义孔”等命令完成螺纹孔等的设计。
2. 初步应用三维球工具进行零件特征设计。
3. 完成车床模型中小滑板零件的造型设计。

设计思路简述：

小滑板零件结构如图 2-21 所示，实体图如图 2-22 所示。可以先设计整体结构，采用拉伸增料特征，如图 2-23 所示；生成主体后采用拉伸除料完成上边的倒角，如图 2-24 所示；继续应用拉伸除料特征完成圆孔和长孔。在此基础上进行一些修整，如补上螺纹修饰等，如图 2-22 所示，完成造型。

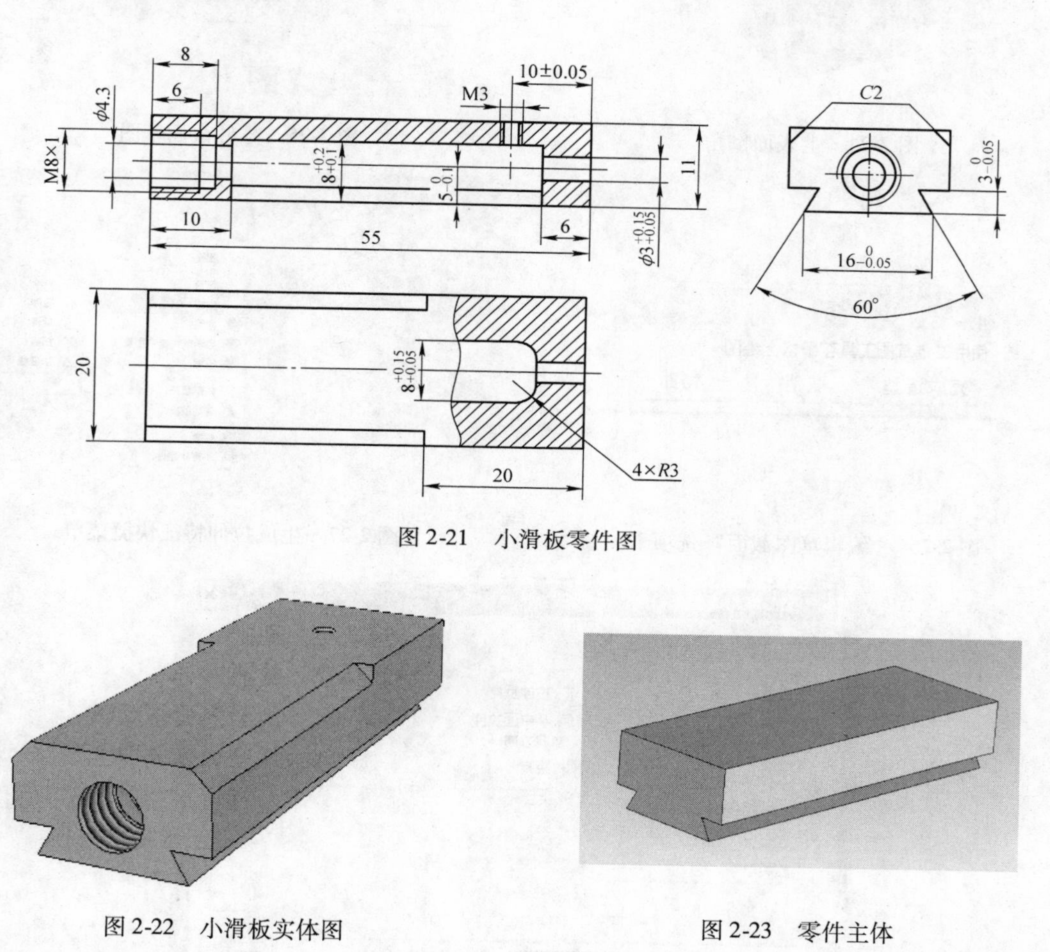

图 2-21　小滑板零件图

图 2-22　小滑板实体图

图 2-23　零件主体

1. 完成基本体

选择“缺省模板设计环境”→“二维草图”应用“连续直线”和裁剪曲线，完成零件截面草图，如图 2-25 所示；并单击“完成造型”按钮结束草图绘制，如图 2-26 所示。

单击曲线呈选中状态，单击右键出现快捷菜单，选择“生成”→“拉伸”命令，如图 2-27 所示。

在出现的对话框中，单击“拉伸”选项卡，选择“实体”“独立零件”，并在“距离”下的文本框输入 55，如图 2-28 所示。

单击“确定”按钮，拉伸的零件如图 2-29 所示。

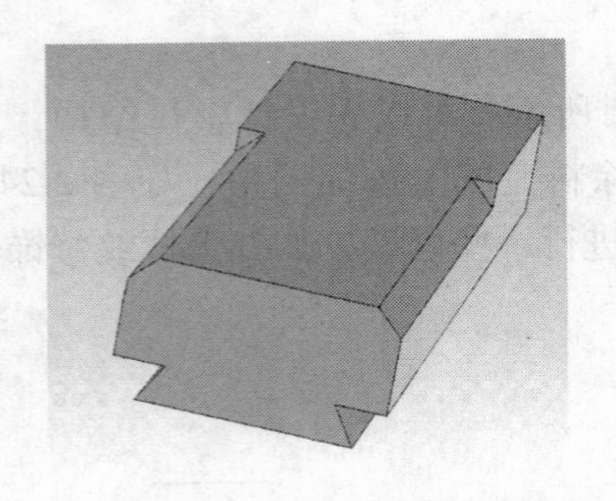

图 2-24 上表面倒角

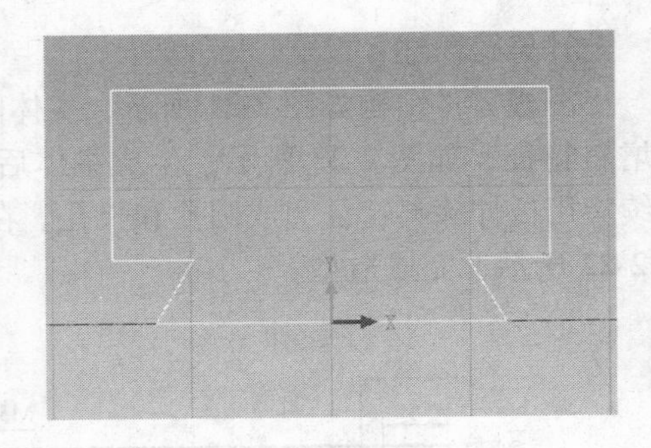

图 2-25 零件截面草图

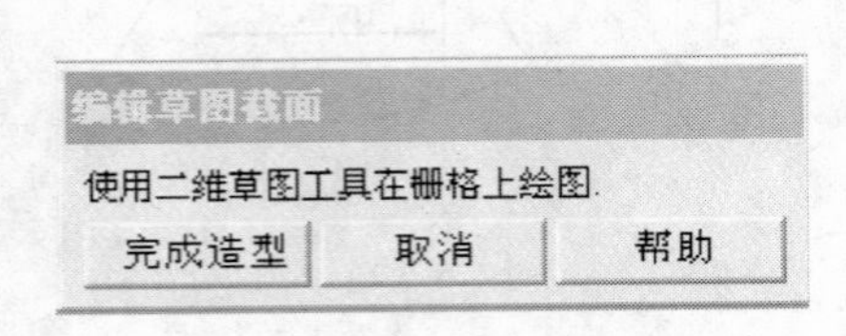

图 2-26 “编辑草图截面”选项卡

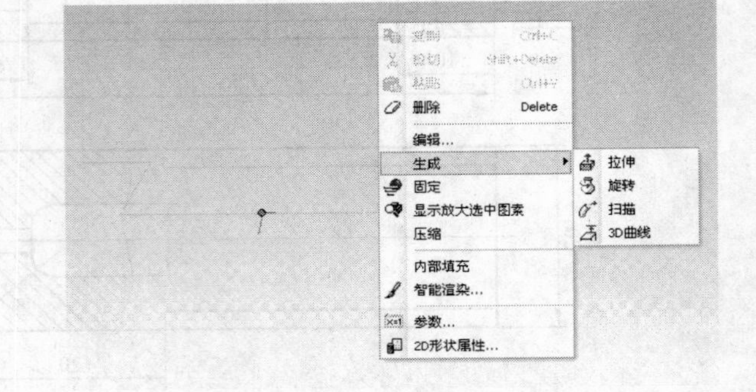

图 2-27 生成拉伸特征快捷菜单

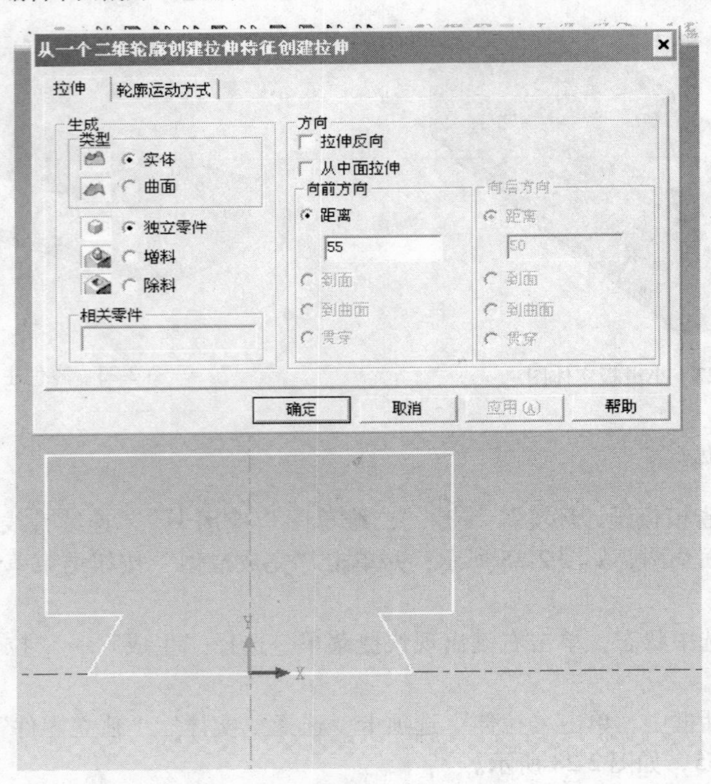

图 2-28 拉伸选项卡

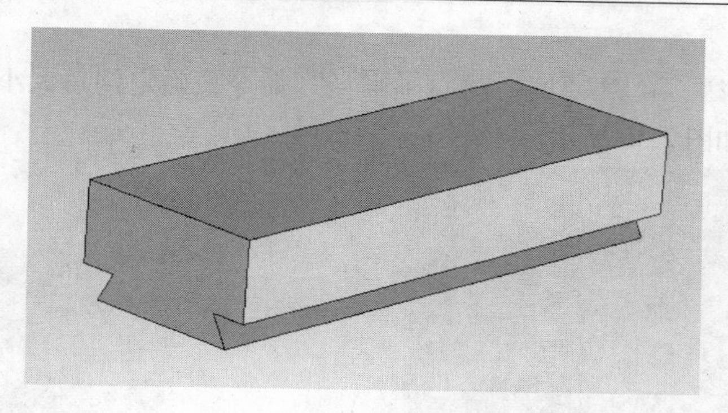

图 2-29　零件拉伸

2. 零件上表面的倒角

选择“二维草图”命令，弹出图 2-30 所示的“2D 草图”对话框，在“平面类型”选项框中选中“点”。

单击零件左侧一点，如图 2-31 所示，弹出提示信息框，选择“继续”，如图 2-32 所示，单击“确定”按钮，平面上栅格显示如图 2-33 所示。

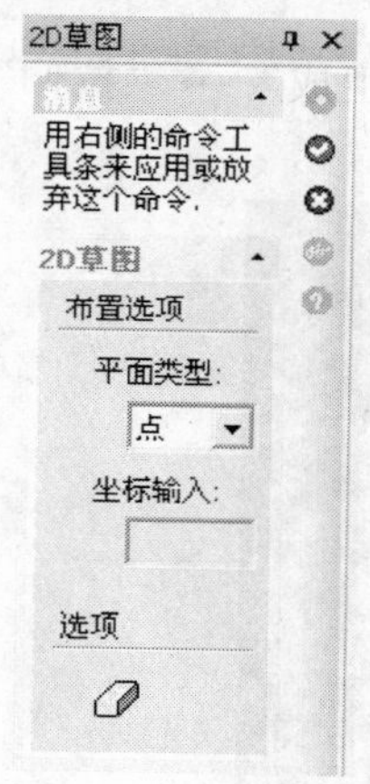

图 2-30　“2D 草图”平面类型选项

图 2-31　平面上选择点

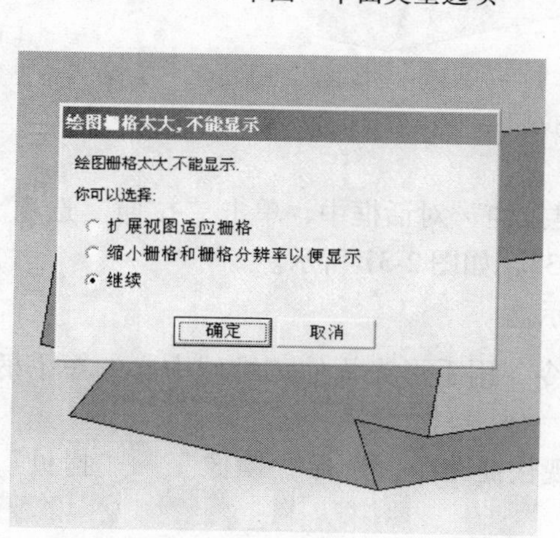

图 2-32　栅格选项

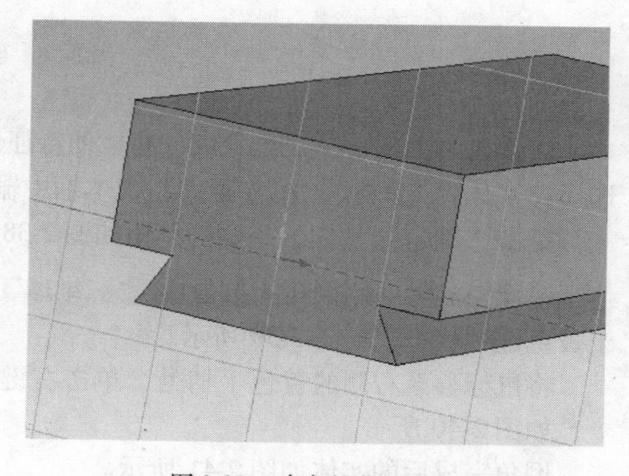

图 2-33　确定的草图平面

选择“投影”→“圆：圆心＋半径”命令，确定倒角大小，如图 2-34 所示，修剪后的倒角形状如图 2-35 所示。

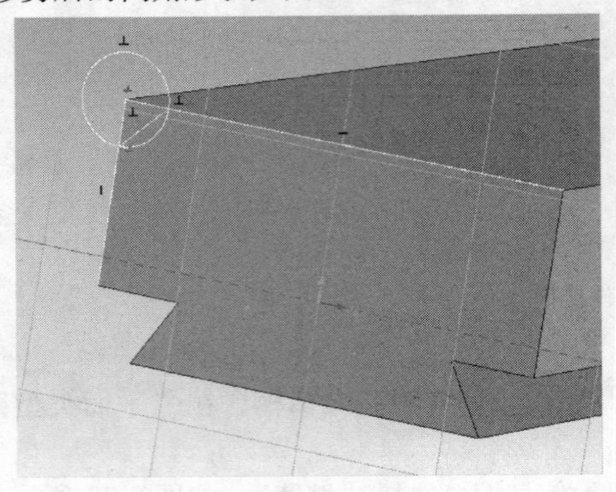

图 2-34　绘制倒角形状

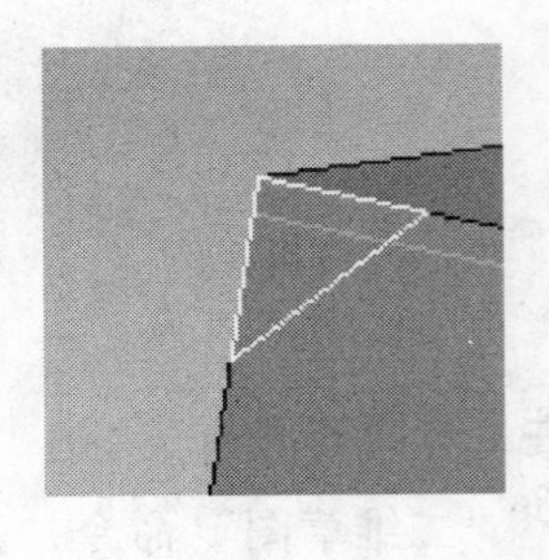

图 2-35　修剪后的倒角形状

单击曲线呈选中状态，单击右键出现快捷菜单，选择“生成”→“拉伸”命令，如图 2-36 所示。

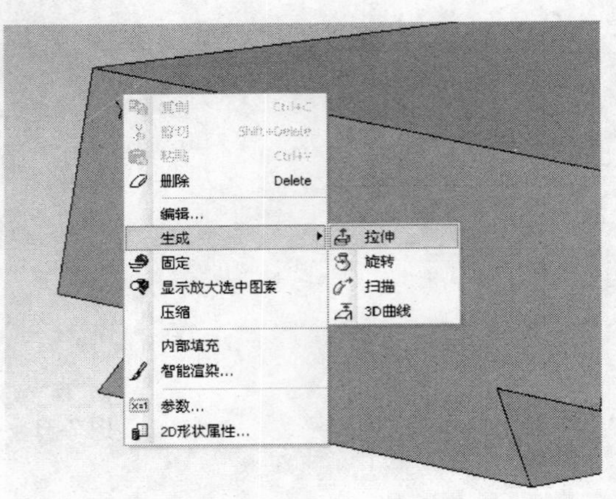

图 2-36　倒角拉伸

在弹出的“从一个二维轮廓创建拉伸特征创建拉伸”对话框中，单击“拉伸”选项卡，选择“实体”“除料”，在“距离”文本框中输入 35，如图 2-37 所示。

单击“确定”按钮，一侧的倒角如图 2-38 所示。

镜像完成另一侧倒角。单击“三维球”命令，用手形光标使三维球中心的短手柄处于黄色选中状态，如图 2-39 所示。

将鼠标移至右侧的黄色手柄处，单击右键出现快捷菜单，选择“镜像”→“拷贝”命令，如图 2-40 所示。

倒角完成后的实体如图 2-41 所示。

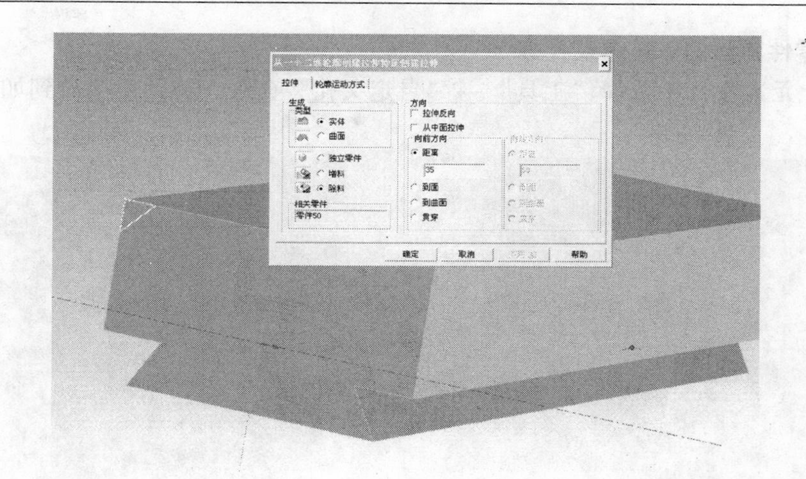

图 2-37　设置倒角拉伸参数

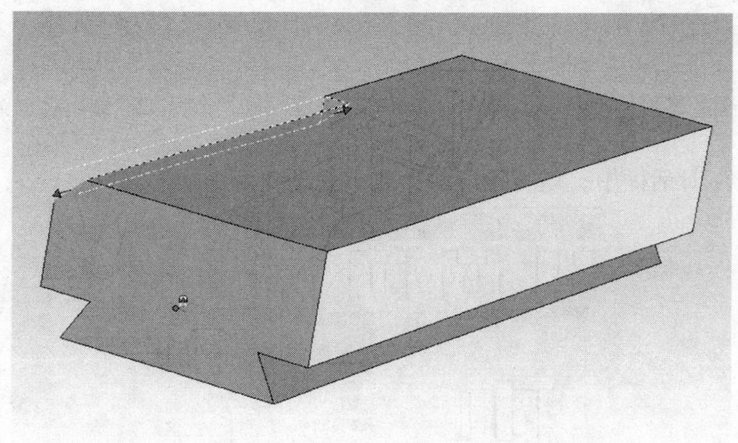

图 2-38　一侧倒角

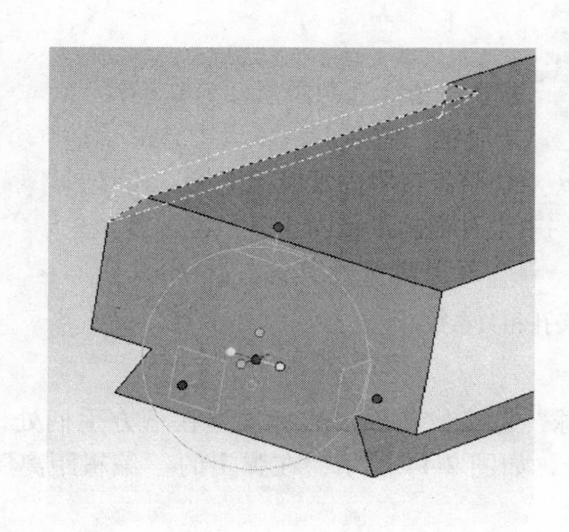

图 2-39　调用三维球

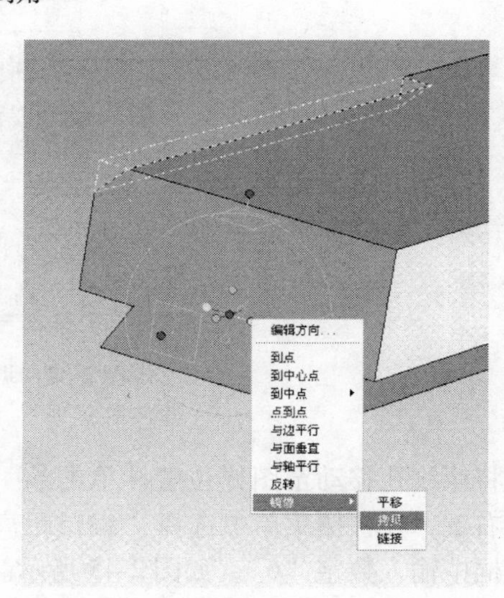

图 2-40　镜像选项

3. 完成零件前面的 M8 螺纹孔等

从“设计元素库”中选择“工具”→“自定义孔”命令，将图素拖放到如图 2-42 所示的位置。

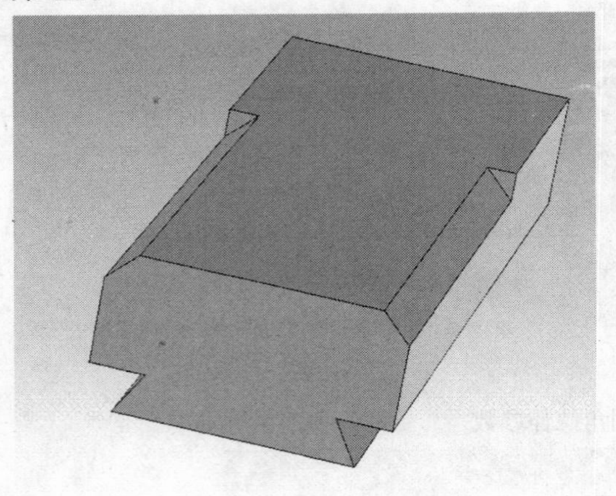

图 2-41 完成倒角设计

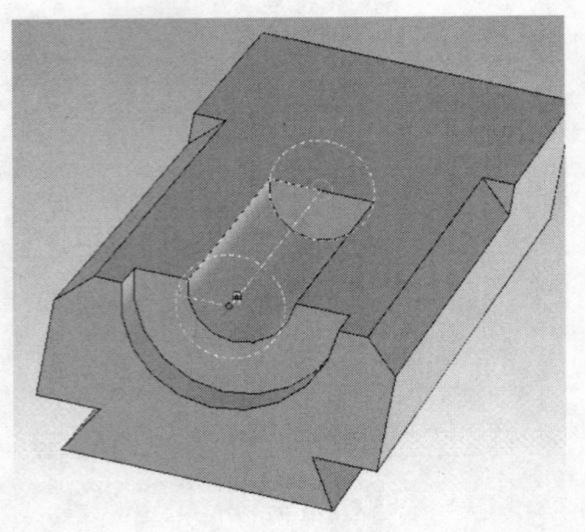

图 2-42 调用自定义孔

在“定制孔”对话框中，填写相应的参数，如图 2-43 所示。

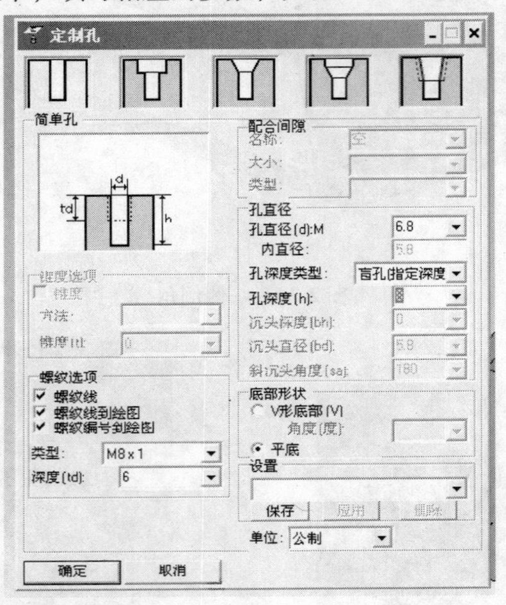

图 2-43 填写自定义孔相关参数

将螺纹孔移动至图样位置。单击“三维球”命令，将手形光标放置在下方手柄处，单击右键，在快捷菜单中选择“编辑距离”命令，如图 2-44 所示，在弹出的“编辑距离”对话框中输入数字“6”，如图 2-45 所示。

单击“确定”按钮，螺纹孔结果如图 2-46 所示。

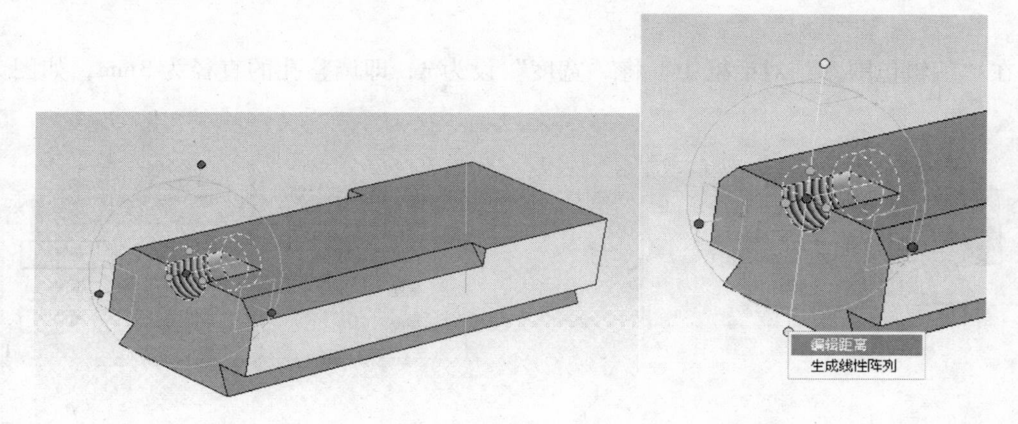

图 2-44　调用三维球

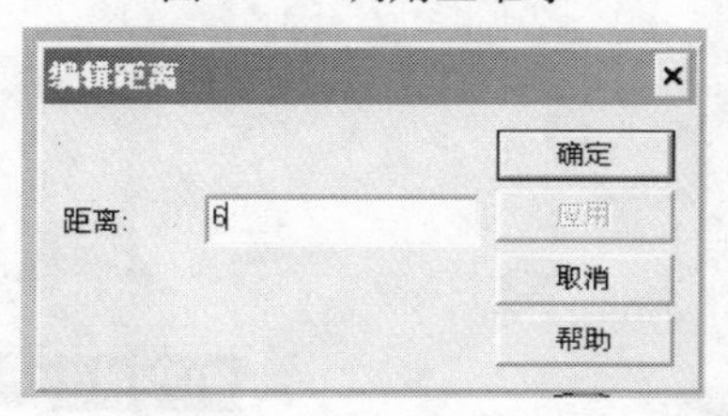

图 2-45　编辑移动距离

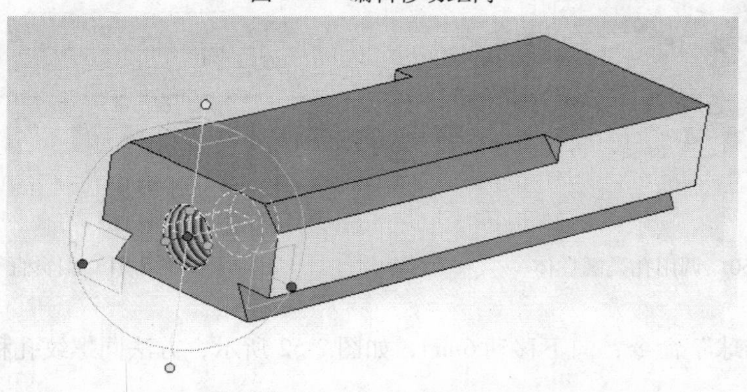

图 2-46　螺纹孔移动到指定位置

从“设计元素库”中选择“工具”→“图素”→“孔类圆柱体孔”命令，如图 2-47 所示，并将图素拖至螺纹孔中心。单击右键，在弹出的快捷菜单中选择“编辑包围盒命令”，如图 2-48 所示。

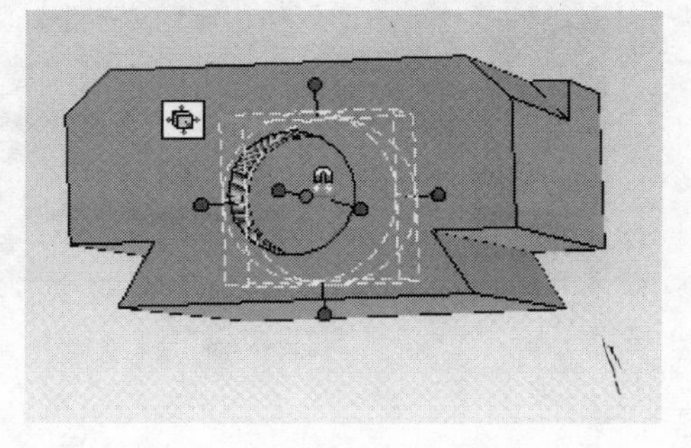

图 2-47　调入孔类圆柱体

在弹出的“编辑包围盒”对话框中，将“宽度”更改为“4. 300”，实际就是将圆柱孔直径改为 4. 3，如图 2-49 所示。

4. 零件后面直径为 ϕ3mm 孔的设计等

从“设计元素库”中选择“图素”→“孔类圆柱体孔”命令，并将该图素拖放到图 2-50 所示位置。

在“编辑包围盒”对话框中，将“宽度”设为3，即调整孔的直径为3mm，如图2-51所示。

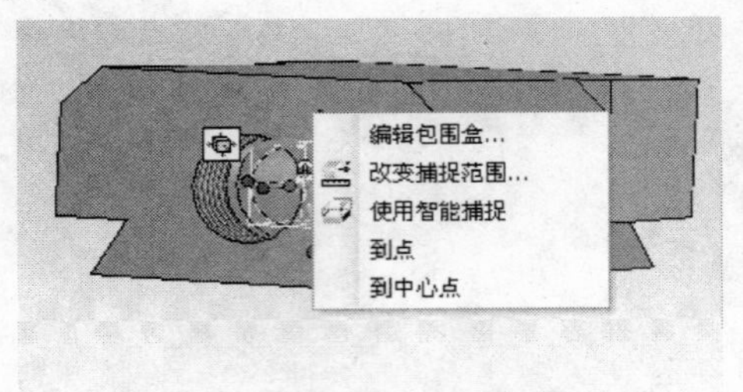

图2-48　选择“编辑包围盒”命令

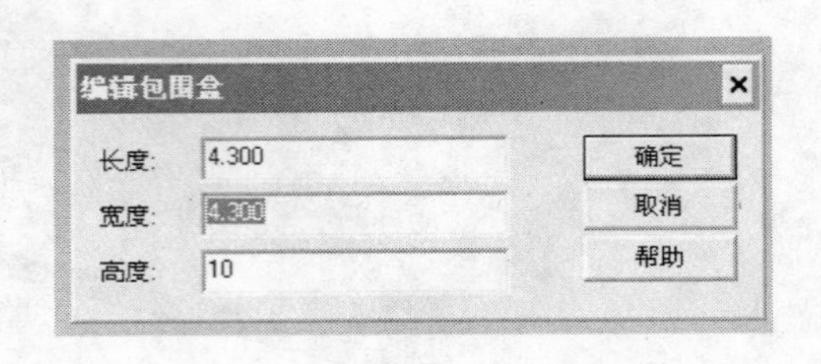

图2-49　编辑圆柱孔直径

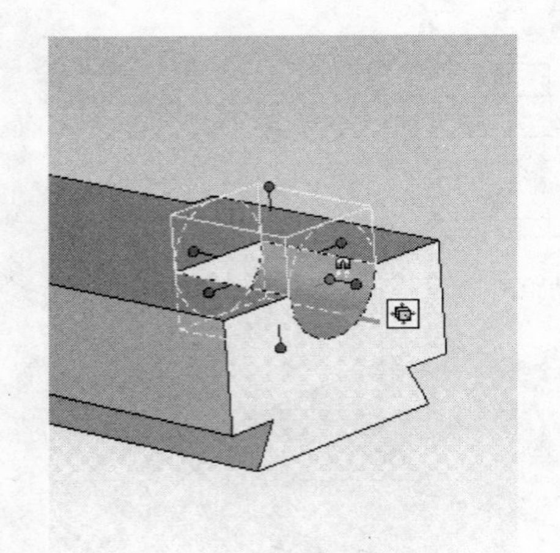

图2-50　调用孔类圆柱体

图2-51　编辑直径

单击“三维球”命令，向下移动6mm，如图2-52所示，方法同螺纹孔移动。

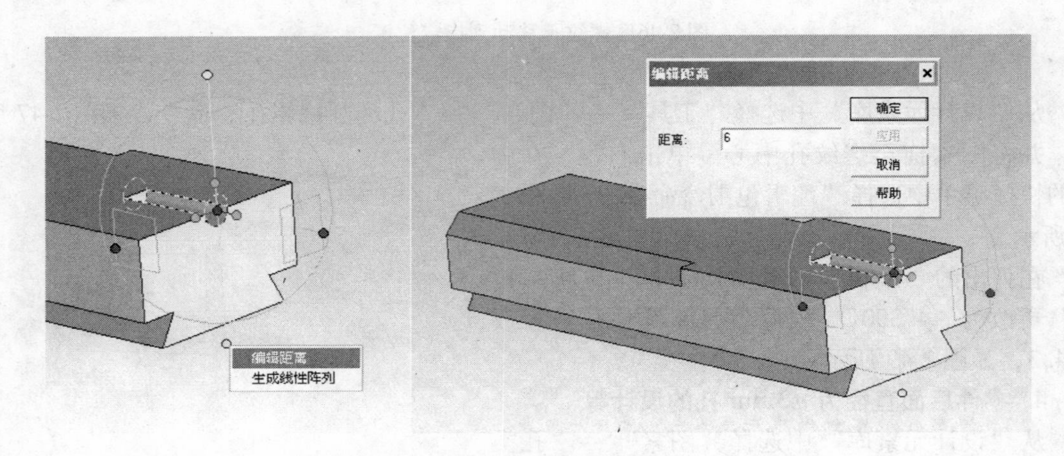

图2-52　调用三维球

孔设计完成后如图 2-53 所示。

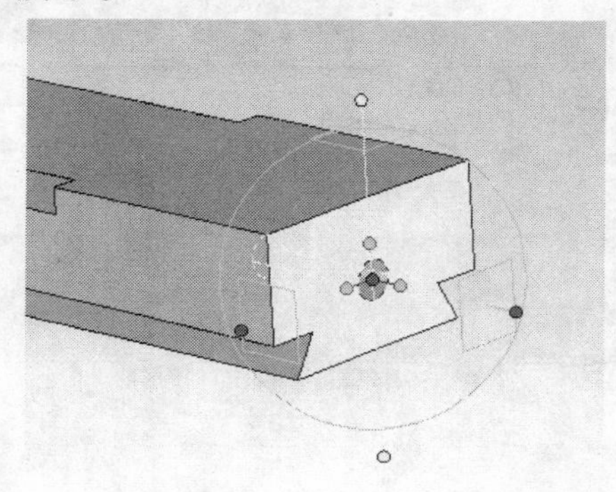

图 2-53　移动孔至指定位置

5. 零件反面 8mm×8mm×39mm 方孔的设计

将零件上下翻转 180°，从“设计元素库”中选择“图素”→“孔类长方体”命令，并拖入到图 2-54 所示中心点位置。注意，需调整孔的大小和位置。

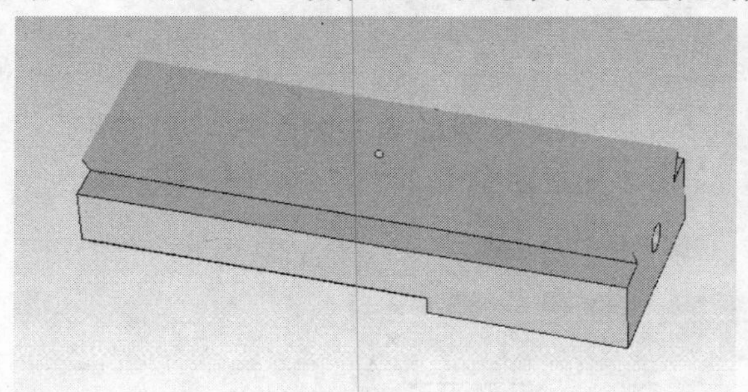

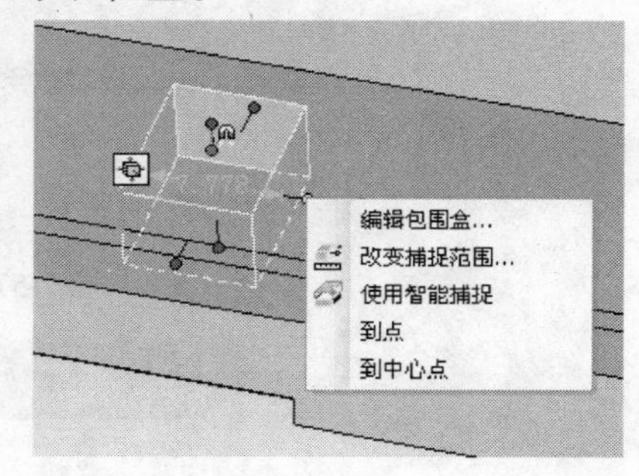

图 2-54　将孔类长方体拖放到位置

右键单击右侧手柄，在弹出的“快捷菜单”中选择“编辑包围盒”，如图 2-55 所示。在弹出的“编辑包围盒”对话框中，长度设为 8，保证长度对称缩为 8。

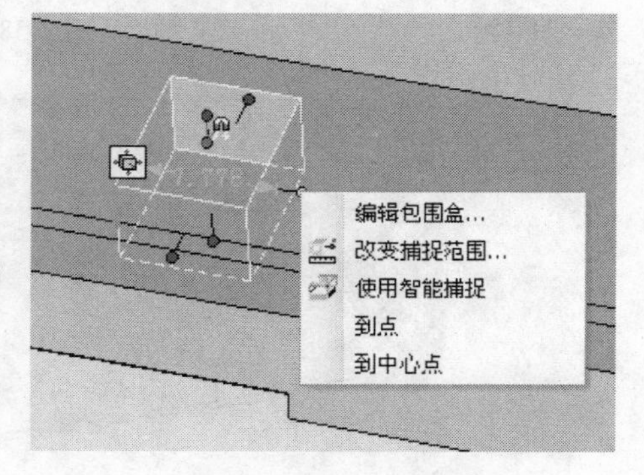

图 2-55　尺寸编辑快捷菜单

右键单击底面手柄，在弹出的快捷菜单中选择“编辑包围盒”，弹出“编辑包围盒”对话框，高度改为 8，如图 2-56 所示。

位置的调整方法如图 2-57 所示。先将右侧手柄拉到与表面一致，即在拉手柄的同时，按住 <Shift> 键，当右侧表面变为绿色时，松开手柄即可。

再次选中右侧手柄，单击右键，在弹出的菜单中选择“编辑包围盒”命令，弹出“编辑包围盒”对话框，宽度尺寸在原有的基础上减去 6，如图 2-58 所示。

单击“确定”按钮，调整后的方孔图形如图 2-59 所示。

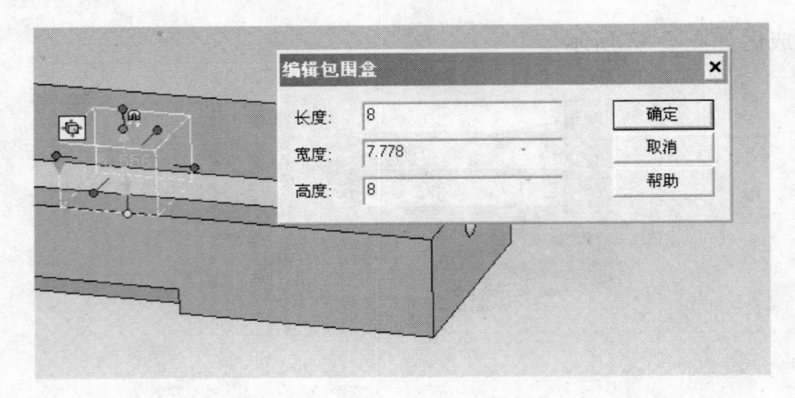

图 2-56 编辑高度尺寸

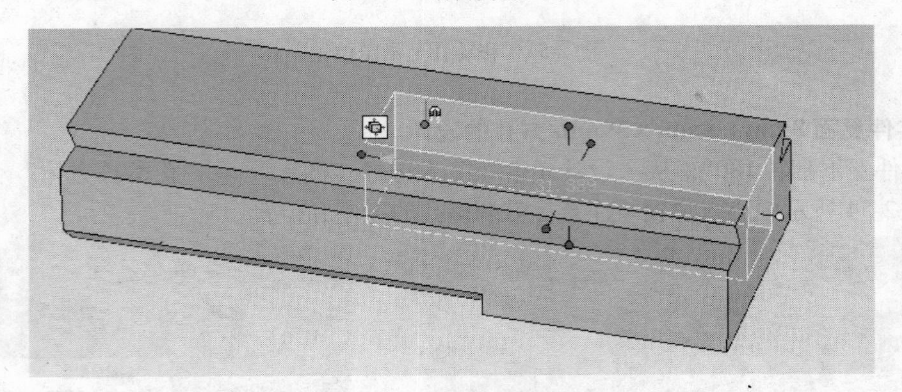

图 2-57 右侧手柄拉至端面

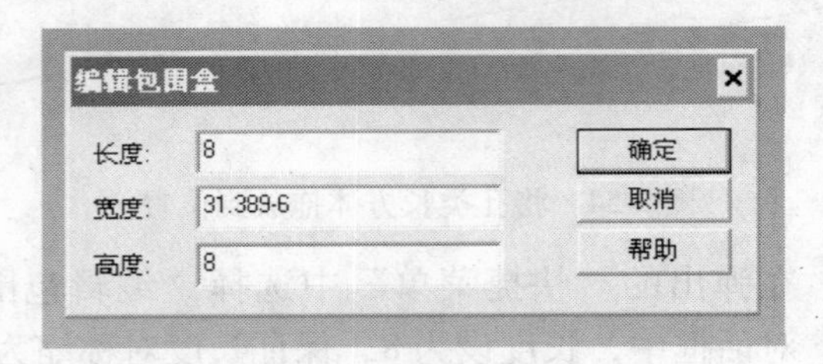

图 2-58 调整孔右侧位置

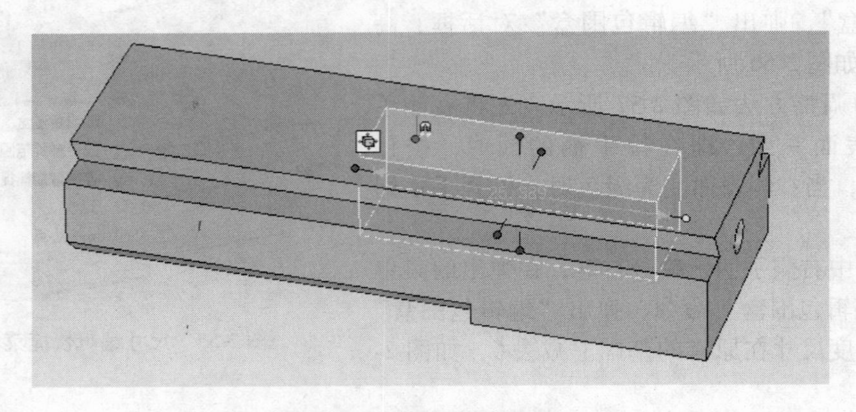

图 2-59 孔右侧位置调整完成

右键单击左侧手柄，在弹出的快捷菜单中选择“编辑包围盒”命令，弹出“编辑包围盒”对话框，将宽度设为 39，如图 2-60 所示，单击“确定”按钮，生成的图形如图 2-61 所示。

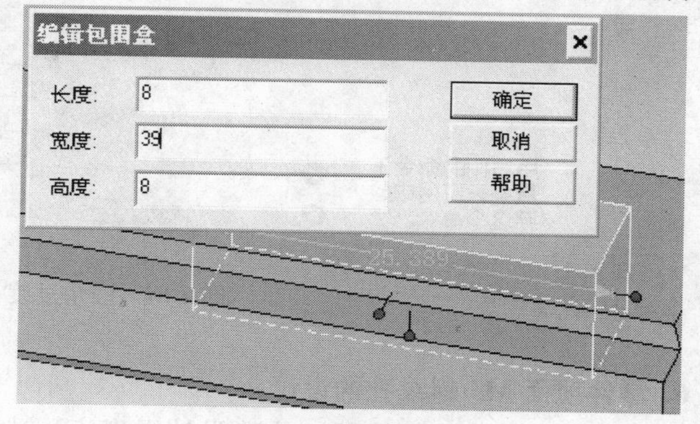

图 2-60 宽度设为 39

将方孔的四个边角倒成圆角。选择“修改”→“圆角过渡”命令，并在圆角过渡参数表中填写相应参数，如图 2-62 所示。

分别单击选中四个边线，如图 2-63 所示。

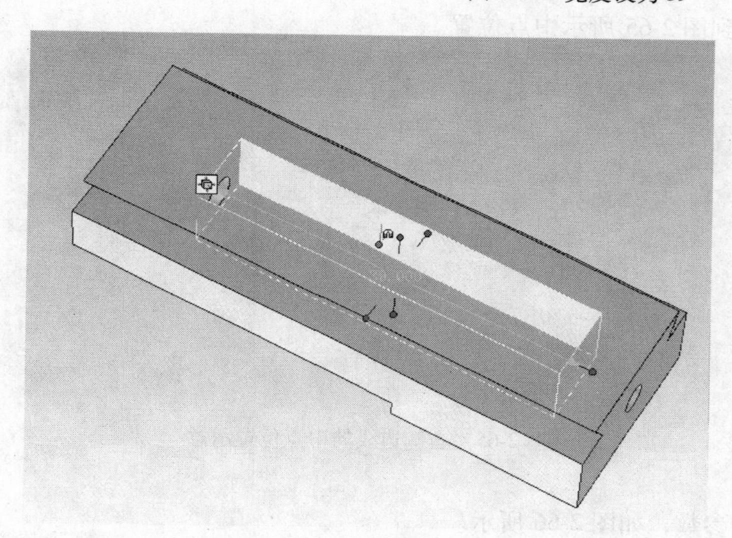

图 2-61 方孔设计完成

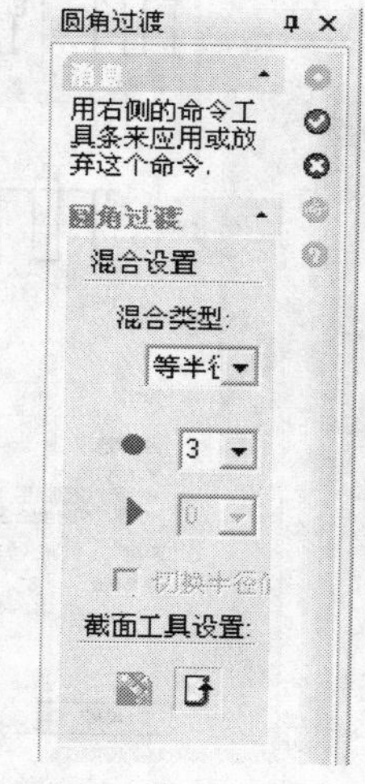

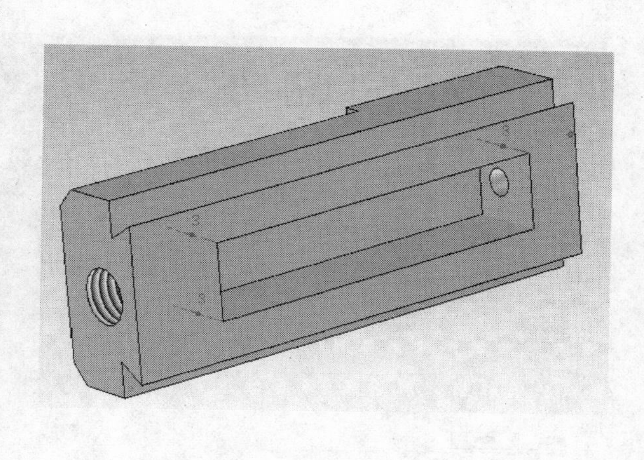

图 2-62 圆角过渡命令与参数

图 2-63 选中方孔倒圆角的四条边

在“消息”框中应用并退出，如图 2-64 所示。

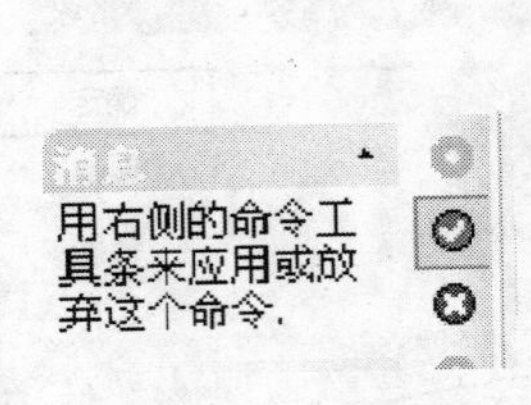

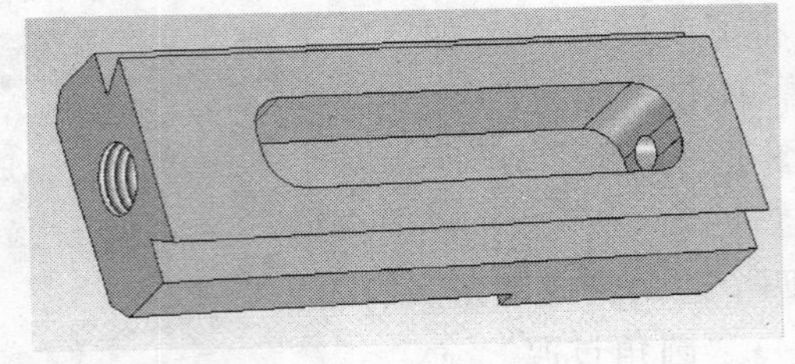

图 2-64　圆角过渡

6. 零件顶面 M3 螺纹孔的设计

将零件上下翻转 180°放正，从“设计元素库”中选择“工具”→“自定义孔”命令，并将该图素拖放到图 2-65 所示中点位置。

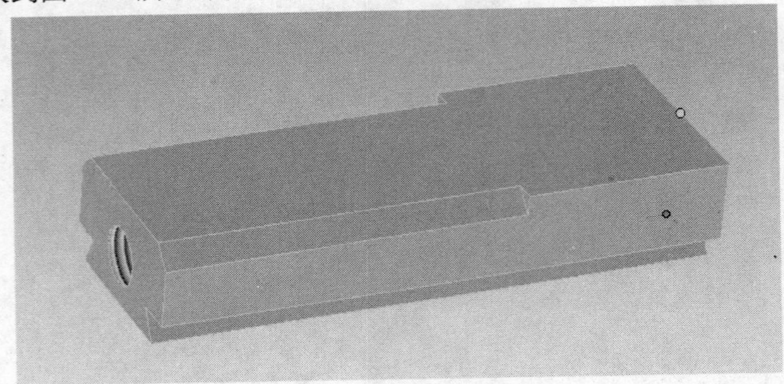

图 2-65　右侧边线的中点位置示意

填写相应的参数，如图 2-66 所示。

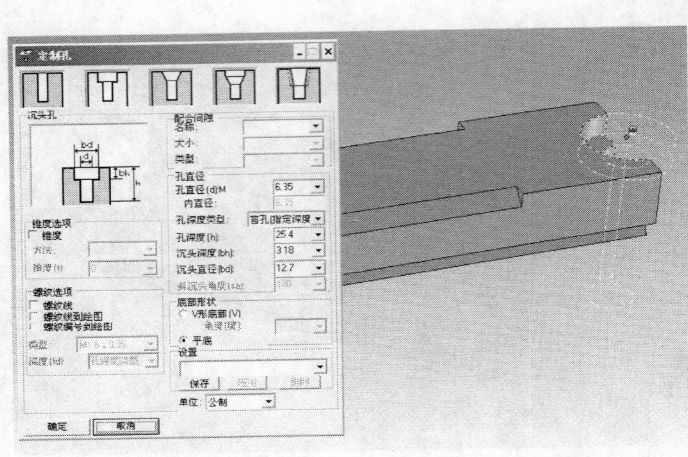

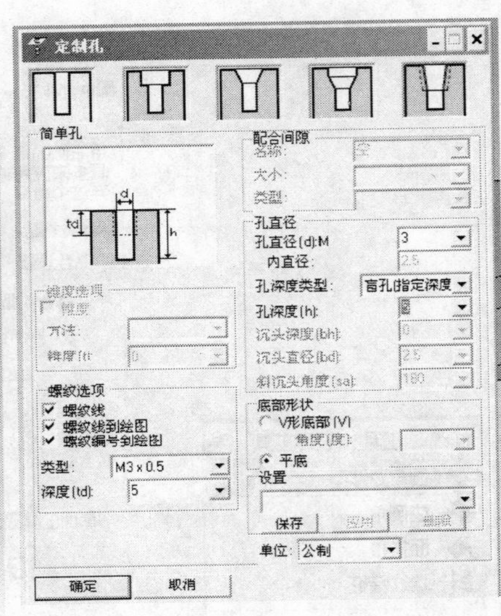

图 2-66　螺纹孔参数

将螺纹孔向左移动 10mm，依然利用三维球操作，如图 2-67 所示。

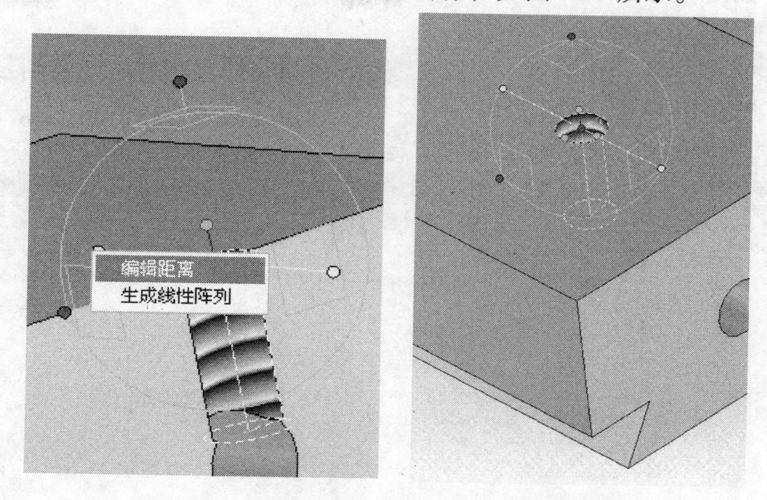

图 2-67　利用三维球移动螺纹孔到指定位置

至此，小滑板零件设计完成，效果如图 2-22 所示。

2.4　车床模型的三维装配

本节学习目标

详细学习利用三维球的装配方法，完成尾座部分的装配设计。

2.4.1　三维球及其相关操作

三维球是 CAXA 实体设计软件的一个强大而灵活的三维空间定位工具。本节的目的是通过举例，演示三维球在装配中的部分功能。

三维球的工具按钮：

F10　　打开/关闭三维球

空格键　　将三维球分离/附着于选定的对象

Ctrl　　在平移/旋转操作中激活增量捕捉

2.4.2　尾座部分的装配

尾座部分的装配图如图 2-68 所示，装配过程如下：

1. 打开 CAXA 实体设计软件设计界面

打开 CAXA 实体设计软件，选择“新文件”→“设计”命令。

2. 调入尾座

左键单击“插入”→“零件装配”命令，选择造型零

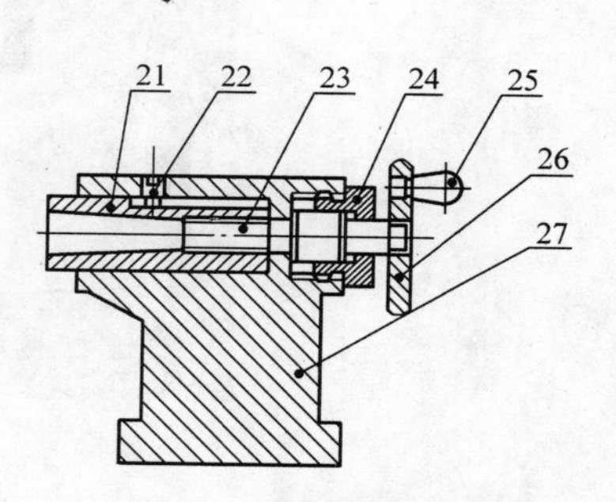

图 2-68　尾座部分装配图

件“27 尾座”，如图 2-69 所示。

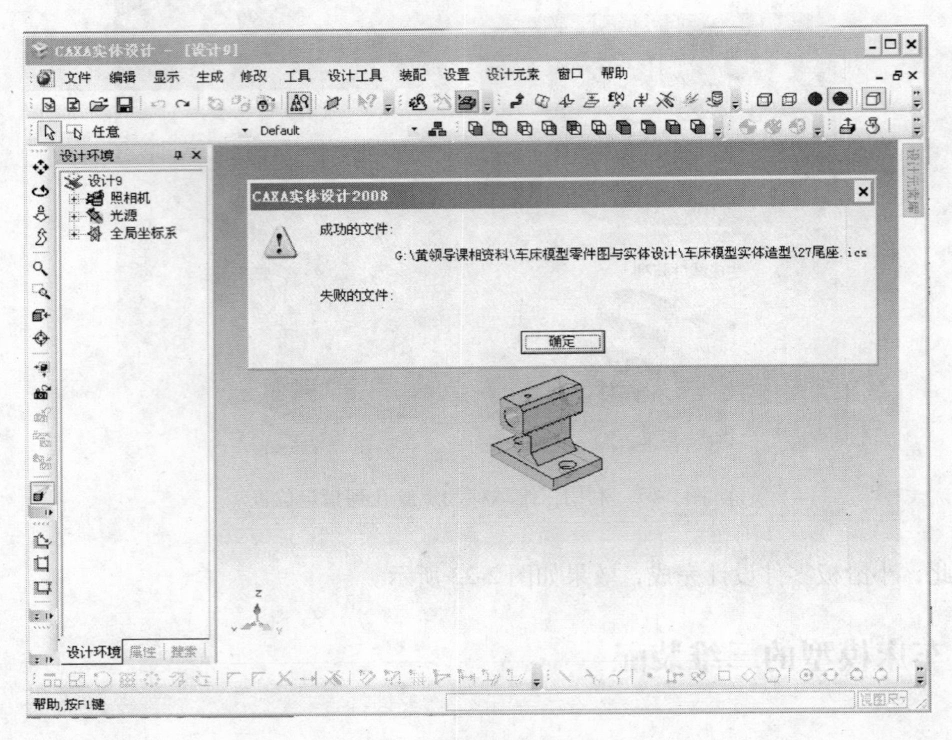

图 2-69　调入尾座

单击消息框中的“确定”，完成尾座的调入。

3. 调入尾座丝杠

再次单击“插入”→“零件装配”命令，选择造型零件“23 尾座丝杠”，如图 2-70 所示。

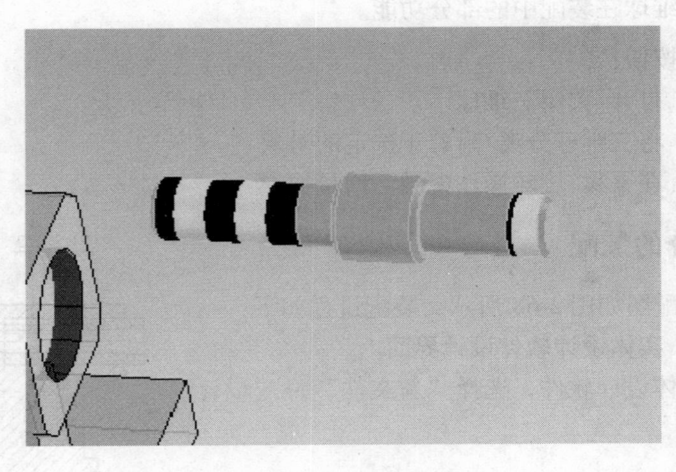

图 2-70　调入尾座丝杠

尾座丝杠调入后，用左键单击使之成为被选择状态，开启三维球。可以通过单击三维球的工具按钮或者直接按一下 F10 键可以打开/关闭三维球，如图 2-71 所示。

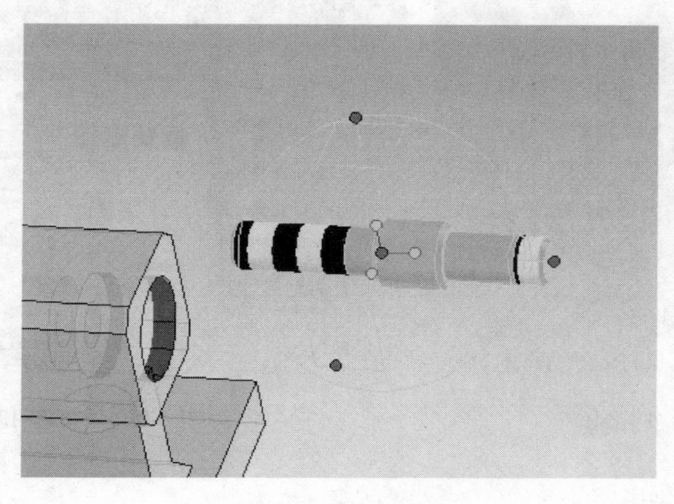

图 2-71　开启三维球

右键单击，出现快捷菜单，选择“到中心点”，如图 2-72 所示。

左键单击尾座中螺纹之后的圆轮廓线，将丝杠移到需要的位置，如图 2-73 所示。

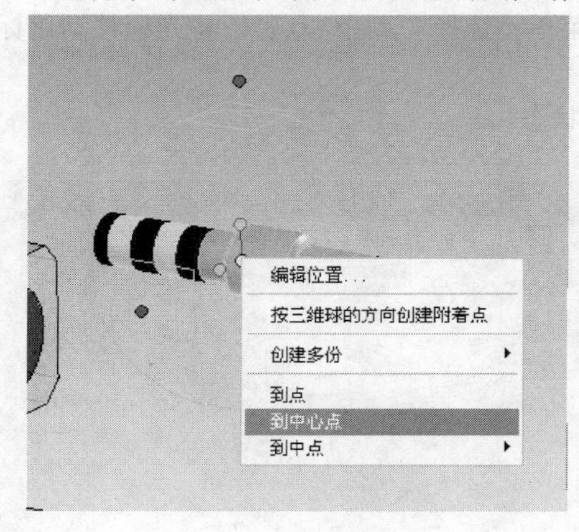

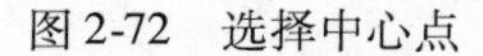

图 2-72　选择中心点

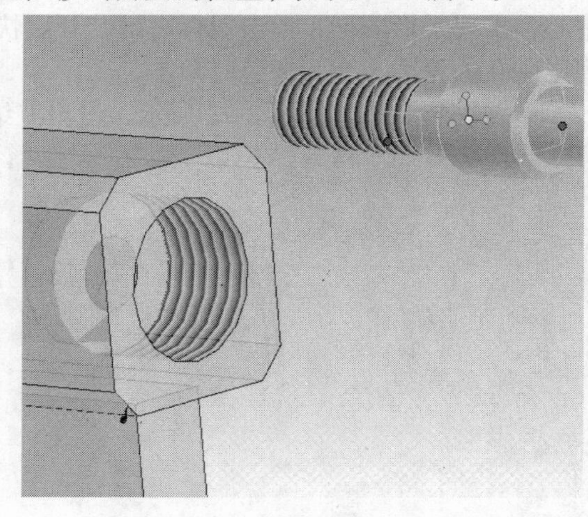

图 2-73　移动丝杠

装好后如图 2-74 所示。单击“Esc”键即可退出三维球状态，也可以单击三维球的工具按钮或直接按一下 F10。

为了观察方便，可以将尾座设为半透明状态，方法如下：

左键单击尾座零件，在零件被选中状态下，单击右键，在快捷菜单中选择“智能渲染”命令，在“智能渲染属性”对话框中选择“透明度”选项卡，如图 2-75 所示，将透明度设定为 30 左右即可。

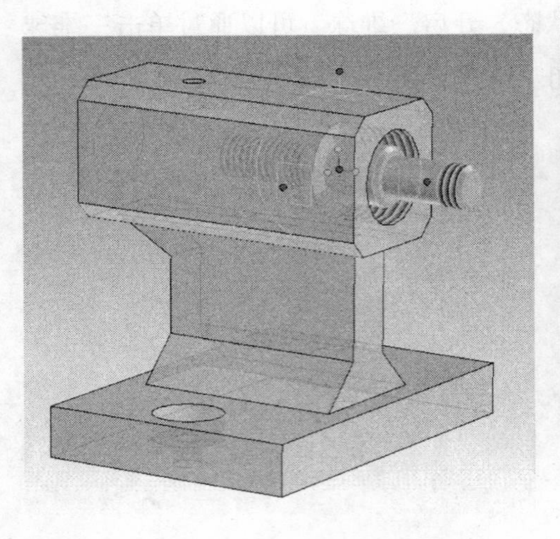

图 2-74　安装到位

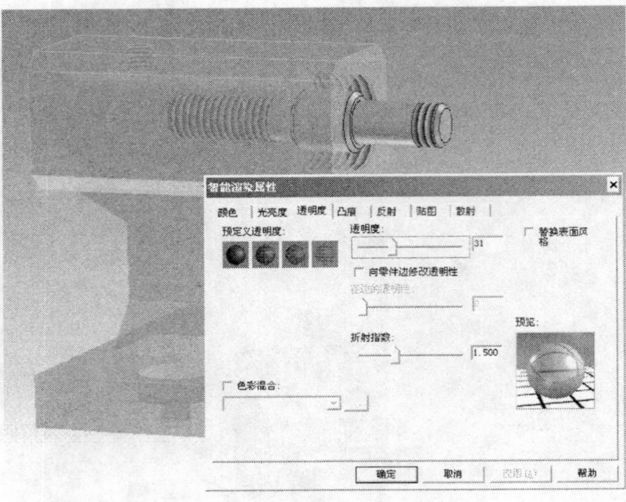

图 2-75　调整透明度

尾座丝杠安装完毕。

4. 尾座后盖的装配

再次单击“插入”→“零件装配”命令图标，选择造型零件“24 尾座后盖”。尾座后盖调入后，单击使之成为被选择状态，开启三维球，如图 2-76 所示。将光标移至三维球中心，出现手形图标，单击鼠标右键，开启快捷菜单，选择“到中心点”。将光标移动鼠标到尾座孔的轮廓，变为绿色时单击。

后盖安装完毕，如图 2-77 所示。退出三维球状态。

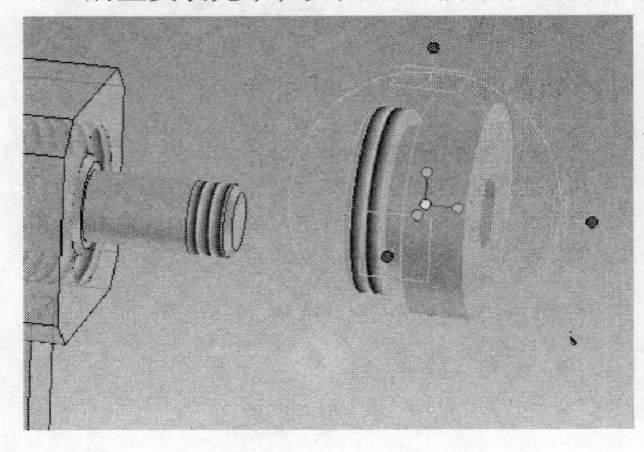

图 2-76　调入后盖

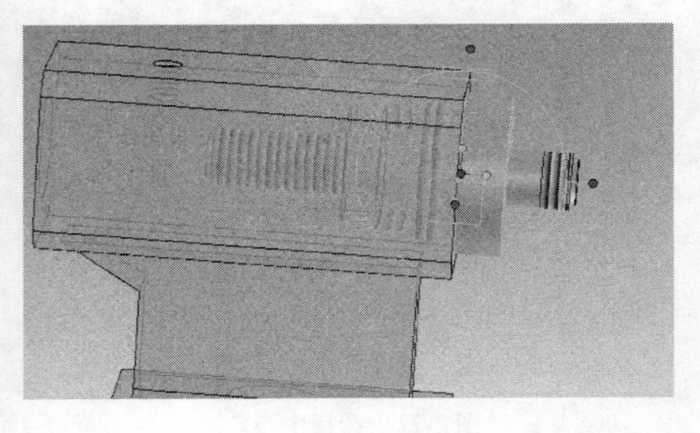

图 2-77　后盖安装到位

5. 尾座手轮的装配

单击“插入/零件装配”命令图标，选择造型零件“26 尾座手轮”。尾座手轮调入后，用左键单击使之成为被选择状态，开启三维球。拉动右侧手柄，将手轮移到适当位置，如选中 Y 轴，使之成为黄色，如图 2-78 所示。

将光标移动至变为黄色的轴附近，光标变为小手带旋转状态时，进行旋转操作，将旋转的数字改为90。

在设计区任意位置单击鼠标，使黄色轴的颜色恢复正常。将光标移动到三维球的中心，单击右键，旋转到中心点，如图2-79所示，再单击丝杠端部外圆的轮廓线，即可完成手轮的装配。退出三维球。

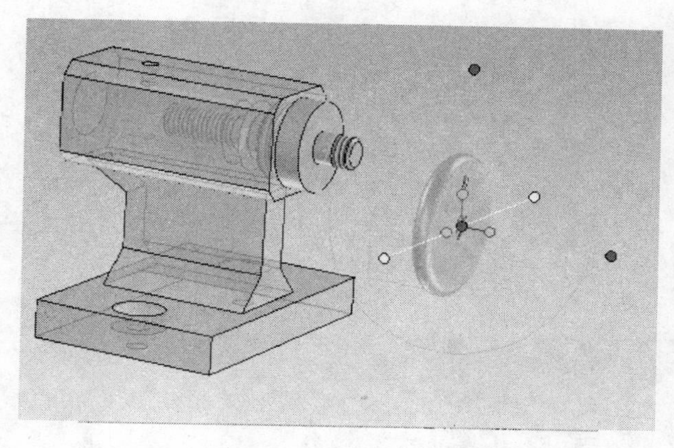

图2-78　调入手轮

图2-79　手轮安装到位

6. 尾座手柄的装配

单击"插入/零件装配"命令图标，选择造型零件"25 尾座手柄"。尾座手柄调入后，用单击使之成为被选择状态，开启三维球。将手柄拖动到适当位置，选择*Z*轴为旋转轴，使之变为黄色，然后将手柄旋转至安装状态，如图2-80所示。

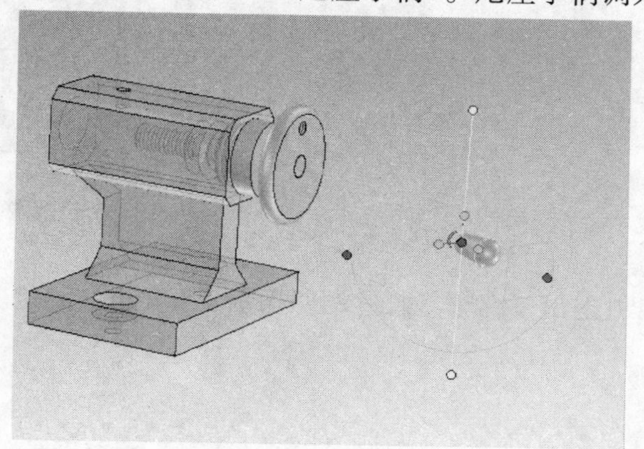

图2-80　调入手柄

将手柄旋转一定的角度，双击数字，填入数字90。

角度调整适当后，在造型区域任意单击鼠标，使三维球黄色轴的颜色恢复正常。

光标移动到三维球中心点，右键在快捷菜单中选择"中心点"，鼠标右键单击手轮上圆孔的轮廓线即可将手柄安装到位，如图2-81所示。退出三维球。

7. 尾座套筒的装配

单击"插入/零件装配"命令图标，选择造型零件"21 尾座套筒"。尾座套筒调入后，用左键单击使之成为被选择状态，开启三维球。选中三维球中点，单击鼠标右键后，在弹出的快捷菜单中选择"到中心点"，选择左侧圆孔轮廓，单击后如图2-82所示。

将光标移动到三维球左侧手柄处，使鼠标的小手握住左侧手柄，按下右键向左拖动，松开右键出现快捷菜单，选择"平移"，输入数字5，单击"确定"按钮，如图2-83所示。

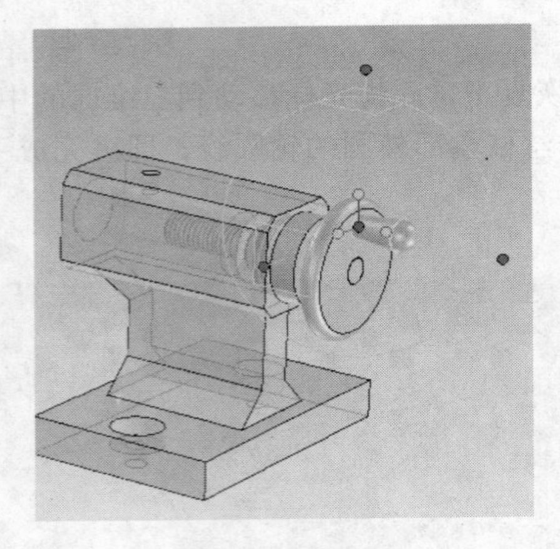

图 2-81　手柄安装到位

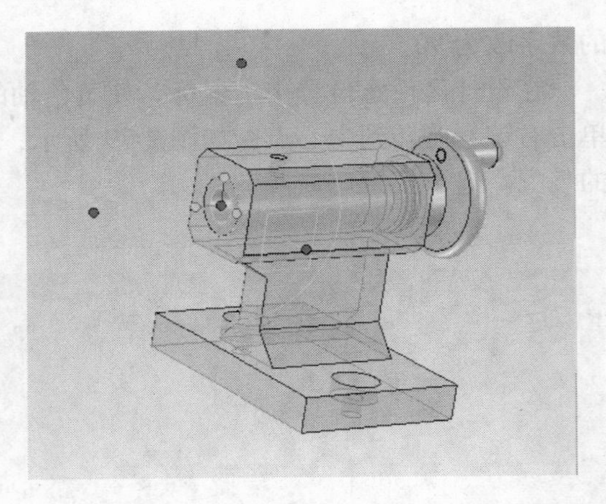

图 2-82　调入套筒

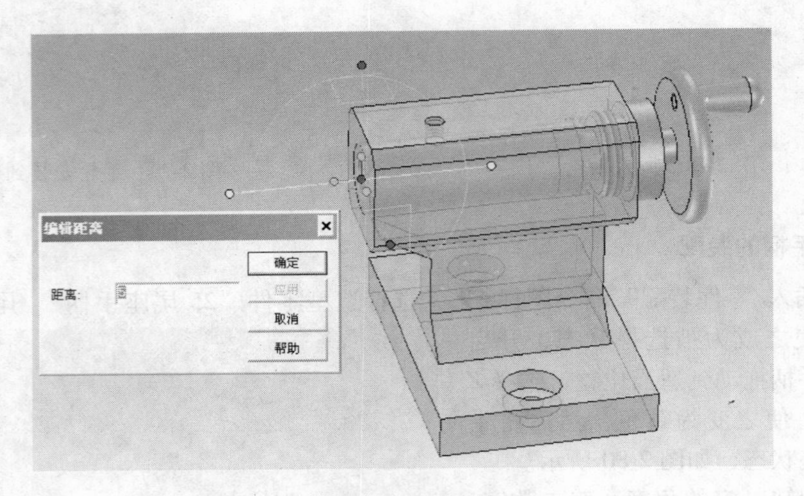

图 2-83　平移套筒

退出三维球，如图 2-84 所示，套筒安装到位。

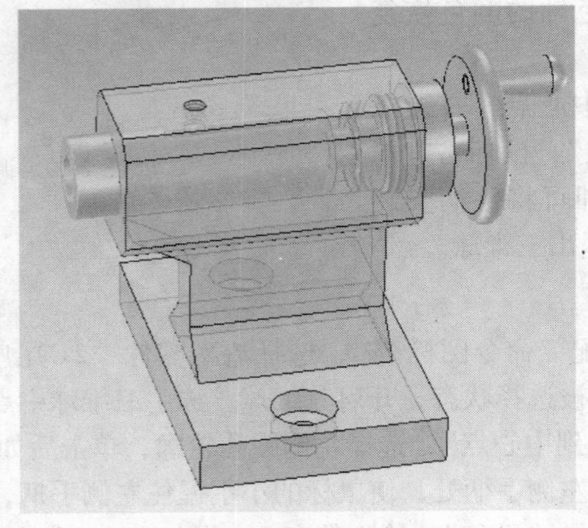

图 2-84　套筒安装到位

8. 尾座套筒的调整

单击“插入/零件装配”命令图标，选择造型零件“21 尾座套筒”。尾座导向螺钉调入后，单击使之成为被选择状态，开启三维球。

首先调整螺钉位置和方向，使其旋转为需要的方向，如图 2-85 所示。

将其移动到要装配的位置。在设计环境中任意单击鼠标，将鼠标移到三维球中心呈现小手状，单击鼠标右键，在弹出的快捷菜单中选择“到中心点”，单击螺纹孔的外轮廓即可，如图 2-86 所示。

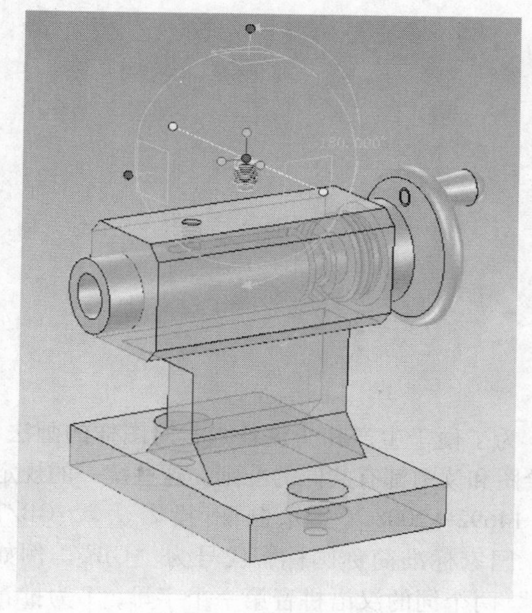

图 2-85　调入导向螺钉

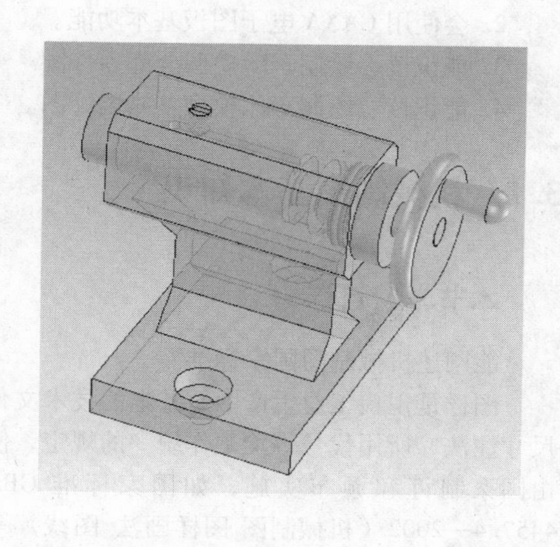

图 2-86　螺钉安装到位

至此，尾座安装完成。

以上只是简单介绍了 CAXA 三维实体设计软件在车床模型零件实体设计与装配中最基本的应用。CAXA 三维实体设计软件还提供许多命令和多种造型功能，在完成其他零件的实体设计中，应当灵活应用软件提供的各种功能，勤思考总结，以达到简单、快速完成零件的实体设计与装配。

第3章　车床模型零件的图形绘制

本章学习目标

1. 初步掌握机械制图国家标准。
2. 会使用CAXA电子图板基本功能。
3. 能识读、绘制车床模型全部零件图。
4. 能识读、绘制车床模型整体装配图。

3.1　机械制图基本知识

本节学习目标

能阐述机械制图国家标准。

图样是现代工业生产中最基本的技术文件。为了便于生产和交流技术，对图样的画法、尺寸注法、所用代号等均须作统一的规定，使绘图和读图都有共同的准则。这些统一的规定由国家制订和颁布实施，如国家标准 GB/T 14692—2008《技术制图 投影法》，GB/T 4457.4—2002《机械制图 图样画法 图线》等。国家标准简称国标，代号为“GB”。例如 GB/T 14692—2008，其中 GB 为“国家”“标准”两个词的汉语拼音第一个字母，T 为推荐的意思，14692 为标准的编号，2008 表示该标准是 2008 年颁布的。

学习机械制图时，必须严格遵守有关的国家标准，树立标准化的观念。

1. 图纸幅面与格式（GB/T 14689—2008）

（1）图纸幅面　国标中规定了五种标准图纸的基本幅面，其代号分别为 A0、A1、A2、A3、A4。绘图时应优先选用国标中规定的基本幅面尺寸（表3-1）。必要时，也允许以基本幅面的短边的整数倍加长幅面。

表3-1　图纸幅面及图框尺寸　　（单位：mm）

幅面代号	A0	A1	A2	A3	A4
$B \times L$	841×1189	594×841	420×594	297×420	210×297
a	25				
c	10			5	
e	20		10		

（2）图框格式　无论图样是否装订，都必须用粗实线画出图框，其格式分为不留装订边和留装订边，如图3-1和图3-2所示。其尺寸均按表3-1中的规定。但应注意，同一产品

的图样只能采用一种格式。

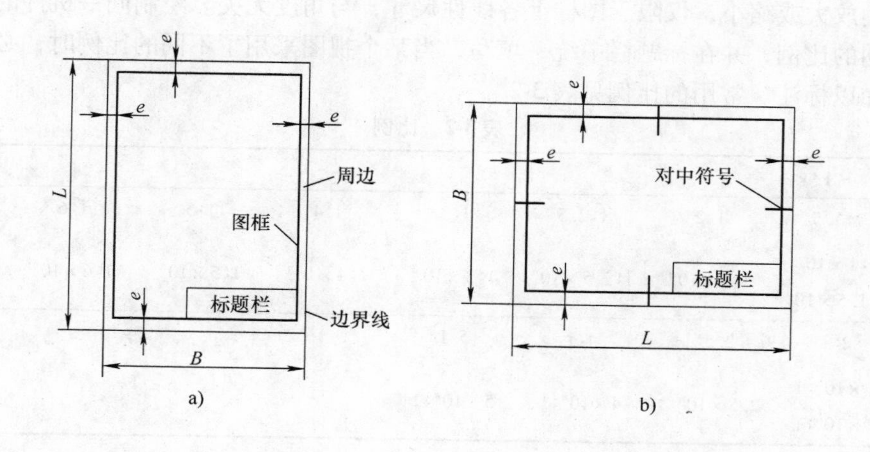

图 3-1　无装订边的图框格式

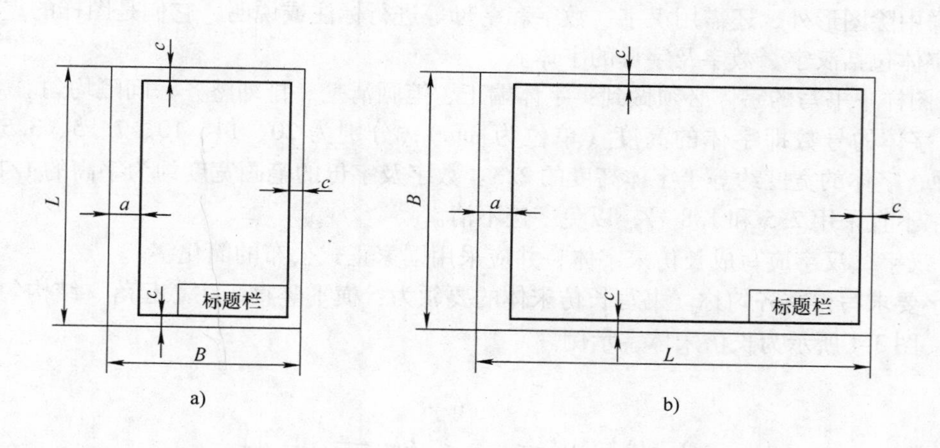

图 3-2　有装订边的图框格式

有时为了复制或缩微摄影的方便，还采用对中符号。对中符号是从周边画入图框内约5mm 的一段粗实线，如图 3-1b 所示。

（3）标题栏　每张图样上都应有标题栏，标题栏配置在图纸的右下方，标题栏的格式和尺寸按 GB/T 10609.1—2008。在学校的制图作业中，标题栏一般采用图 3-3 所示的简化形式。

15	25	20	15	15	25	15
(图名)			比例	数量	材料	图号
设计		(学号)	(校名 班级)			
校对						
审核						

（总高 40）

图 3-3　标题栏的格式

2. 比例（GB/T 14690—1993）

图样中机件要素的线性尺寸与实际机件相应要素的线性尺寸之比，称为比例。比例一般分为原值比例、缩小比例及放大比例三种类型。绘制图样时，尽可能采用原值比例，以便从图中看出实物的大小。根据需要，也可采用放大或缩小的比例，但不论采用何种比例，图中所注尺寸数字仍为机件的实际尺寸，且图样按比例放大或缩小，仅限于图样上各线性尺寸，与角度无关。绘制同一机件的各个视图应采用相同的比例，并在标题栏中统一填写，当某个视图采用了不同的比例时，必须在该图形的上方加以标注。常用的比例见表3-2。

表3-2 比例

原值比例	1:1							
缩小比例	1:1.5	1:2	1:2.5	1:3	1:4	1:5	1:6	1:10
	$1:1\times10^n$ $1:1.5\times10^n$	$1:2\times10^n$	$1:2.5\times10^n$	$1:3\times10^n$	$1:4\times10^n$	$1:5\times10^n$	$1:6\times10^n$	
放大比例	2:1	2.5:1	4:1	5:1				
	$1\times10^n:1$ $2\times10^n:1$	$2.5\times10^n:1$	$4\times10^n:1$	$5\times10^n:1$				

3. 字体（GB/T 14691—1993）

图样中除图形外，还需用汉字、数字和字母等进行标注或说明，它们是图样的重要组成部分。字体包括汉字、数字及字母的字体。

1）图样中书写的字体必须做到：字体端正、笔画清楚、排列整齐、间隔均匀。

2）字体的号数即字体的高度（单位为mm），分别为20、14、10、7、5、3.5、2.5、1.8八种，字体的宽度约等于字体高度的2/3。数字及字母的笔画宽度约为字高的1/10。

汉字不宜采用2.5和1.8号，以免字迹不清。

3）汉字。汉字应写成长仿宋字体，并应采用国家正式公布的简化字。

汉字要求写得整齐匀称。书写长仿宋体的要领为：横平竖直、注意起落、结构匀称、填满方格。图3-4所示为长仿宋体字示例。

10号字

字体端正　笔画清楚

排列整齐　间隔均匀

7号字

结构匀称　填满方格　横平竖直　注意起落

5号字

国家标准机械制图技术要求公差配合表面粗糙度倒角其余

图3-4 长仿宋字体示例

4）数字及字母。数字及字母有直体和斜体之分。在图样中通常采用斜体。斜体字的字头向右倾斜，与水平线成75°角。拉丁字母以直线为主体，减少弧线，以便书写及计算机绘图。数字和字母的笔画宽度约为字高的1/10。罗马数字上的横线不连起来。国家标准规定的数字和字母的书写形式如图3-5所示。

1234567890 75°
I II III IV V VI
VII VIII IX X 75°
ABCDEFGHIJKLMN abcdefghijklmn
OPQRSTUVWXYZ opqrstuvwxyz

图 3-5　数字和字母示例

用做指数、分数、极限偏差、注脚等的字母及数字，一般采用小一号的字体，如图 3-6 所示。

4. 图线（GB/T 4457. 4—2002）

在机械制图中常用的线型有实线、虚线、点画线、双点画线、波浪线、双折线等，它们的使用在国标中都有严格的规定（表 3-3），使用时应严格遵守。

在机械图样中采用粗、细两种线宽，它们之间的比例为 2∶1。

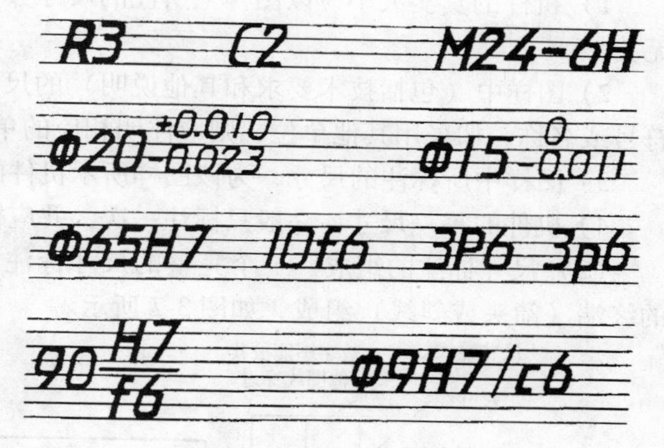

图 3-6　字体组合应用示例

图线的宽度 d 应根据图形的大小和复杂程度，在下列数系中选择：0. 13mm、0. 18mm、0. 25mm、0. 35mm、0. 5mm、0. 7mm、1mm、1. 4mm、2mm。通常情况下，粗线的宽度采用 0. 7mm，细线的宽度采用 0. 35mm。在同一图样中，同类图线的宽度应一致。

表 3-3　基本线型及应用

图线名称	线　型	线　宽	一般应用
细实线		$d/2$	尺寸线、尺寸界线、剖面线、指引线、螺纹牙底线、重合断面轮廓线、过渡线
波浪线			断裂处边界线、视图与剖视图的分界线
双折线			断裂处边界线、视图与剖视图的分界线
粗实线	d	d	可见轮廓线、螺纹牙顶线
细虚线	$12d$　$3d$	$d/2$	不可见轮廓线、不可见棱边线

（续）

图线名称	线　型	线　宽	一般应用
粗虚线	12d　3d	d	允许表面处理的表示线
细点画线	24d　6d	$d/2$	轴线、对称中心线、分度圆（线）
粗点画线	24d　6d	d	限定范围表示线
细双点画线	24d　9d	$d/2$	相邻辅助零件的轮廓线、可动零件的极限位置的轮廓线

5. 尺寸注法（GB/T 4458.4—2003）

国家标准中规定了标注尺寸的规则和方法，绘图时必须严格遵守。

（1）基本规则

1）机件的真实大小应以图样上所注的尺寸数值为依据，与图形的大小及绘图的准确度无关。

2）图样中（包括技术要求和其他说明）的尺寸，以 mm 为单位时，不需标注计量单位符号或名称，如采用其他单位，则应注明相应的单位符号。

3）图样中所标注的尺寸，为该图样所示机件的最后完工尺寸，否则应另加说明。

4）机件的每一尺寸，一般只标注一次，并应标注在反映该结构最清晰的图形上。

（2）尺寸标注的组成　一个完整的尺寸标注，由尺寸数字、尺寸线、尺寸界线和尺寸的终端（箭头或斜线）组成，如图 3-7 所示。

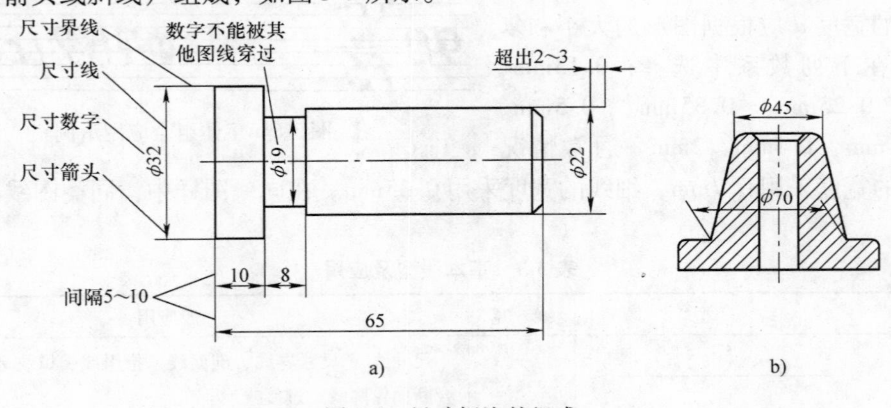

图 3-7　尺寸标注的组成

1）尺寸界线。尺寸界线用细实线绘制，并应由图形的轮廓线、轴线或对称中心线处引出。也可利用轮廓线、轴线或对称中心线作尺寸界线。尺寸界线一般应与尺寸线垂直，必要时允许倾斜，如图 3-7b 所示。

2）尺寸线。尺寸线表明尺寸度量的方向，必须单独用细实线绘制，不能用其他图线代替，也不得与其他图线重合或画在其延长线上。标注线性尺寸时，尺寸线必须与所标注的线段平行。在同一图样中，尺寸线与轮廓线及尺寸线与尺寸线之间的距离应大致相当，一般以不小于 5mm 为宜，如图 3-7a 所示。尺寸线的终端可以用两种形式，如图 3-8 所示。机械图一般用箭头，其尖端应与尺寸界线接触，箭头长度约为粗实线宽度的 6 倍。土建图一般用 45°斜线，斜线的高度应与尺寸数字的高度相等。

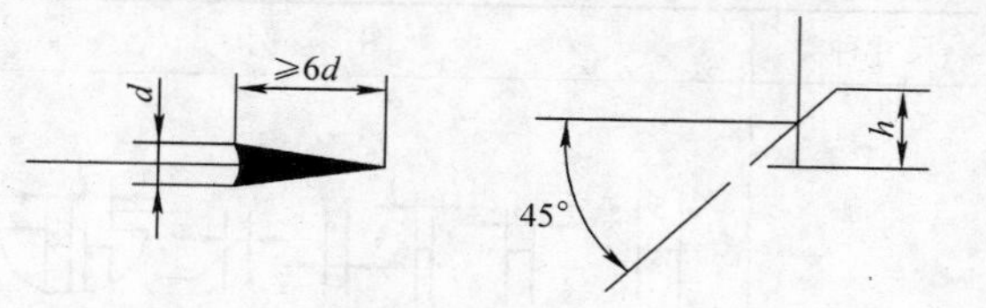

图 3-8　尺寸线终端的形式

3）尺寸数字　线性尺寸的数字一般应注写在尺寸线的上方，或者注写在尺寸线的中断处，尺寸数字不可被任何图线所穿过，如图 3-7 所示。

线性尺寸的数字方向，一般应按图 3-9 所示方向注写，即水平方向的尺寸数字字头朝上；垂直方向的尺寸数字字头朝左；倾斜方向尺寸数字字头有朝上的趋势，如图 3-9a 所示。应避免在图示 30°范围内标注尺寸，当无法避免时，可按图 3-9b 的形式标注。

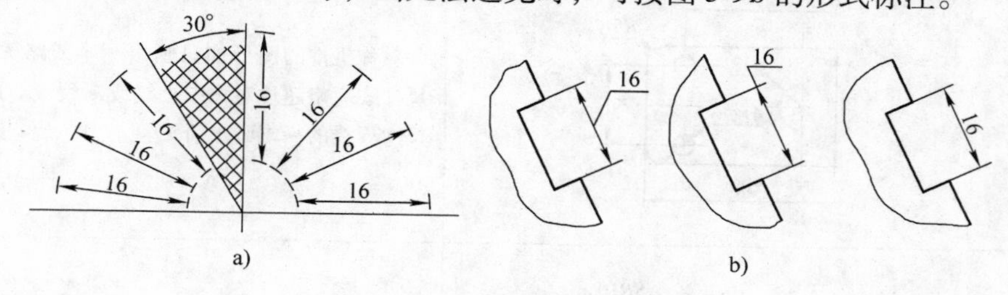

图 3-9　线性尺寸数字的方向

（3）常用尺寸注法　在实际绘图中，尺寸标注的形式很多，常用尺寸的标注方法见表 3-4。

（4）标注尺寸的符号及缩写词　标注尺寸的符号及缩写词应符合表 3-5 的规定。

表 3-4　常用尺寸的注法

尺寸种类	图　例	说　明
圆和圆弧	ϕ16　ϕ24　ϕ16	在直径、半径尺寸数字前，分别加注符号 ϕ、R 尺寸线应通过圆心（对于直径）或从圆心画出（对于半径）
大圆弧	R84　SR110	需要标明圆心位置，但圆弧半径过大，在图纸范围内又无法标出其圆心位置时，用左图 不需标明圆心位置时，用右图
角度	65°　90°　20°　5°　60°	尺寸界线沿径向引出；尺寸线为以角度顶点为圆心的圆弧。尺寸数字一律水平书写，一般写在尺寸线的中断处，也可注在外边或引出标注

（续）

尺寸种类	图例	说明
小尺寸和小圆弧		位置不够时，箭头可画在外边，允许用小圆点或斜线代替两个连续尺寸间的箭头 在特殊情况下，标注小圆的直径允许只画一个箭头；有时为了避免产生误解，可将尺寸线断开
对称尺寸		对称机件的图形如只画出一半或略大于一半时，尺寸线应略超过对称中心线或断裂线。此时只在靠尺寸界线的一端画出箭头
球面		一般应在“ϕ”或“R”前面加注符号“S”。但在不致引起误解的情况下，也可不加注
弧长和弦长		尺寸界线应平行于该弦的垂直平分线；表示弧长的尺寸线用圆弧，同时在尺寸数字上加注“⌒”

表 3-5　尺寸标注常用符号及缩写词

名词	直径	半径	球直径	球半径	厚度	正方形	45°倒角	深度	沉孔或锪平	埋头孔	均布
符号或缩写词	ϕ	R	$S\phi$	SR	t	□	C	↧	⌴	⌵	EQS

3.2　计算机绘图基本知识

本节学习目标

1. 了解计算机绘图的产生和发展。
2. 能复述计算机绘图系统的组成。

3.2.1　计算机绘图的产生和发展

计算机绘图是近年来发展起来的一项新技术。它是应用计算机及图形输入、输出设备，实现图形显示、辅助绘图及设计的一门新兴学科。它建立在图学、应用数学及计算机科学三者有机结合的基础上。计算机绘图起源于20世纪50年代初期，它几乎是与计算机同步发展起来的。在计算机发展初期，人们可以利用行式打印机、电传打印机等硬复制设备打印出粗略的图形。到了20世纪70年代末期，伴随着微型计算机技术的不断发展，微型计算机绘图及其显示技术得到了进一步的应用和发展，加之高级的、独立于硬件设备的交互式图形软件包的出现，使计算机绘图得以迅速推广和使用。特别是近十几年来，由于微机硬件和软件的迅速发展，交互式绘图已由大中型计算机扩展到微型计算机。尤其是由于AutoCAD绘图软件的流行，微机绘图已进入普及化和实用化阶段，在航空、造船、汽车、机械、电子、建筑、服装等行业得到了普遍应用。随着计算机技术的发展和计算机绘图软件的不断开发，计算机绘图得到了越来越广泛的应用。

计算机绘图已由最初的静态绘图发展到现在的动态、交互式绘图系统，它为设计人员提供实时的输入、输出的图形编辑功能，可方便地对图形进行修改。计算机绘图是计算机辅助设计（CAD）、计算机辅助制造（CAM）、计算机辅助绘图（CAG）和计算机辅助教学（CAI）等的重要组成部分。

3.2.2　计算机绘图系统的组成

一个完整的计算机绘图系统包括硬件系统和软件系统两大部分。

1. 计算机绘图硬件系统

计算机绘图硬件系统是一个以计算机为核心的绘图系统，在系统中，除计算机外，各种图形输入/输出设备是必不可少的。常见的输入设备有：键盘、鼠标、光笔、数字化仪等。输出设备有：图形显示器、绘图机、打印机等。

2. 计算机绘图软件系统

除了计算机、输入/输出设备等基本硬件外，要快速、灵活、方便地绘出图形，计算机绘图系统还必须具备完善的绘图软件系统。绘图软件是在图形支撑系统的基础上，根据专业或产品的特点而开发的专用性很强的软件，如绘制机械图、建筑图、印刷电路图等所用的专业软件。

近几年来，出现了许多比较成熟的、商品化的绘图软件包。这些绘图软件包的推广和普及，大大推动了计算机绘图的发展。目前使用的绘图软件包有：AutoCAD、Protel、SolidWorks、SolidEdge、Pro/E、Inventor及CAXA电子图板、中望CAD、机械工程师CAD等国产软件。本章中主要介绍CAXA电子图板的功能和使用。

3.3　CAXA电子图板操作基础

本节学习目标

1. 熟悉CAXA电子图板的操作界面。

2. 能熟练应用 CAXA 电子图板绘制平面图形。

3.3.1 CAXA 电子图板的用户界面

CAXA 电子图板采用全中文界面，在使用者与计算机之间架起了一座友好的桥梁，极大的方便了用户与机器之间的交互，提高了用户使用软件的兴趣和信心，保证了后续操作的正常进行。

图 3-10 中所示为电子图板的基本界面，通过操作鼠标可以迅速切换界面的内容，以满足当前操作的需要。

在“工具”菜单中选择“界面操作”里的“恢复老面孔”命令，就可以恢复原先的界面风格，如图 3-11 所示。

图 3-10 电子图板的基本界面

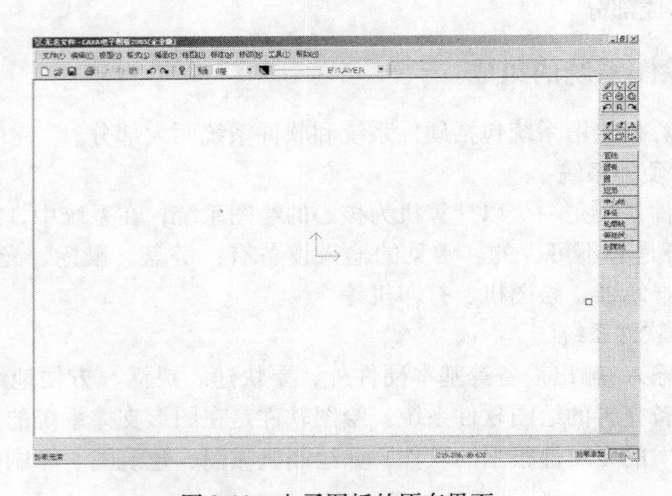

图 3-11 电子图板的原有界面

3.3.2 CAXA 电子图板的菜单功能

1. 文件操作

CAXA 电子图板提供了功能齐全的文件管理系统，使用这些功能可以灵活、方便地对原有文件或屏幕上的绘图信息进行文件管理。“文件”菜单包括图 3-12 所示的内容。

2. 编辑功能

编辑功能包括：取消操作、重复操作、图形剪切、图形拷贝、图形粘贴、选择性粘贴、插入对象、删除对象、链接、《OLE 对象》、对象属性、清除和清除所有，如图 3-13 所示。它们都属于“编辑”菜单中的内容。

3. 视图功能

视图命令与编辑命令不同，它们只改变图形在屏幕上的显示方法，而不能使图形产生实质性的变化，它们可以按期望的位置、比例、范围等条件进行显示，但是，操作的结果既不改变原图形的实际尺寸，也不影响图形中原有实体之间的相对位置关系。换句话说，视图命令的作用只是改变了主观视觉的效果，而不会引起图形产生客观的实际变化。“视图”菜单内容如图 3-14 所示。

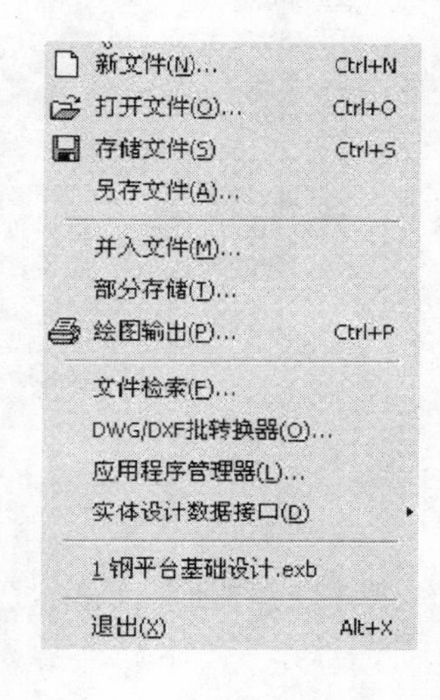

图 3-12 “文件”菜单

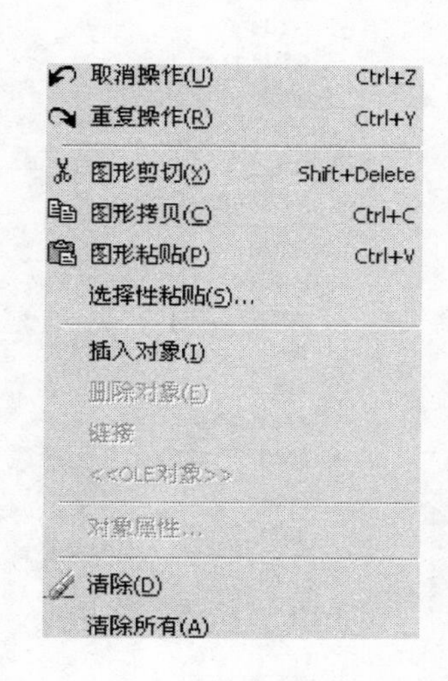

图 3-13 “编辑”菜单

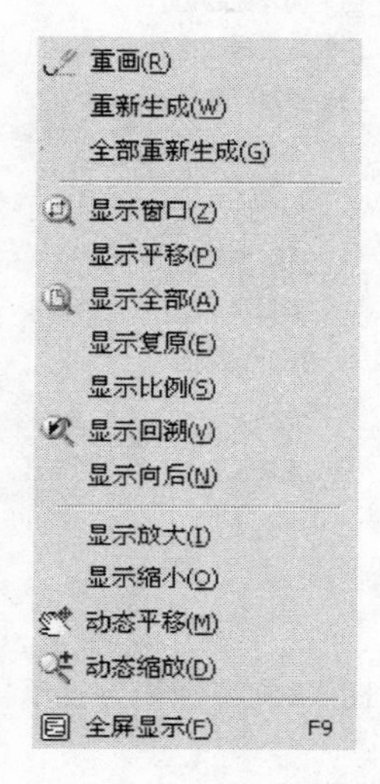

图 3-14 “视图”菜单

4. 图纸幅面功能

一张符合国标的工程图样，不仅需要有图形元素，而且需要有图框、标题栏、零件编号和明细表等元素。在电子图板绘图系统中，“幅面”菜单图 3-15 所示的内容。

5. 绘图功能

图形的绘制是 CAD 绘图软件构成的基础，CAXA 电子图板以先进的计算机技术和简捷的操作方式来代替传统的手工绘图方法。CAXA 电子图板提供了功能齐全的作图方式，如图 3-16 所示。利用这些功能，可以绘制各种各样复杂的工程图样。

6. 查询功能

查询功能包括查询点坐标、两点距离、角度、元素属性、周长、面积、重心、惯性矩和系统状态等。“查询”菜单如图 3-17 所示。

7. 系统设置

系统设置是对系统初始化环境和条件进行设置，包括格式设置、用户坐标系设置、屏幕点类型设置、屏幕点捕捉设置、拾取设置、文本风格管理、标注风格设置、剖面图案设置、三视图导航设置、系统配置。

3.3.3　CAXA 电子图板的使用方法

下面就电子图板的绘图功能进行详细的说明，并以实例分析讲解，帮助学习者尽快掌握如何使用该软件完成工程图的绘制。

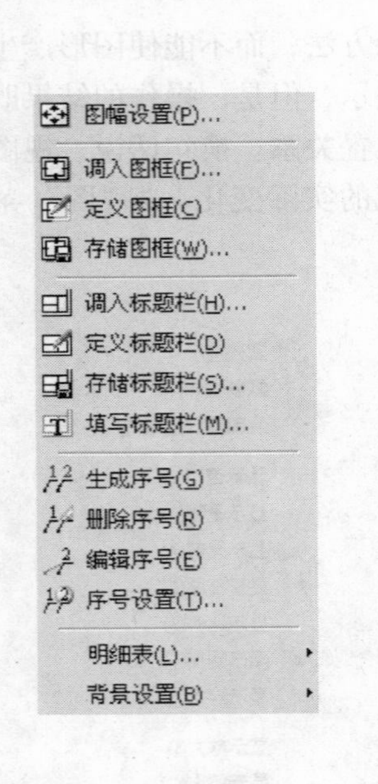

图 3-15 “图幅”菜单

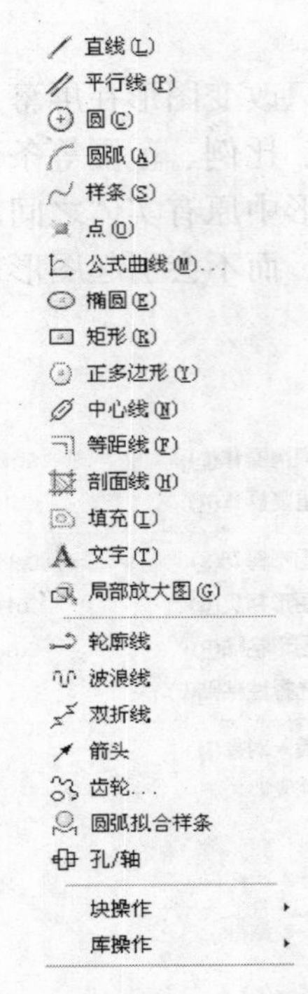

图 3-16 “绘图”菜单

点坐标(P)
两点距离(D)
角度(G)
元素属性(E)
周长(L)
面积(A)
重心(C)
惯性矩(I)
系统状态(S)

图 3-17 “查询”菜单

【例 1】 抄画主轴后端盖平面图形，如图 3-18 所示。

具体操作步骤如下：

1）启动 CAXA 电子图板，创建一个新的文档。分析图形，并选择 A4 图幅，比例为 1∶1。在主菜单选择“幅面”→“图幅设置”命令，在弹出的对话框中进行相应设置，单击“确定”按钮，完成图纸幅面设置。

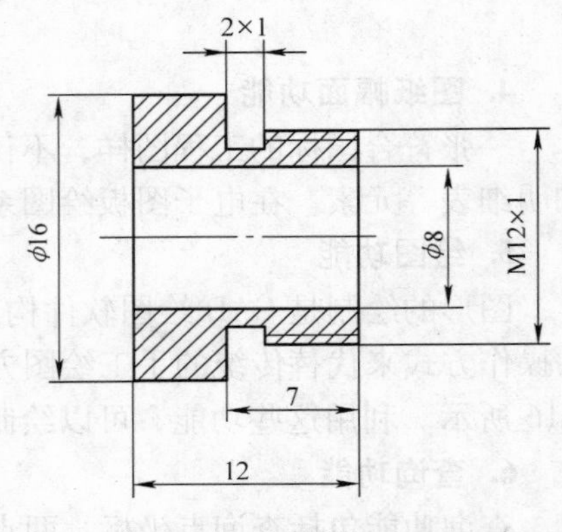

图 3-18 主轴后端盖平面图形

2）将中心线层设为当前层，并绘制中心线，将图形在图纸中定位。

3）设置轮廓线层为当前层，单击“绘图”→“直线”命令，运用正交方式，以中心线为对称轴绘制 12mm×7mm 长方形，如图 3-19 所示；再绘制 16mm×5mm 的长方形，如图 3-20 所示；将屏幕点设置为导航功能，绘制 2mm×1mm 的凹槽，并裁剪多余的直线，如图 3-21 所示。

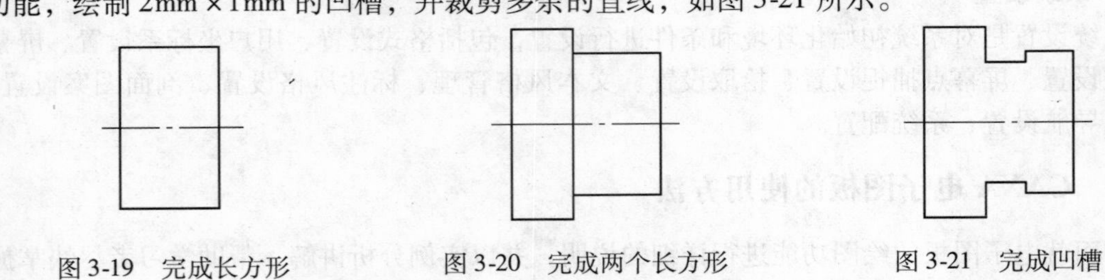

图 3-19 完成长方形　　图 3-20 完成两个长方形　　图 3-21 完成凹槽

4）绘制螺纹线。将细实线层设为当前层，运用“直线”命令完成绘图，根据国标的近似画法，螺纹的小径为大径的 0.85 倍，因此螺纹线的直径为 ϕ10.2mm。完成螺纹后如图 3-22 所示。

5）绘制内孔。同样运用“直线”命令完成内孔的绘制，如图 3-23 所示。

6）填充剖面线。选择“基本曲线”→“剖面线”命令，选择 ANSI31 剖面图案，并点选环内点，完成剖面线填充，如图 3-24 所示。

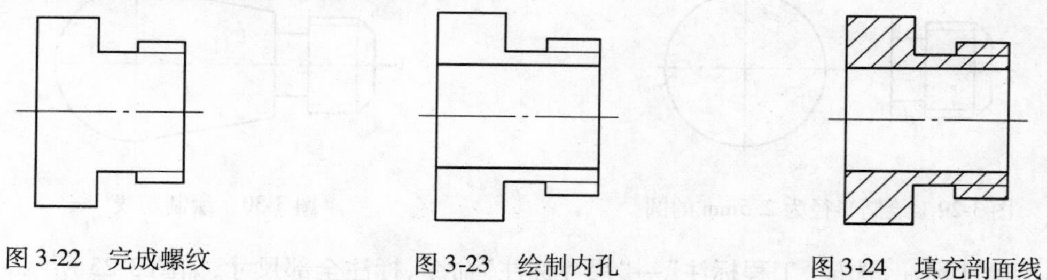

图 3-22　完成螺纹　　图 3-23　绘制内孔　　图 3-24　填充剖面线

7）尺寸标注。选择“工程标注”→“尺寸标注”命令，标注全部尺寸，如图 3-18 所示。

【例 2】　尾座手柄的平面图形绘制，如图 3-25 所示。

具体操作步骤如下：

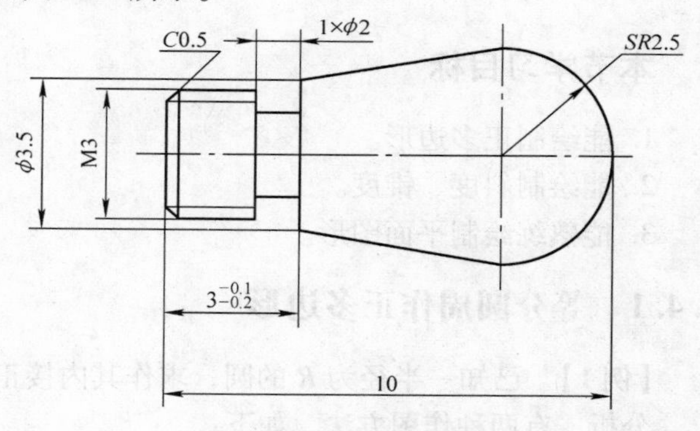

图 3-25　尾座手柄平面图形

1）启动 CAXA 电子图板，创建一个新的文档。分析图形，并选择 A4 图幅，比例为 1∶1。在主菜单选择“幅面”→“图幅设置”命令，在弹出的对话框中进行相关设置，单击“确定”按钮，完成图纸幅面设置。

2）将中心线层设为当前层，选择“绘图”→“直线”命令，运用正交方式，绘制中心线，并将中心线画在图纸中央位置，即将图形在图纸中定位。

3）设置轮廓线层为当前层，单击“绘图”→“直线”命令，运用正交方式，以中心线为对称轴绘制 3mm×3mm 的长方形，如图 3-26 所示；将屏幕点设置为导航功能，绘制 1mm×ϕ2mm 的凹槽，并裁剪多余的直线，如图 3-27 所示；选择“曲线编辑”→“过渡”命令，应用倒角方式进行倒角 *C*0.5；将细实线层设为当前层，运用“直线”命令完成绘图，根据国标的近似画法，螺纹的小径为大径的 0.85 倍，因此螺纹线的直径为 ϕ2.55mm，如图 3-28 所示。

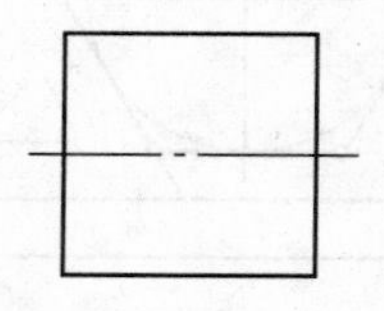

图 3-26　绘制 3mm×3mm 的长方形

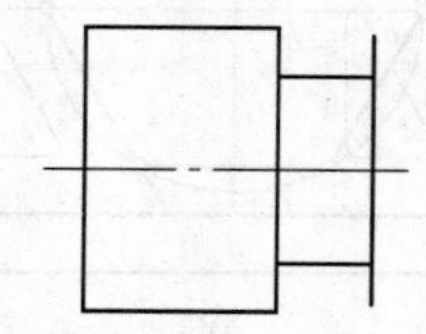

图 3-27　绘制 1×ϕ2mm 的凹槽

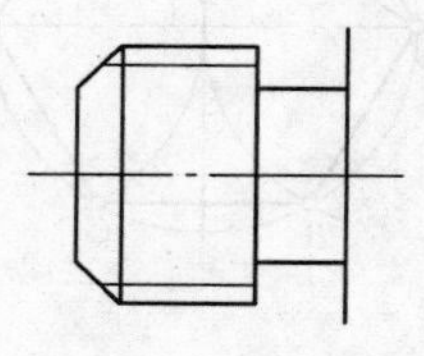

图 3-28　绘制螺纹

4）将图中右端的直线修改为3.5mm长度；将左端面线向右作等距线，距离为7.5mm，等距线与中心线的交点即为球心，选择“绘图”→“圆”命令，以交点为圆心，绘制半径为2.5mm的圆，如图3-29所示。

5）将轮廓线层设为当前层，运用“直线”命令绘制切线，选择3.5mm长竖线的端点为起点，选择切点为终点，并修剪多余的图线，如图3-30所示。

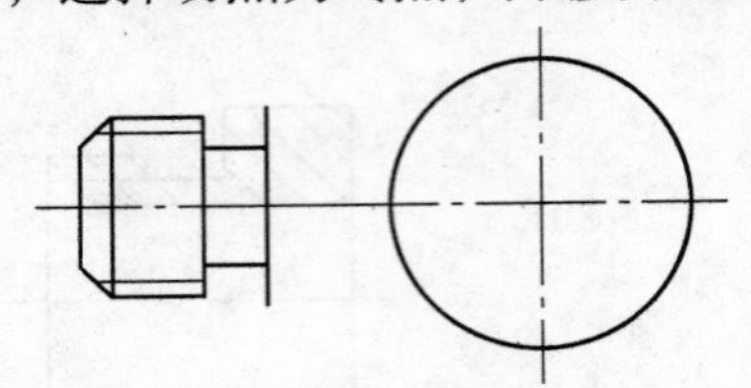

图3-29　绘制半径为2.5mm的圆

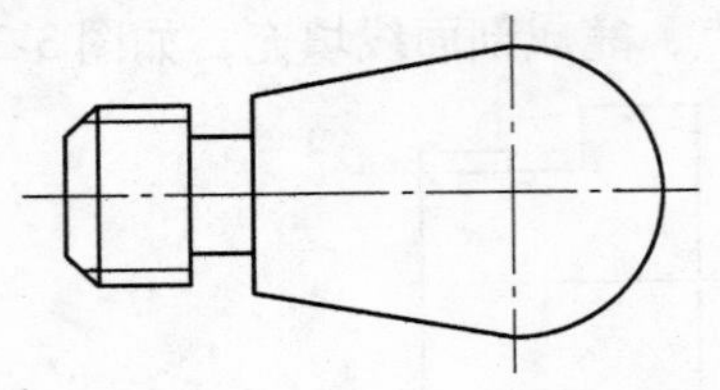

图3-30　绘制切线

6）尺寸标注，选择“工程标注”→“尺寸标注”命令，标注全部尺寸，如图3-25所示。

3.4　平面图形绘制

本节学习目标

1. 能绘制正多边形。
2. 能绘制斜度、锥度。
3. 能熟练绘制平面图形。

3.4.1　等分圆周作正多边形

【例1】　已知一半径为R的圆，求作其内接正六边形。

分析　有两种作图方法，如下：

1）用圆规作图。分别以圆的直径两端点A和点D为圆心，以R为半径画弧，交圆周于点B、F、C、E，依次连接点A、B、C、D、E、F、A，即得所求正六边形（图3-31）。

2）用三角板配合丁字尺作图。用30°和60°三角板与丁字尺配合，也可作圆内接正六边形或外切正六边形（图3-32）。

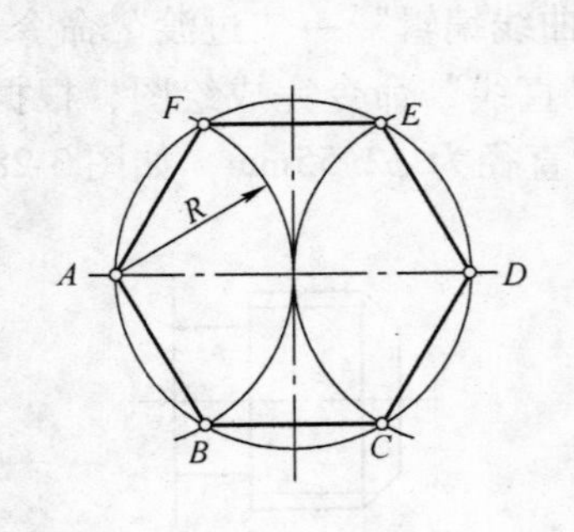

图3-31　用圆规作圆内接正六边形

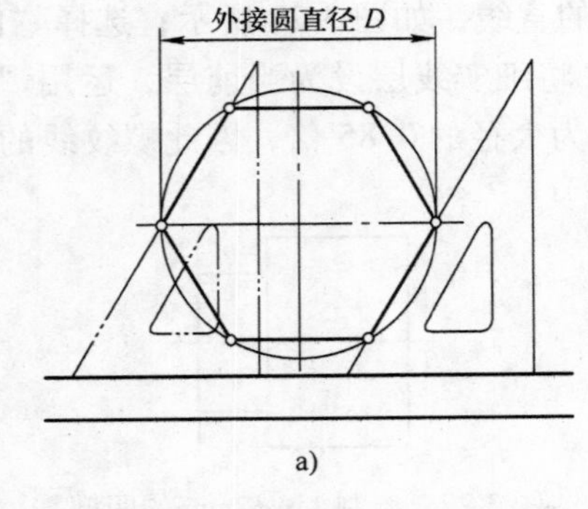

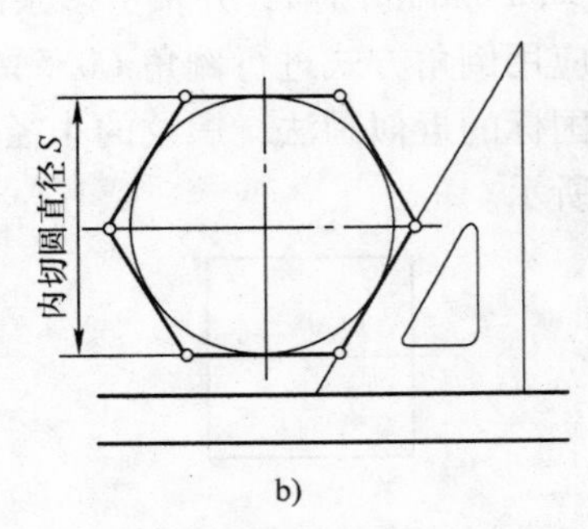

图3-32　用丁字尺、三角板作圆内接或圆外切正六边形

a）作内接正六边形　b）作外切正六边形

3.4.2　斜度与锥度

（1）斜度　如图3-33a所示，斜度是指一直线（或平面）对另一直线（或平面）的倾斜程度，其大小用两直线（或平面）夹角的正切来表示，通常以1∶n的形式标注。

标注斜度时，在数字前应加注符号“∠”，符号“∠”的指向应与直线或平面倾斜的方向一致（图3-33b）。

若要对直线AB作一条斜度为1∶10的倾斜线，则作图方法为：先过点B作$CB \perp AB$，并使CB∶AB＝1∶10，连接AC，即得所求斜线（图3-33c）。

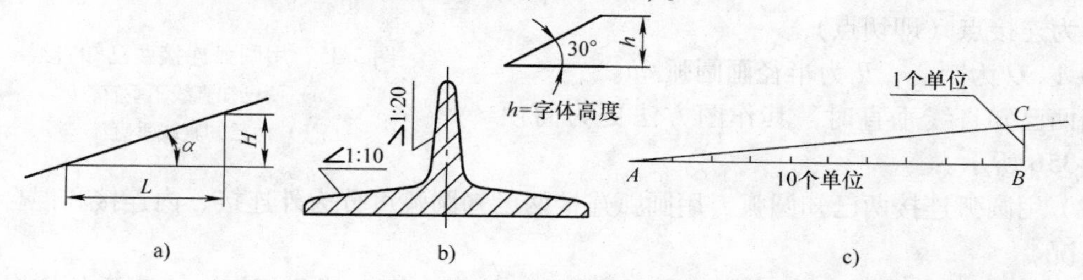

图3-33　斜度、斜度符号和斜度的画法
a）斜度　b）斜度符号　c）斜度的画法

（2）锥度　锥度是指正圆锥的底圆直径D与该圆锥高度L之比；而对于圆台，则为两底圆直径之差$D-d$与圆台高度l之比，即锥度＝D/L＝（$D-d$）/l＝2tanα（α为1/2锥顶角），如图3-34a所示。

锥度在图样上的标注形式为1∶n，符号如图3-34b所示。

若要求作一锥度为1∶5的圆台锥面，且已知底圆直径，圆台高度，其作图方法如图3-34c所示。

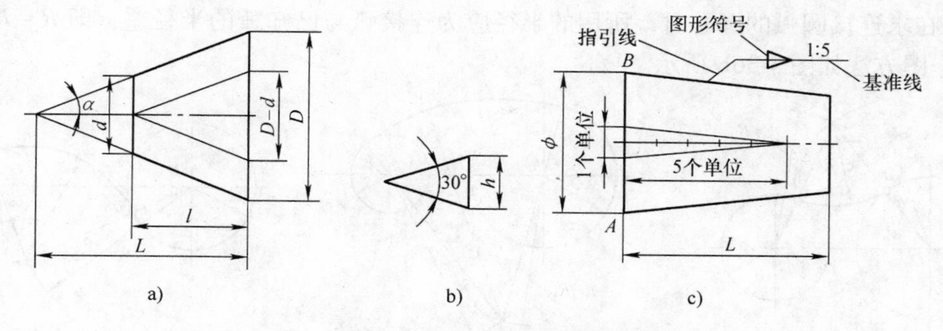

图3-34　锥度、锥度符号和锥度的画法
a）锥度　b）锥度符号　c）锥度的画法

3.4.3　圆弧连接

工程图样中的大多数图形是由直线与圆弧，圆弧与圆弧连接而成的。圆弧连接，实际上就是用已知半径的圆弧光滑地连接两已知线段（直线或圆弧）。其中起连接作用的圆弧称为连接弧。这里讲的连接，指圆弧与直线或圆弧和圆弧的连接处是相切的。因此，在作图时，必须根据连接弧的几何性质，准确求出连接弧的圆心和切点的位置。

常见的圆弧连接的形式有：用连接圆弧连接两已知直线；用连接圆弧连接两已知圆弧；用连接圆弧连接一已知直线和一已知圆弧。

（1）用圆弧连接两已知直线　设已知连接圆弧的半径为 R，则用该圆弧将直线 L_1 及 L_2 光滑连接的作图方法为（图3-35）：

1）作直线Ⅰ和Ⅱ分别与 L_1 和 L_2 平行，且距离为 R，直线Ⅰ和Ⅱ的交点 O 即为连接圆弧的圆心。

2）过圆心 O 分别作 L_1 和 L_2 的垂线，其垂足 a 和 b 即为连接点（即切点）。

3）以 O 为圆心，R 为半径画圆弧 ab。

当两已知直线垂直时，其作图方法更为简便，如图3-35b所示。

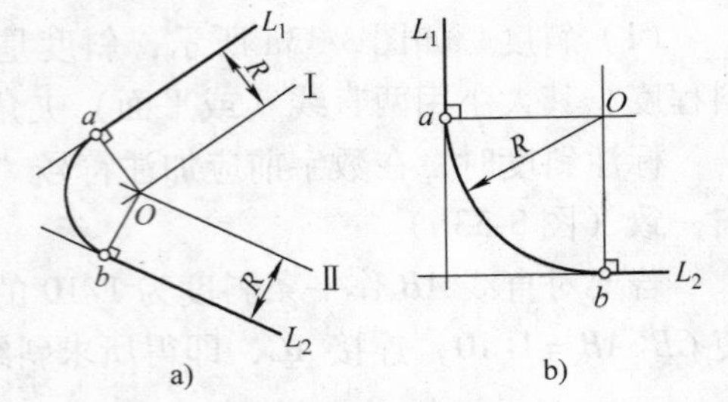

图3-35　用圆弧连接两已知直线

a）两已知直线不垂直

b）两已知直线垂直

（2）用圆弧连接两已知圆弧　用圆弧连接两已知圆弧可分为外连接、内连接和混合连接三种情况。

1）外连接，即连接圆弧同时与两已知圆弧相外切。由初等几何知，两圆弧外切时，其切点必位于两圆弧的连心线上，且落在两圆心之间。因此，用半径为 R 的连接圆弧连接半径为 R_1 和 R_2 的两已知圆弧，其作图步骤如下（图3-36a）：

①分别以 O_1 和 O_2 为圆心，$R+R_1$ 和 $R+R_2$ 为半径作弧相交于 O，交点 O 即为连接圆弧的圆心。

②连接 O_1O 和 O_2O 分别与已知圆弧相交得连接点 a 和 b。

③以 O 为圆心，R 为半径作弧 ab 即为所求。

2）内连接，即连接圆弧同时与两已知圆弧相内切。其作图原理与外连接相同。只是由于两圆弧内切时，其切点应落在两圆弧连心线的延长线上（即两圆弧的圆心位于切点的同侧），故在求连接圆弧的圆心时，所用的半径应为连接弧与已知弧的半径差，即 $R-R_1$ 和 $R-R_2$，作图方法如图3-36b所示。

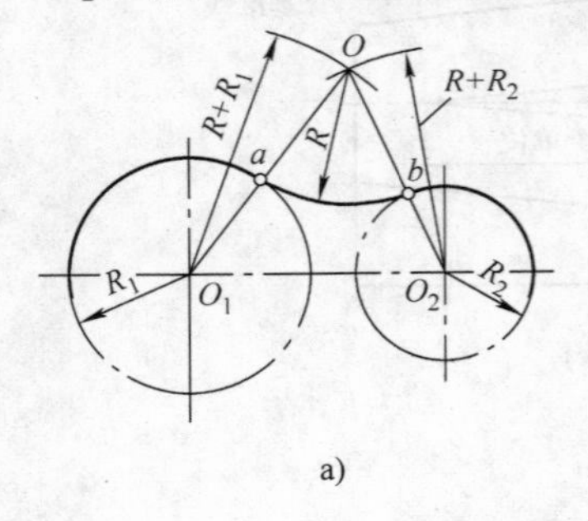

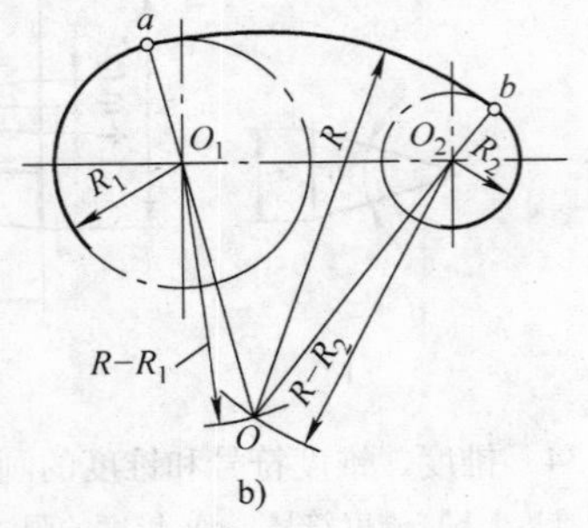

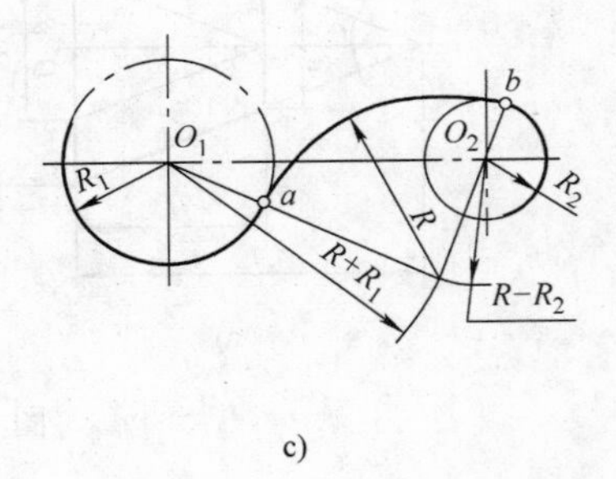

图3-36　用圆弧连接两已知圆弧

a）外连接　b）内连接　c）混合连接

3）混合连接。当连接圆弧的一端与一已知弧外连接，另一端与另一已知弧内连接时，称为混合连接。其作图方法如图3-36c所示。

（3）用圆弧连接一已知直线和一已知圆弧　连接圆弧的一端与已知直线相切而另一端与

已知圆弧外连接（或内连接），可综合利用圆弧与直线相切，以及圆弧与圆弧外连接（或内连接）的作图原理，其作图方法如图 3-37 所示。

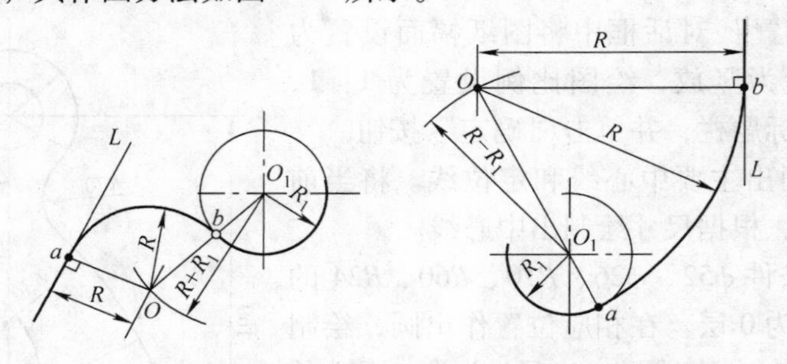

图 3-37　用圆弧连接一已知直线和一已知圆弧

3.4.4　平面图形的尺寸分析和线段分析及平面图形的绘制

平面图形一般包含一个或多个封闭图形，而每个封闭图形又由若干线段（直线、圆弧或曲线）组成，故只有首先对平面图形的尺寸和线段进行分析，才能正确地绘制图形。

1. 平面图形的尺寸分析

（1）尺寸类型

尺寸按其在平面图形中所起的作用，可分为定形尺寸和定位尺寸两类。现以图 3-38 所示手柄的图形为例进行分析。

1）定形尺寸：确定平面图形上几何元素大小的尺寸称为定形尺寸，如直线的长短、圆弧的直径或半径及角度的大小等，如图 3-38 中的 ϕ11，ϕ19，ϕ26 和 R52 等。

2）定位尺寸：确定平面图形上几何元素间相对位置的尺寸称为定位尺寸，如图 3-38 中的 80。

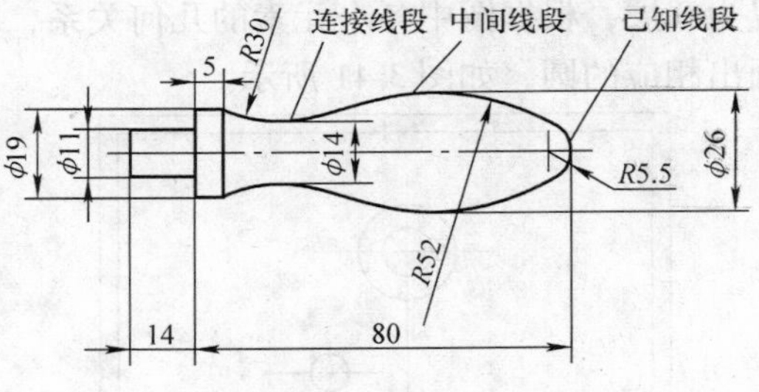

图 3-38　手柄

（2）尺寸基准　基准就是标注尺寸的起点。对平面图形来说，常用的基准是：对称图形的对称中心线，圆的中心线，左、右端面，上、下顶（底）面等，如图 3-38 中的中心线。

2. 平面图形的线段分析

平面图形中的线段（直线或圆弧）按所标尺寸的不同可分为三类：

（1）已知线段　已知线段是有足够的定形尺寸和定位尺寸，能直接画出的线段，如图 3-38 中的直线段 14、R5.5 圆弧等。

（2）中间线段　中间线段是有定形尺寸，但缺少一个定位尺寸，必须依靠其与一端相邻线段的连接关系才能画出的线段。如图 3-38 中的线段 R52。

（3）连接线段　连接线段是只有定形尺寸，而无定位尺寸（或不标任何尺寸，如公切线）的线段，其必须依靠其余两端线段的连接关系才能确定画出，如图 3-38 中的线段 R30。

3. 平面图形的绘制

在对平面图形进行线段分析的基础上，应先画出已知线段，再画出中间线段，最后画出连接线段。下面以吊钩为例（图 3-39），具体讲述绘图方法。

1）设置图纸幅面并且调入图框和标题栏。选择“幅面”菜单中的“图幅设置”命令，在弹出的“图幅设置”对话框中将图纸幅面设置为A3，图纸方向设置为竖放，绘图比例设置为 1：1，选择相应的图框和标题栏，并单击“确定”按钮。

2）按照尺寸画出主要中心线和定位线。将当前层设置为中心线层，根据尺寸绘制出中心线。

3）画出已知条件 $\phi52$、$\phi26$、$R10$、$R60$、$R24$ 的圆。将当前层设置为 0 层。在相应位置作出圆，绘制圆时使用“圆”命令中的“圆心_半径”方式，圆心的位置为中心线的交点，如图 3-40 所示。

提示：为使圆心精确定位在交点上，可以使用工具点菜单。工具点菜单的使用方法是：当系统提示输入“圆心点：”时，按下空格键或者按下 <Shift> 键，同时单击鼠标右键弹出工具点菜单，选择“I 交点”项，然后用鼠标拾取定位圆心的两条直线，这样直线交点即为圆心点。也可以在系统提示输入“圆心点：”时，按下快捷键“I”，同样可以用交点方式拾取点。

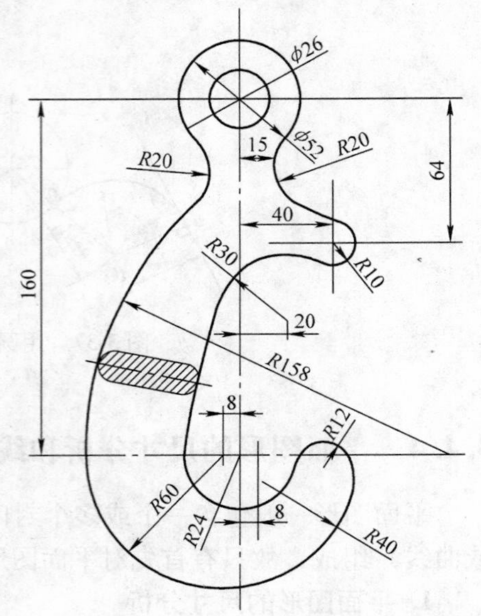

图 3-39　吊钩的平面图形

4）分别求出 $R20$、$R30$、$R40$ 和 $R158$ 的圆心 A、B、C、D 并且画出它们。将当前层设置为 0 层，根据图中各个元素的几何关系，求出以上各圆的圆心。并且按照步骤 3 中的方法画出相应的圆，如图 3-41 所示。

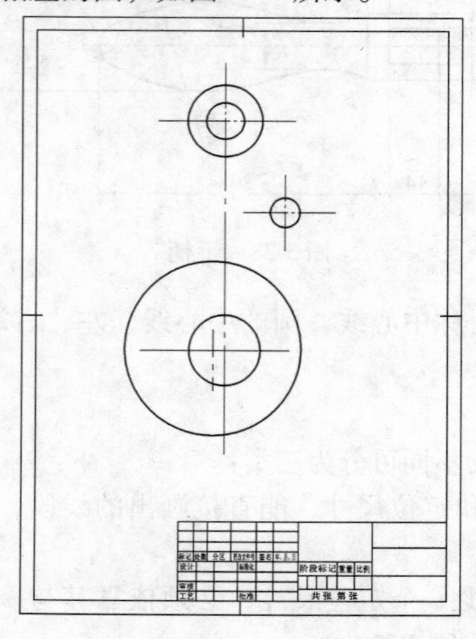

图 3-40　绘制已知圆

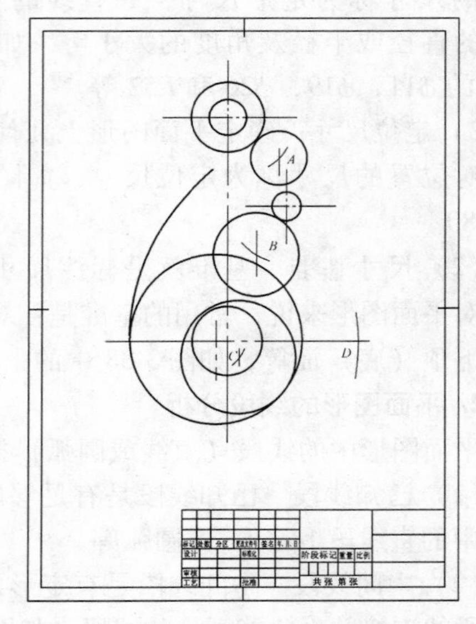

图 3-41　求圆心绘制圆

5）画出连接圆弧 $R20$、$R12$ 及 $R10$ 与 $R20$ 和 $R30$ 与 $R24$ 的公切线，然后裁剪多余的线条，删除作图过程中的辅助线，并且绘制出断面图。

在绘制 R20 的圆时，使用“两点_半径”方式。当提示“第一点（切点）:”时，使用工具菜单中的“T 切点”项，然后用鼠标拾取所切的圆弧，提示改变为“第二点（切点）:”，同样使用工具菜单中的“T 切点”项，用鼠标拾取所切的另一圆弧，此时提示“第三点（切点）或半径”，输入 20 后，即绘制出公切圆；在绘制公切线时，使用直线命令中的两点线方式，使用工具菜单中的“T 切点”项，先后拾取所切的两个圆，即可作出圆的公切线。最后在相应位置画出断面图的轮廓，然后用拾取点方式绘制剖面线，如图 3-42 所示。

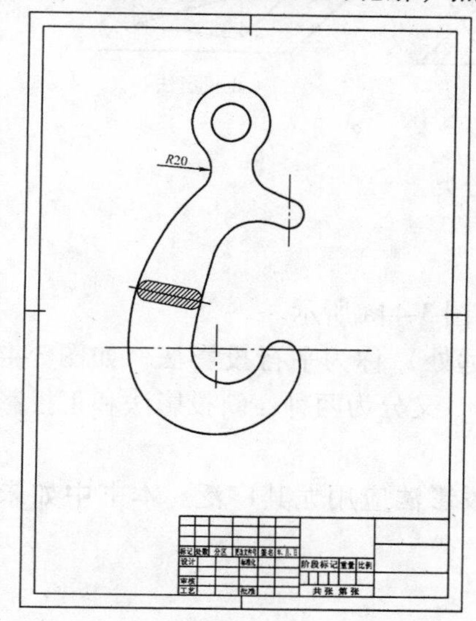

图 3-42　绘制公切线、公切圆、断面图

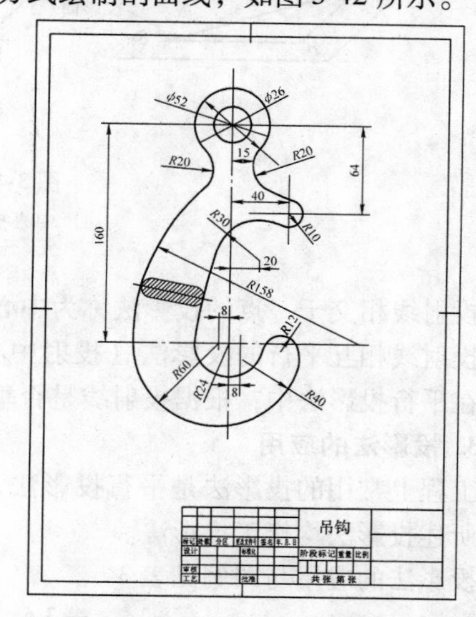

图 3-43　标注尺寸、填写标题栏

6）标注尺寸、填写标题栏。使用尺寸标注功能当中的基本标注方式，即可标注出图中的全部尺寸。然后使用填写标题栏功能填写标题栏，完成图形绘制，如图 3-43 所示。

3.5　组合体的绘制

本节学习目标

1. 能复述投影法的概念。
2. 能绘制零件的三视图。

3.5.1　投影法概述

1. 投影法基本概念

投射线通过物体向选定的面投射，并在该面上得到图形的方法称为投影法。得到投影的平面（*P*）称为投影面，发自投射中心且通过物体上各点的直线称为投射线，投影面上的图形称为投影，如图 3-44a 所示。

2. 投影法的分类

由于投射线的不同，投影法一般可分为中心投影法和平行投影法两类。

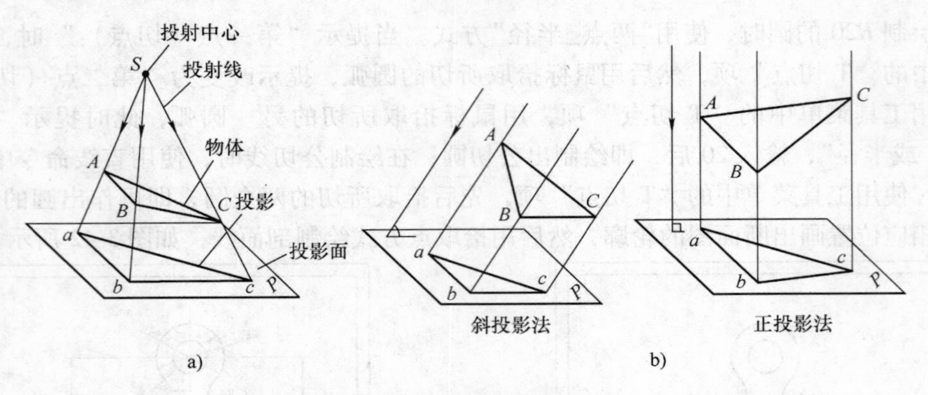

图 3-44　投影法及分类
a）中心投影法　b）平行投影法

投射线相交于一点的投影法称为中心投影法，如图 3-44a 所示。

投射线相互平行的投影法（投射中心位于无限远处）称为平行投影法，如图 3-44b 所示。在平行投影法中，根据投射线是否垂直于投影面，又分为两种：斜投影法和正投影法。

3. 投影法的应用

工程上常用的投影法是平行投影法，特别是正投影法应用尤其广泛。本书中如未加说明，所述投影法均指正投影法。

投影法的应用与图例见表 3-6。

表 3-6　投影法的应用与图例

投影法	投影图名	图　例	投影面个数	特点与应用
中心投影法	透视图		单个	近大远小，直观逼真，但作图复杂，度量性差。多应用于建筑等效果图
平行投影法	轴测图		单个	直观性强但没有透视图逼真，度量性差。多应用于工程辅助图样
	多面正投影图		多个	度量性好且作图容易，但直观性较差。主要应用于工程图样的绘制

4. 正投影的基本特性

正投影图度量性好、作图简便。正投影的基本特性见表 3-7。

表 3-7　正投影的基本特性

投影性质	从属性	平行性	定比性
图例			
说明	点在直线（或平面）上，则该点的投影一定在直线（或平面）的同面投影上	空间平行的两直线，其在同一投影面上投影一定相互平行	点分线段之比，投影后比值不变；空间平行两线段之比，投影后该比值不变
图例			
说明	直线、平面平行于投影面时，投影反映实形	直线、平面垂直于投影面时，投影积聚成点和直线	平面倾斜于投影面时，投影形状与原形状类似

3.5.2　三视图的形成及投影规律

1. 三面投影体系

三个相互垂直的投影面 V、H 和 W 构成三投影面体系，如图 3-45 所示。

正立放置的 V 面称正立投影面，简称正立面。

水平放置的 H 面称水平投影面，简称水平面。

侧立放置的 W 面称侧立投影面，简称侧立面。

投影面的交线称为投影轴，即 OX、OY、OZ，三投影轴的交点 O 称为投影轴原点。

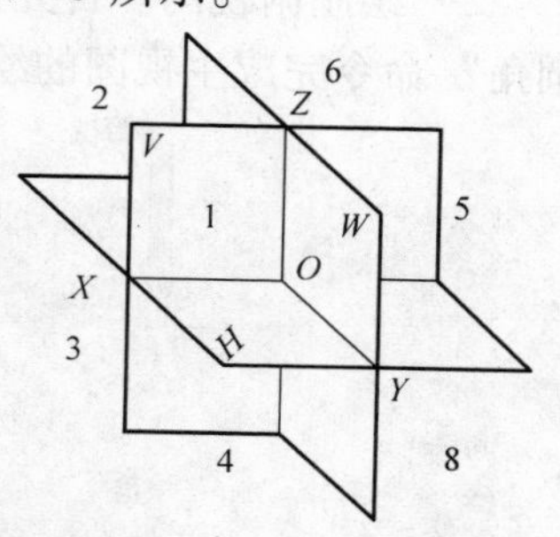

图 3-45　三投影面体系

2. 三视图的概念

物体在 V、H 和 W 面上的三个投影，通常称为物体的三视图。从前向后投射所得图形，称为主视图；从上向下投射所得的图形，称为俯视图；从左向右投射所得的图形，称为左视图。图 3-46 所示即为三视图的配置关系。物体的三维空间尺寸长、宽、高反映在三视图中，如图 3-46c 所示。

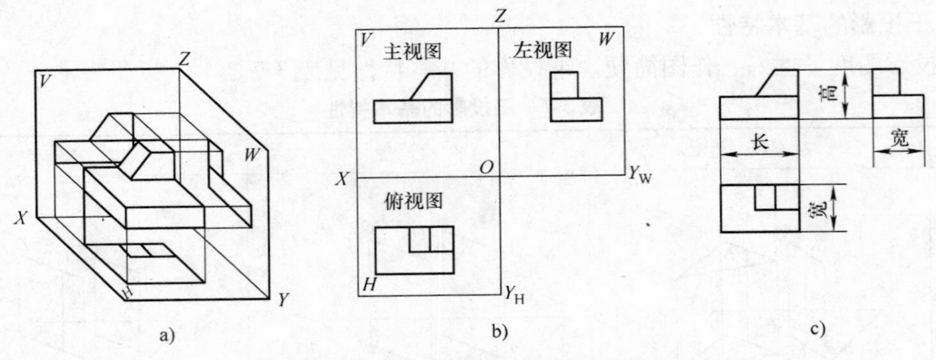

图 3-46　三面投影体系与三视图

3. 三视图之间的投影关系

如图 3-47 所示，主视图反映物体的高度和长度；俯视图反映物体的长度和宽度；左视图反映物体的高度和宽度。由此可得出三视图之间的投影关系：

主、俯视图——共同反映物体的长度方向的尺寸，简称“长对正”。

主、左视图——共同反映物体的高度方向的尺寸，简称“高平齐”。

俯、左视图——共同反映物体的宽度方向的尺寸，简称“宽相等”。

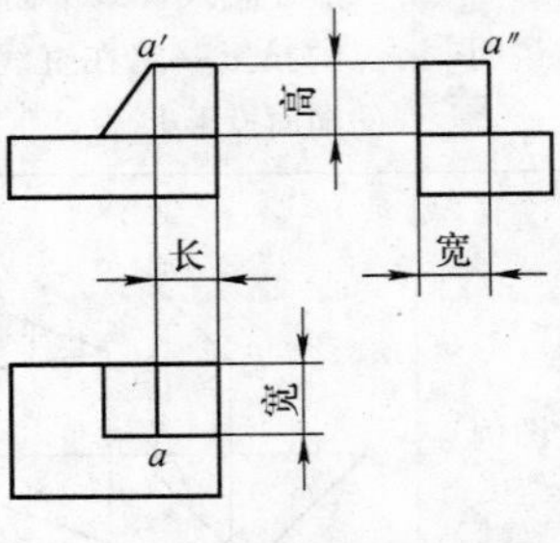

图 3-47　物体的投影关系

“长对正、高平齐、宽相等”反映了物体上所有几何元素三个投影之间的对应关系。三视图之间的这种投影关系是画图时必须遵循的投影规律。

3.5.3　组合体三视图的绘制

应用 CAXA 电子图板完成车床模型中主轴箱盖零件（图 3-48）的三视图绘制。主轴箱盖可以假想是在长方体上打孔得到的，因此在绘制三视图时，可以按照其结构特点进行，视图方向的选择如图 3-48 所示。具体操作如下：

1）打开 CAXA 电子图板，选择 A4 幅面，并插入图框。

2）绘制俯视图。首先选择中心线层绘制对称中心线，再选择 0 层，运用“直线”“倒圆角”命令完成主视图的绘制，如图 3-49 所示。

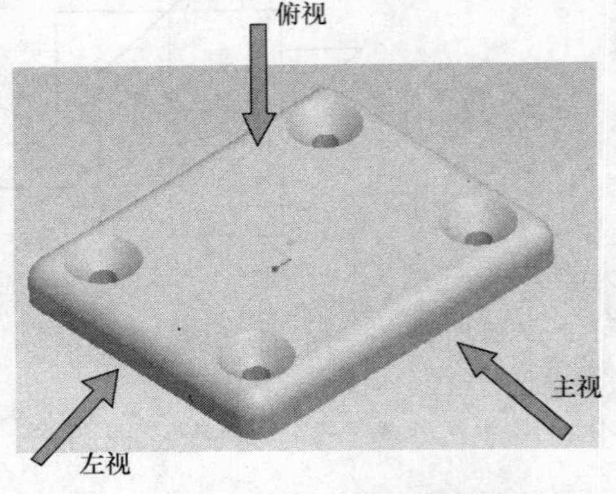

图 3-48　主轴箱盖的三维模型及视图方向

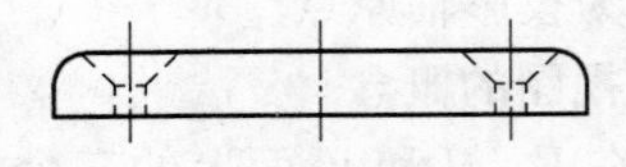

图 3-49　主轴箱盖主视图

3）绘制俯视图。运用“直线”“倒圆角”命令完成俯视图的绘制，如图 3-50 所示。

4）绘制左视图。首先选择 F7 键绘制 45°的辅助线，选择中心线层绘制对称中心线，再选择 0 层，运用“直线”“倒圆角”命令完成左视图的绘制，如图 3-51 所示。

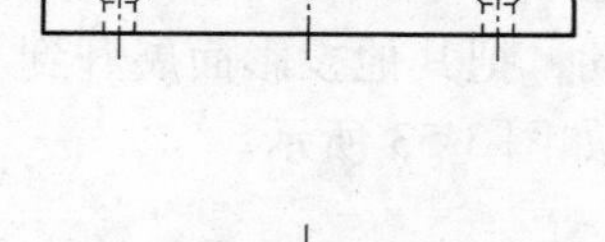
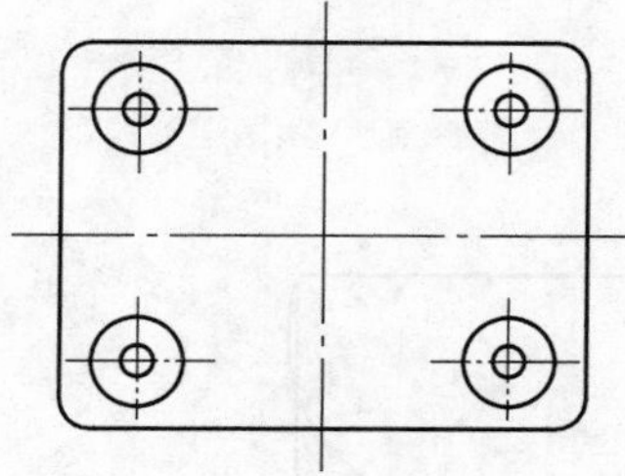

图 3-50　主轴箱盖主、俯视图

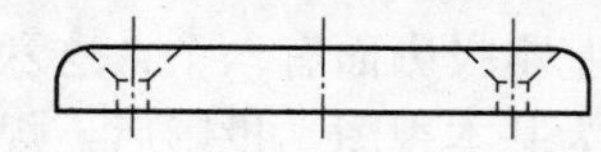
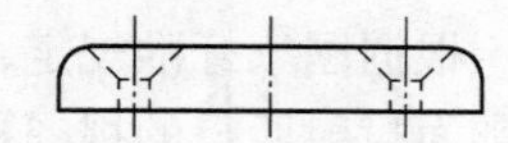
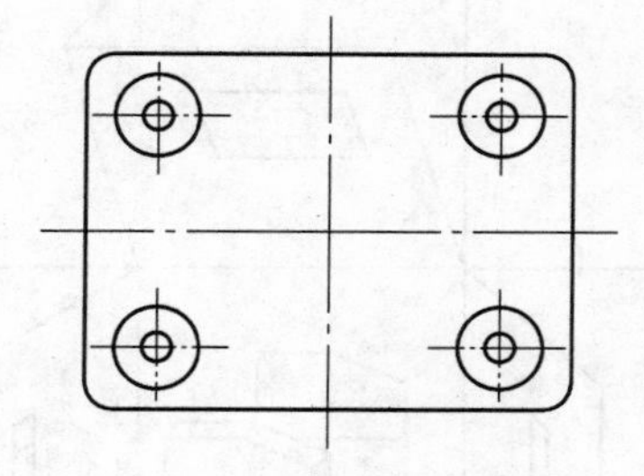

图 3-51　主轴箱盖主、俯、左视图

3.6　零件图的绘制

本节学习目标

1. 熟知零件图的内容。
2. 能选择零件的表达方法。
3. 能准确进行零件图的尺寸标注。
4. 能识读零件图。
5. 能绘制零件图。

3.6.1　零件图的作用和内容

1. 零件图的作用

零件是组成机器或部件的基本单位。零件图是用来表示零件结构形状、大小及技术要求的图样，是直接指导制造和检验零件的重要技术文件。机器或部件中，除标准件外，其余零件，一般均应绘制零件图。

2. 零件图的内容

一张完整的零件图应该包括以下四部分内容：

（1）一组视图　在零件图中，用一组视图来表达零件的形状和结构。

（2）完整尺寸　正确、完整、清晰、合理地注出制造和检验零件时所需要的全部尺寸，以确定零件各部分的形状大小和相对位置。

（3）技术要求　用规定的代号、数字、文字等，表示零件在制造和检验过程中应达到的一些技术指标。

（4）标题栏　在零件图的右下角，用于注明零件的名称、数量、使用材料、绘图比例、设计单位、设计人员等内容的专用栏目。

3.6.2 零件的表达方法

1. 基本视图

根据国家标准规定，基本投影面有六个，这六个投影面组成一个正六面体，机件向基本投影面投射所得的视图称为基本视图。投影后，规定正面不动，把其他投影面展开到与正面成一个平面，如图 3-52 所示。展开后，基本视图的配置关系如图 3-53 所示。

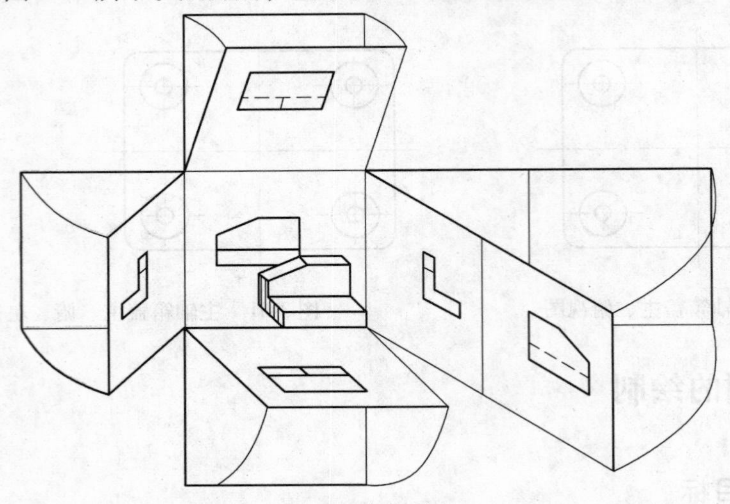

图 3-52 六个基本投影面的展开方式

基本视图名称及其投影方向的规定如下：

主视图——正立投影面上从前往后投射得到的视图。

俯视图——水平投影面上从上往下投射得到的视图。

左视图——侧立投影面上从左往右投射得到的视图。

右视图——从右向左投射所得的视图。

后视图——从后向前投射所得的视图。

仰视图——从下向上投射所得的视图。

绘图时，根据机件的形状和结构特点，选用必要的几个基本视图。

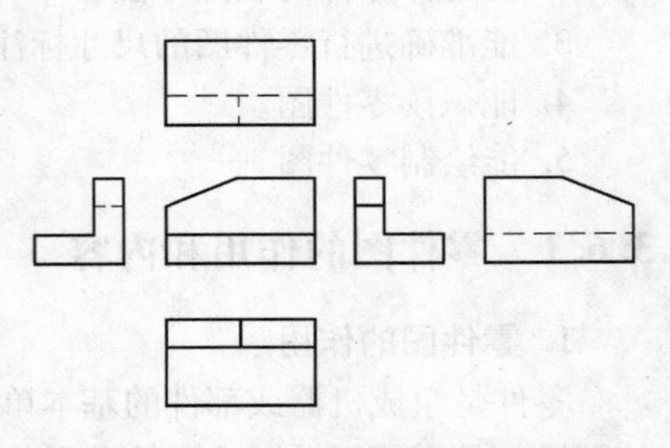

图 3-53 六个基本视图的配置

2. 剖视

剖视主要用于表达机件看不见的内部结构形状。

当视图中存在虚线、虚线与实线重叠而难以用视图表达机件的不可见部分的形状时，以及当视图中虚线过多，影响到图形清晰性和标注尺寸时，如图 3-54 所示，常常需要用剖视来表达。可假想用剖切平面在适当的部位剖开机件，假想把处于观察者和剖切面之间的部分形体移去，而将余下的部分形体向投影面投射，这样所得的图形称为剖视图，简称剖视，如图 3-55 所示。

剖切平面应该平行于投影面，且尽量通过较多的内部结构（孔、槽等）的轴线或对称中心线、对称面等。在剖视图上，机件内部形状变为可见，原来不可见的虚线画成实线。

（1）画剖视图应注意的问题

1）切平面的选择。通常选择通过机件的对称面或轴线且平行或垂直于投影面作为切平面。

2）剖切是一种假想，其他视图仍应完整画出，并可取剖视。

3）剖切面后方的可见部分要全部画出。

4）在剖视图上已经表达清楚的结构，在其他视图上此部分结构的投影为虚线时，其虚线省略不画。但没有表示清楚的结构，允许画少量虚线。

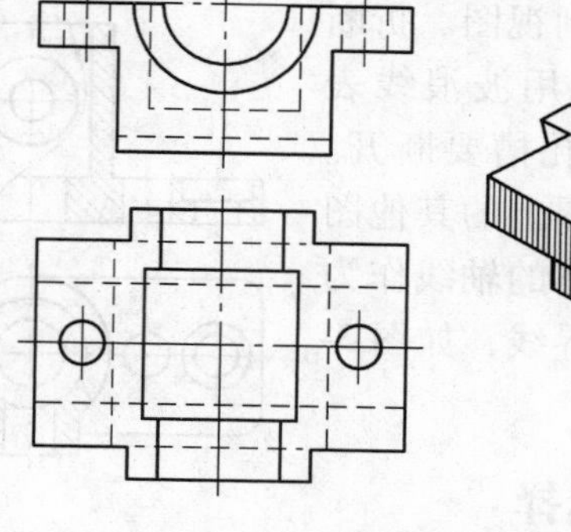
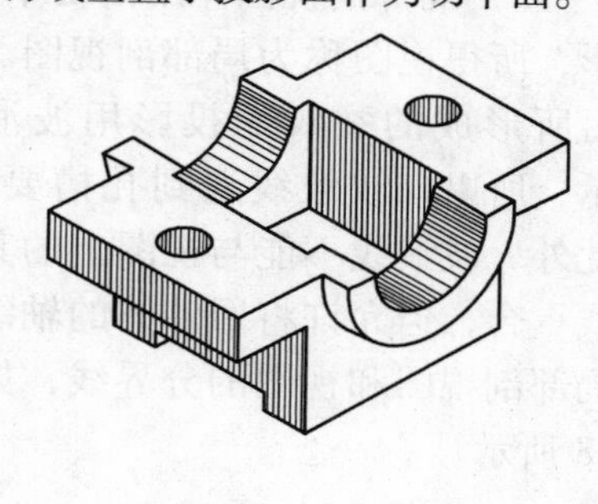

图 3-54　机件的视图和轴测图

5）不需在剖面区域中表示材料的类别时，剖面符号可采用通用剖面线表示。通用剖面线为细实线，同一物体的各个剖面区域，其剖面线画法应一致。

（2）剖视图的分类　剖视图按剖切范围分为全剖视图、半剖视图、局部剖视图。

1）全剖视图。用剖切面完全地剖开物体所得的剖视图为全剖视图，如图 3-56 所示。

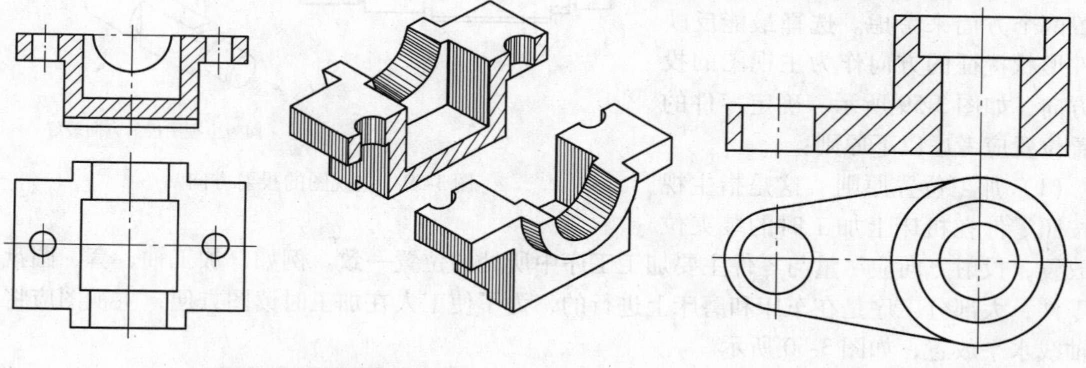

图 3-55　剖视图的概念　　图 3-56　全剖视图

2）半剖视图。当机件具有对称平面时，在垂直于对称平面的投影面上，以对称中心线为界，一半画成剖视，另一半画成视图，称为半剖视图，如图 3-57 所示。

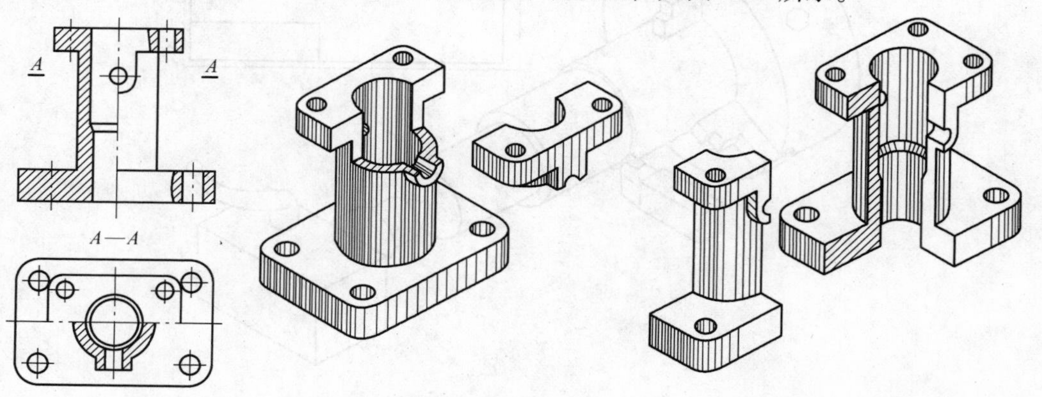

图 3-57　半剖视图

3）局部剖视图。用剖切平面剖开机件的局部，假想将一部分折断，然后向投影面投影，所得视图称为局部剖视图。折断后所形成的裂纹的投影用波浪线表示，所以，波浪线遇到孔槽要断开。此外，波浪线不能与视图上的其他图线重合，但允许将回转体的轴线作为局部剖视图和视图的分界线，如图3-58所示。

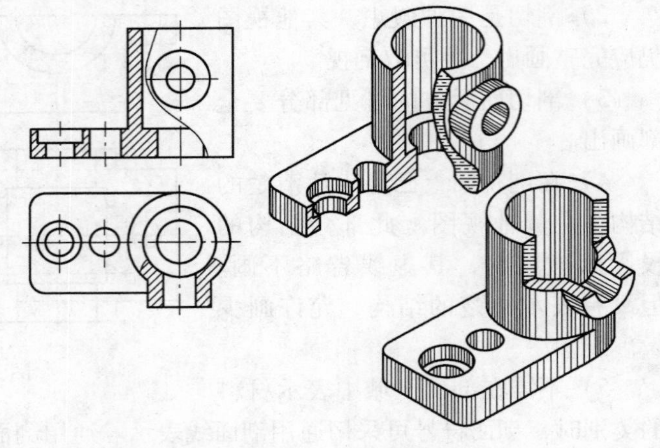

图3-58　局部剖视图

3.6.3　零件视图的选择

1. 主视图的选择

主视图是一组视图的核心，是表达零件形状的主要视图。确定零件的表达方案，首先应选择主视图。主视图的选择应从投射方向和零件的安放位置两个方面来考虑。选择最能反映零件形状特征的方向作为主视图的投射方向，如图3-59所示。确定零件的放置位置应考虑以下原则：

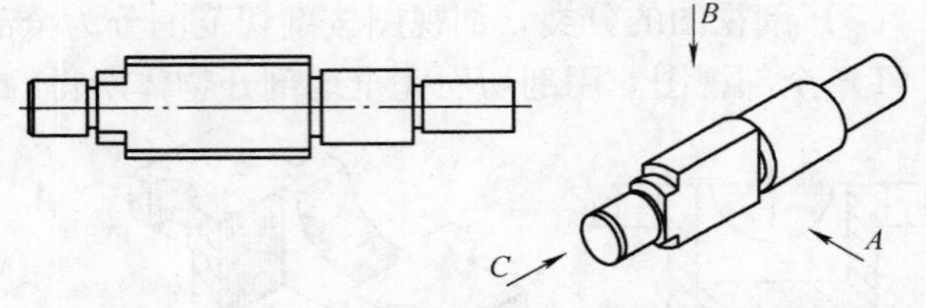

图3-59　主视图的投射方向

（1）加工位置原则　这是指主视图按照零件在机床上加工时的装夹位置放置，投射方向应尽量与零件主要加工工序中所处的位置一致。例如，加工轴、套、圆盘类零件，大部分工序是在车床和磨床上进行的，为了使工人在加工时读图方便，主视图应将其轴线水平放置，如图3-60所示。

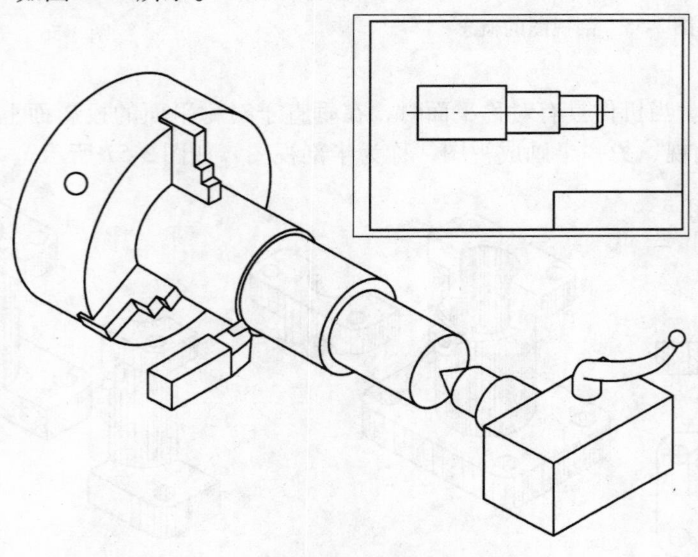

图3-60　加工位置原则

（2）工作位置原则　这是指主视图应按照零件在机器中工作的位置放置，以便把零件和整个机器的工作状态联系起来。对于叉架类、箱体类零件，因为常需经过多种工序加工，且各工序的加工位置也往往不同，故主视图应选择工作位置，以便与装配图对照起来读图，想象出零件在部件中的位置和作用，如图3-61所示的吊钩。

（3）自然安放位置原则　如果零件的工作位置是斜的，不便按工作位置放置，而加工位置较多，又不便按加工位置放置，这时可将它们的主要部分放正，按自然安放位置放置，以利于布图和标注尺寸，如图3-62所示的拨叉。

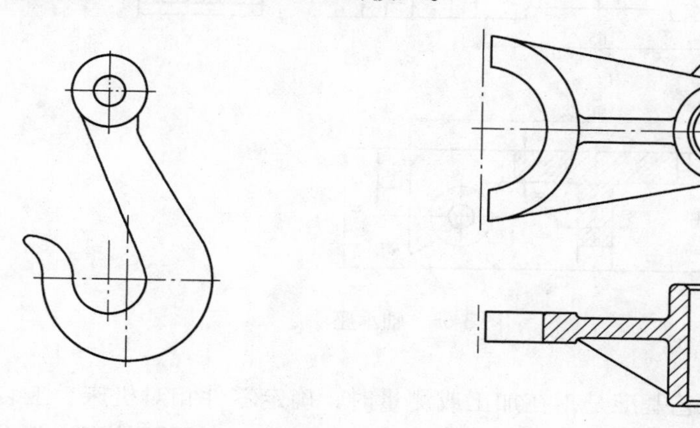

图3-61　工作位置原则　　图3-62　自然安放位置原则

由于零件的形状各不相同，在具体选择零件的主视图时，除考虑上述因素外，还要综合考虑其他视图选择的合理性。

2. 其他视图的选择

主视图选定之后，应根据零件结构形状的复杂程度，采用合理、适当的表达方法，来考虑其他视图。其他视图的选择应考虑零件还有哪些结构形状未表达清楚，优先选择基本视图，并根据零件内部形状等，选取相应的剖视图。对于尚未表示清楚的零件局部形状或细部结构，则可选择局部视图、局部剖视图、断面图、局部放大图等。

3.6.4　零件图的尺寸标注

零件图中的尺寸是加工和检验零件的重要依据。除了要符合前面所述的尺寸正确、完整、清晰外，还应尽量标注得合理。尺寸的合理性是指既符合设计要求，又便于加工、测量和检验。

1. 尺寸基准的选择

尺寸基准是指零件在设计、制造和检验时，计量尺寸的起点。尺寸基准分为设计基准和工艺基准。下面以图3-63所示的轴承座为例加以说明。

（1）设计基准　设计基准是在设计零件时，为保证其功能，确定零件结构形状和各部分相对位置时所选用的基准。

用来作为设计基准的，大多是工作时确定零件在机器或部件中位置的面或线，如零件的重要端面、底面、对称面、回转面的轴线等。图3-63中，分别选择底面为高度方向的设计基准，对称平面为长度方向的设计基准。

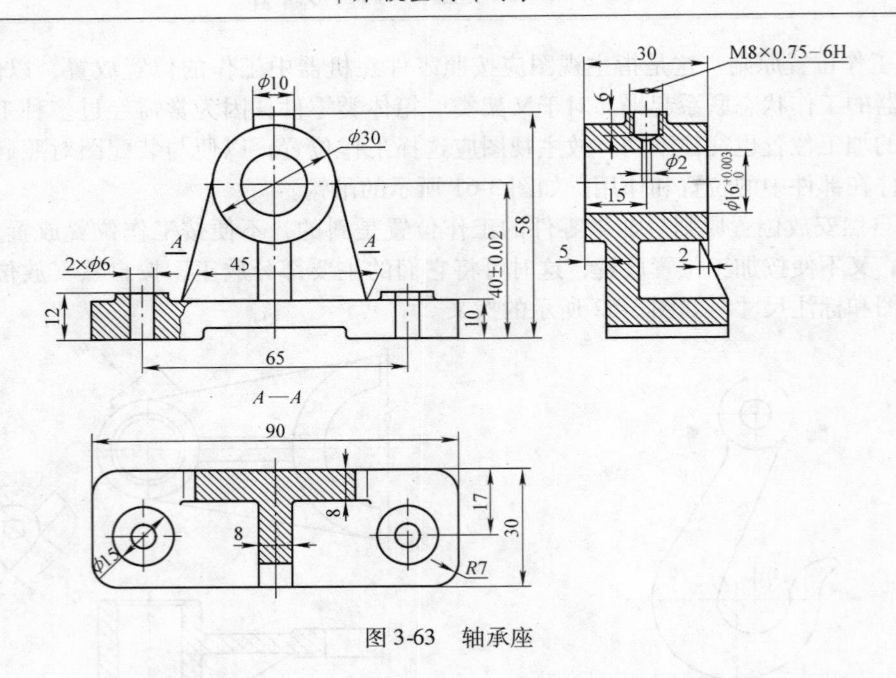

图 3-63　轴承座

（2）工艺基准　工艺基准是指在加工或测量时，确定零件相对机床、工装或量具位置的面或线。有时工艺基准和设计基准是重合的。图 3-63 中，底面既是设计基准，又是工艺基准。对于顶部的螺纹孔来说，顶面既是螺纹孔深度的设计基准，又是加工和测量时的工艺基准。

在标注尺寸时，最好能把设计基准和工艺基准统一起来，这样，既能满足设计要求，又能满足工艺要求。当设计基准和工艺基准不能统一时，重要尺寸应从设计基准出发直接注出，以保证加工时达到设计要求，避免尺寸之间的换算。一般尺寸考虑到测量方便，应从工艺基准出发标注。

2. 标注尺寸的合理原则

（1）重要的尺寸应直接注出　重要尺寸是指直接影响机器装配精度和工作性能的尺寸。例如零件之间的配合尺寸、重要的安装定位尺寸等，一般都有公差要求。一般尺寸包括外形轮廓尺寸、无配合要求的尺寸、工艺尺寸（如退刀槽、凸台、凹坑、倒角等），一般都不注公差。

（2）避免注成封闭尺寸链　零件上某一方向尺寸首尾相接，形成封闭尺寸链，在图 3-64a 所示的标注中，长度方向的尺寸 L_1、L_2、L_3、L_4 首尾相连，绕成一个整圈，称为封闭尺寸链。由于加工误差的存在，很难保证 $L_4=L_1+L_2+L_3$，所以在标注时应该避免出现封闭尺寸链。为了保证每个尺寸的精度要求，通常对尺寸精度要求最低的一环不注尺寸（如 L_1），使尺寸误差都累积到这个尺寸上，从而保证重要尺寸的精度，又可降低加工成本，如图 3-64b 所示。

（3）便于加工与测量　标注尺寸应考虑零件便于加工、便于测量。例如在加工阶梯孔时，一般先加工小孔，然后依次加工出大孔。因此，在标注轴向尺寸时，应从端面注出大孔的深度，以便于测量，如图 3-65 所示。

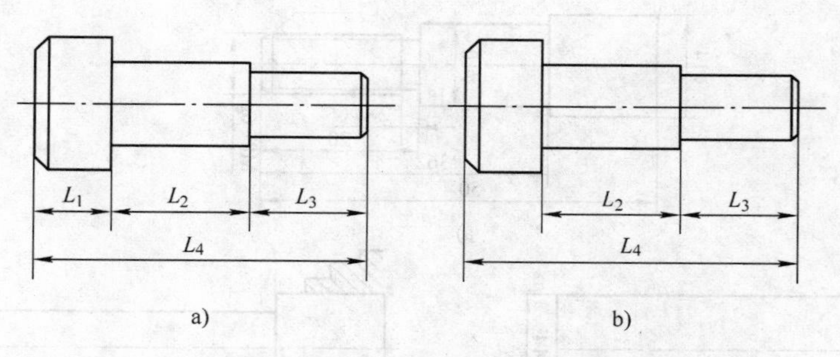

图 3-64　不能注成封闭尺寸链

a）封闭尺寸链　b）正确注法

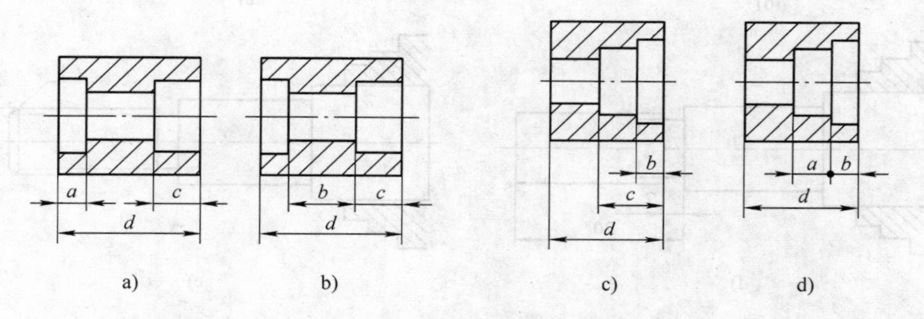

图 3-65　尺寸标注要便于测量

a）便于测量　b）不便于测量　c）便于测量　d）不便于测量

（4）应符合加工顺序　图 3-66a 中的阶梯轴，其加工顺序一般是：先车外圆 ϕ14mm、长 50mm（图 3-66b）；其次车 ϕ10mm、长 36mm 一段（图 3-66c）；再车离右端面 20mm、宽 2mm、ϕ6mm 的退刀槽（图 3-66d）；最后车螺纹和倒角，（图 3-66e）。因此，它的尺寸应按图 3-66a 所示的方式标注。

图 3-67 所示是按加工顺序标注轴向尺寸，是合理的。图 3-68 所示的尺寸注法不符合加工顺序，是不合理的。

3.6.5　零件图的技术要求（表面粗糙度、尺寸公差、几何公差）

零件的技术要求的主要内容包括：表面粗糙度、尺寸公差、几何公差、材料及热处理等。这些内容凡有指定代号的，需用代号注写在视图上，无指定代号的则用文字说明，注写在图纸的空白处。

1. 表面粗糙度

（1）表面粗糙度的概念　零件的表面，无论采用哪种方法加工，都不可能绝对光滑、平整，将其置于显微镜下观察，都将呈现出不规则的高低不平的状况，高起的部分称为峰，低凹的部分称为谷，这种表面上具有较小间距的峰谷所组成的微观几何形状特性，称为表面粗糙度。

（2）表面粗糙度代号　代号由符号、数字及说明文字组成。在零件的每个表面，都应按设计要求标注表面粗糙度代号。表面粗糙度符号有三种，见表 3-8。

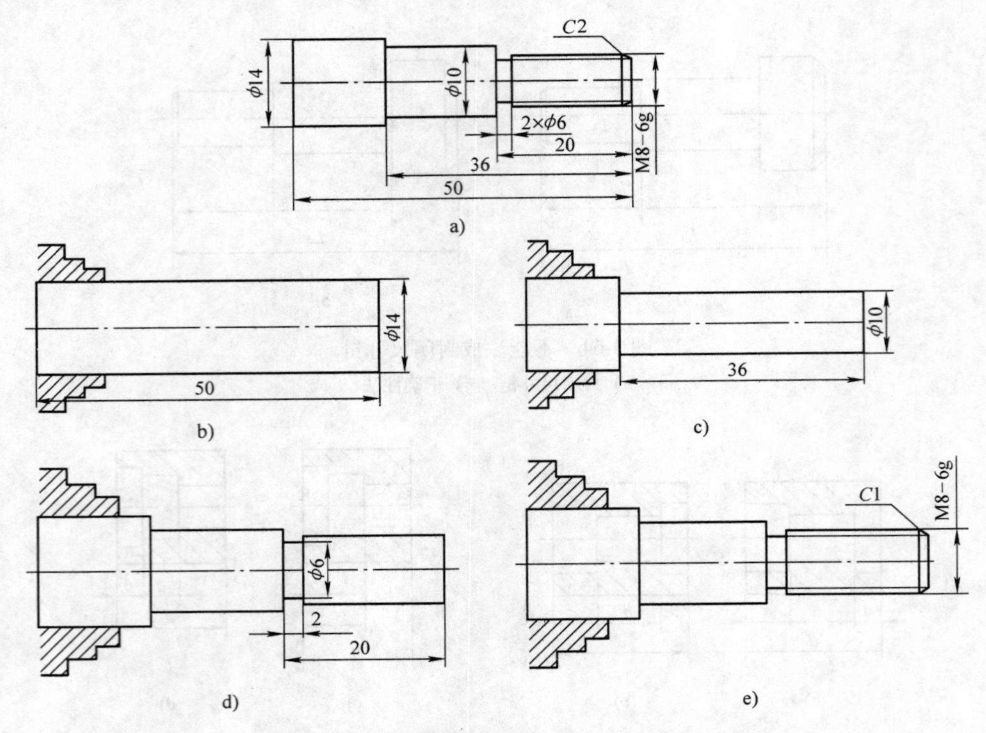

图 3-66　尺寸标注应符合加工顺序

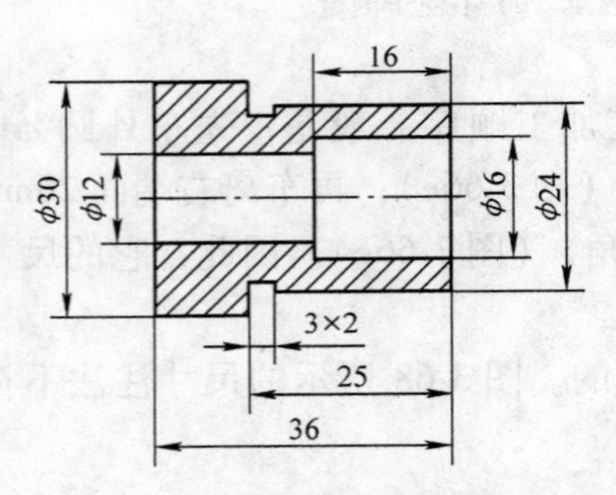

图 3-67　按加工顺序标注尺寸

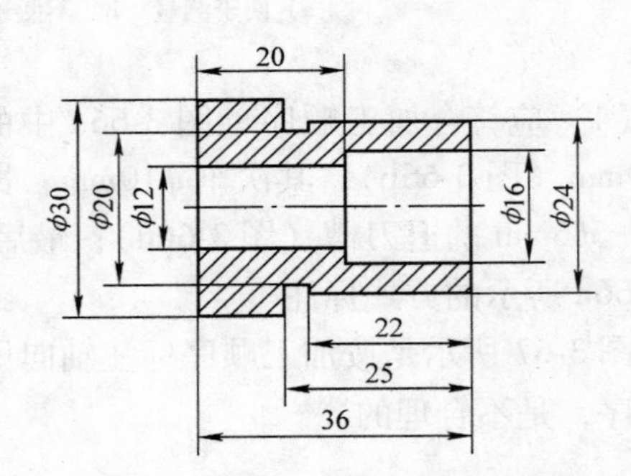

图 3-68　不符合加工顺序

表 3-8　表面粗糙度符号

符　　号	意义及说明
√	基本符号，表示表面可用任何方法获得。当不加注粗糙度参数值或有关说明时，仅适用于简化代号标注
▽√	表示表面是用去除材料的方法获得的
○√	表示表面是用不去除材料的方法获得的

（续）

符　号	意义及说明
	在上述三个符号的长边上均可加一横线，用于标注有关参数和说明
	在上述三个符号上均可加一小圆，表示所有表面具有相同的表面粗糙度要求

（3）表面粗糙度的高度评定参数　评定表面粗糙度的高度参数有：轮廓的算术平均偏差 Ra、微观不平度十点高度 Rz 等。这里只介绍最常用的轮廓算术平均偏差 Ra。其他内容可参阅国家标准。表面粗糙度的高度评定参数 Ra 的数值见表 3-9。

表 3-9　轮廓算术平均偏差 Ra 的数值　（单位：μm）

系列值	补充系列	系列值	补充系列	系列值	补充系列	系列值	补充系列
	0.008						
	0.010						
0.012			0.125		1.25	12.5	
	0.016		0.160	1.6			16.0
	0.020	0.20			2.0		20
0.025			0.25		2.5	25	
	0.032		0.32	3.2			32
	0.040	0.40			4.0		40
0.050			0.50		5.0	50	
	0.063		0.63	6.3			63
	0.080	0.80			8.0		80
0.100			1.00		10.0	100	

零件表面的轮廓算术平均偏差 Ra 的数值越大，表面越粗糙，零件表面质量越低，加工成本就越低；轮廓算术平均偏差 Ra 的数值越小，表面越光滑，零件表面质量越高，加工成本就越高。因此，在满足零件使用要求的前提下，应合理选用表面粗糙度参数。

（4）表面粗糙度符号的画法　表面粗糙度符号的画法如图 3-69 所示。

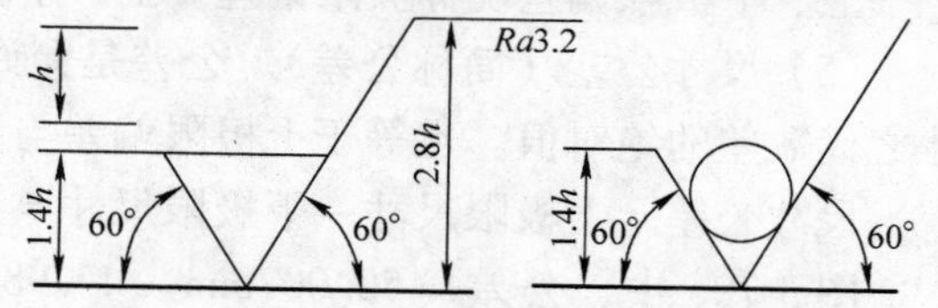

图 3-69　表面粗糙度符号的画法

2. 尺寸公差

制造零件时，为了使零件具有互换性，就必须对零件的尺寸规定一个允许的变动范围。为此，国家制订了极限尺寸制度，即零件制成后的实际尺寸限制在上极限尺寸和下极限尺寸的范围内。这种允许尺寸的变动量，称为尺寸公差。

下面简要介绍关于尺寸公差中的一些名词，如图 3-70 所示。

（1）公称尺寸　公称尺寸是根据零件强度、结构和工艺性要求，设计给定的尺寸，如 ϕ50mm。

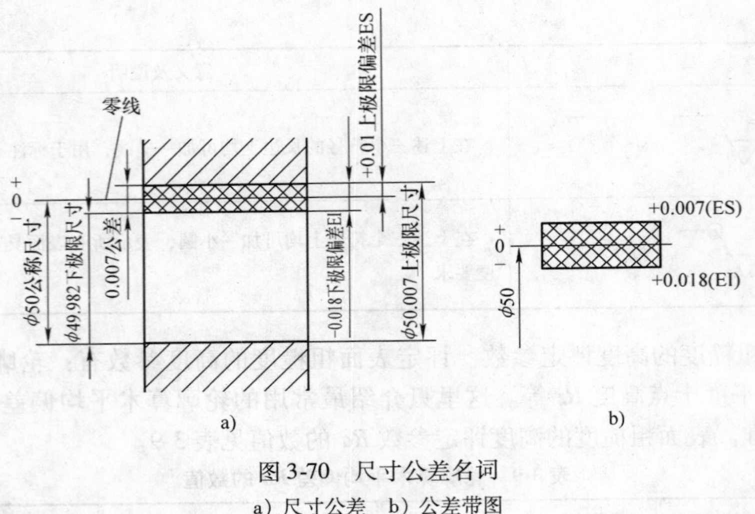

图 3-70 尺寸公差名词

a）尺寸公差 b）公差带图

（2）实际尺寸 实际尺寸是通过测量所得到的尺寸。

（3）极限尺寸 极限尺寸是允许尺寸变化的两个界限值。它以公称尺寸为基数来确定。两个界限值中较大的一个称为上极限尺寸；较小的一个称为下极限尺寸。如上极限尺寸为 $\phi 50.007$mm，下极限尺寸为 $\phi 47.982$mm。

（4）极限偏差 极限尺寸减去公称尺寸的代数差，分别为上极限偏差和下极限偏差。孔的上极限偏差用 ES 表示，下极限偏差用 EI 表示；轴的上极限偏差用 es 表示，下极限偏差用 ei 表示，即

上极限偏差 = 上极限尺寸 − 公称尺寸

下极限偏差 = 下极限尺寸 − 公称尺寸

图 3-70a 中，$ES = 50.007\text{mm} - 50\text{mm} = +0.007\text{mm}$

$EI = 47.982\text{mm} - 50\text{mm} = -0.018\text{mm}$

上、下极限偏差统称极限偏差。上、下极限偏差可以是正值、负值或零。

（5）尺寸公差（简称公差） 公差是允许尺寸的变动量。它等于上极限尺寸与下极限尺寸之代数差的绝对值。也等于上极限偏差与下极限偏差之代数差的绝对值，即

尺寸公差 = 上极限尺寸 − 下极限尺寸 = 上极限偏差 − 下极限偏差

图 3-70a 中，公差 $= 50.007\text{mm} - 47.982\text{mm} = 0.025\text{mm} = 0.007\text{mm} - (-0.018)\text{mm} = 0.025\text{mm}$

因为上极限尺寸总是大于下极限尺寸，所以尺寸公差一定为正值。

（6）零线 零线是在公差带图中，确定偏差值的基准线，也称零偏差线。通常以零线表示公称尺寸。

（7）尺寸公差带（简称公差带） 公差带是在公差带图解中，由代表上极限尺寸和下极限尺寸的两条直线所限定的一个区域。为了便于分析，一般将尺寸公差与公称尺寸的关系，按放大比例画成简图，称为公差带图，如图 3-70b 所示。

3. 配合

公称尺寸相同的、相互结合的孔和轴公差带之间的关系，称为配合。配合分为三类：间

隙配合、过盈配合和过渡配合。

（1）间隙配合　孔的公差带完全在轴的公差带之上，孔比轴大，任取其中一对轴和孔相配都成为具有间隙的配合（包括最小间隙为零），称为间隙配合，如图 3-71 所示。当互相配合的两个零件需相对运动或要求拆卸很方便时，需采用间隙配合。

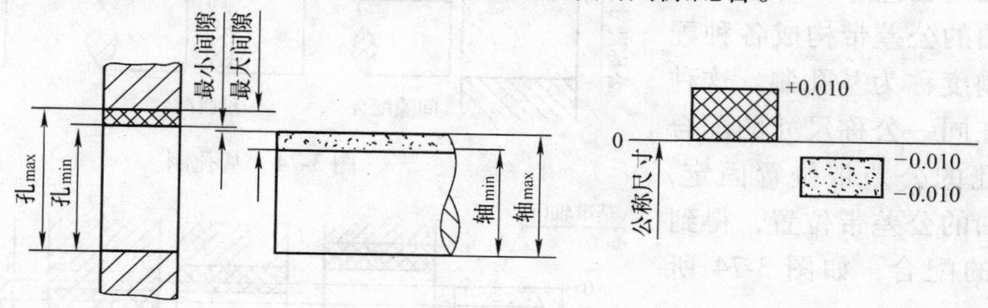

图 3-71　间隙配合

（2）过盈配合　孔的公差带完全在轴的公差带之下，孔比轴小，任取其中一对轴和孔相配都成为具有过盈的配合（包括最小过盈为零），称为过盈配合，如图 3-72 所示。当互相配合的两个零件需牢固连接、保证相对静止或传递动力时，需采用过盈配合。

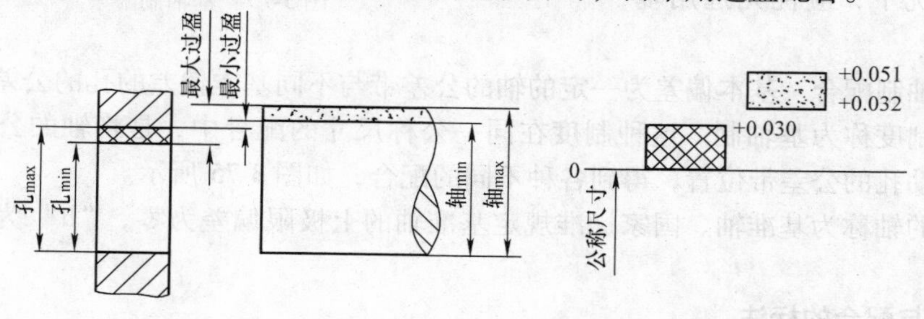

图 3-72　过盈配合

（3）过渡配合　孔和轴的公差带相互交叠，孔可能比轴大，也可能比轴小，任取其中一对孔和轴相配合，可能具有间隙，也可能具有过盈的配合，称为过渡配合，如图 3-73 所示。过渡配合常用于不允许有相对运动，轴、孔对中要求高，但又需拆卸的两个零件间的配合。

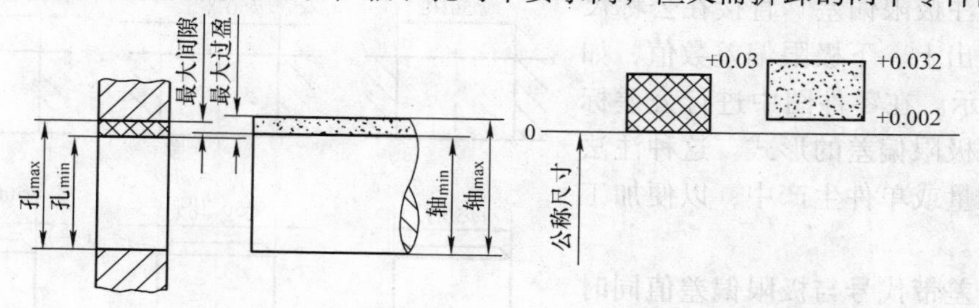

图 3-73　过渡配合

4. 配合制度

在制造相互配合的零件时，使其中一种零件作为基准件，它的基本偏差一定，通过改变另一种非基准件的基本偏差来获得各种不同性质配合的制度称为基准制。根据生产实际的需要，国家标准规定了基孔制和基轴制两种基准制度。

（1）基孔制配合 基本偏差为一定的孔的公差带，与不同基本偏差的轴的公差带构成各种配合的一种制度称为基孔制。这种配合制度在同一公称尺寸的配合中，是将孔的公差带位置固定，通过变动轴的公差带位置，得到各种不同的配合，如图 3-74 所示。

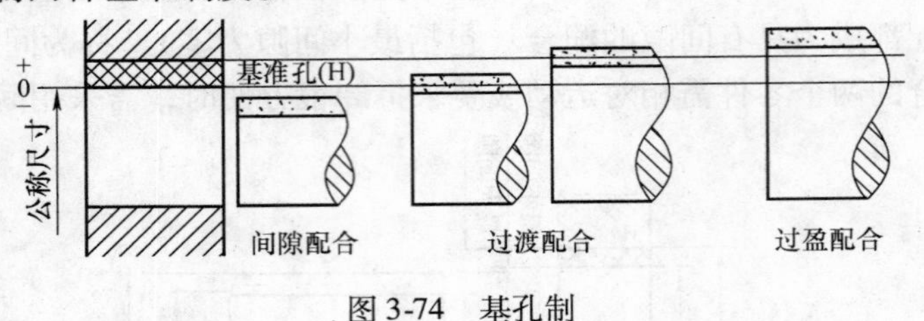

图 3-74 基孔制

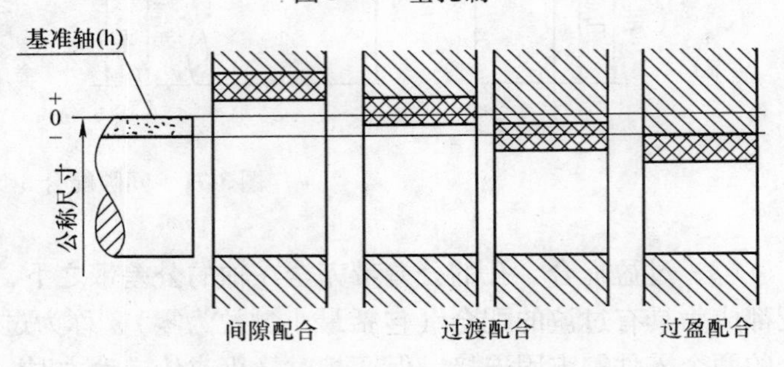

图 3-75 基轴制

基孔制的孔称为基准孔。国家标准规定基准孔的下极限偏差为零，“H”为基准孔的基本偏差。

一般情况下，应优先选用基孔制。

（2）基轴制配合 基本偏差为一定的轴的公差带与不同基本偏差的孔的公差带构成各种配合的一种制度称为基轴制。这种制度在同一公称尺寸的配合中，是将轴的公差带位置固定，通过变动孔的公差带位置，得到各种不同的配合，如图 3-75 所示。

基轴制的轴称为基准轴。国家标准规定基准轴的上极限偏差为零，“h”为基轴制的基本偏差。

5. 极限与配合的标注

在零件图中进行公差标注有以下三种方法。

（1）标注公差带代号 直接在公称尺寸后面标注出公差带代号，如图 3-76a 所示。这种注法常用于大批量生产中，由于与采用专用量具检验零件统一起来，因此不需要注出偏差值。

（2）标注极限偏差 直接在公称尺寸后面标注出上、下极限偏差数值，如图 3-76b 所示。在零件图中进行公差标注一般采用极限偏差的形式。这种注法常用于小批量或单件生产中，以便加工检验时对照。

（3）公差带代号与极限偏差值同时标出 在公称尺寸后面标注出公差带代号，并在后面的括弧中同时注出上、下极限偏差数值，如图 3-76c 所示。这种标注形式集中了前两种标注形式的优点，常用于产品转产较频繁的生产中。

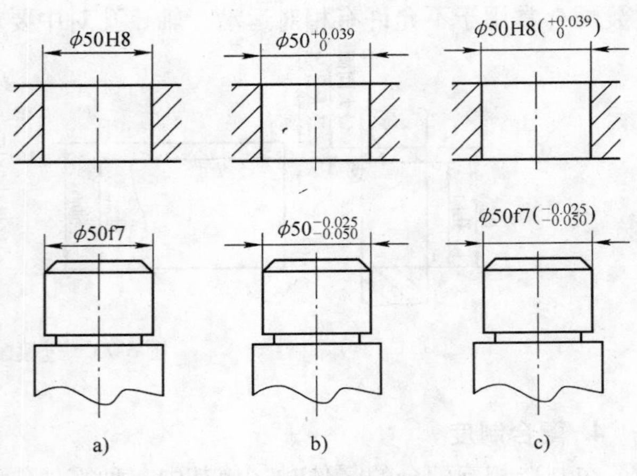

图 3-76 零件图中公差的标注

国家标准规定，同一张零件图中，其公差只能选用一种标注形式。

6. 几何公差

几何公差包括形状公差、方向公差、位置公差和跳动公差。

如图 3-77a 所示的齿轮轴，即使加工后尺寸误差和表面粗糙度都合格，但齿轮轴形状弯曲了，产生了形状（直线度）误差，如图 3-77b 所示。这种在形状上出现的误差，称为形状误差。

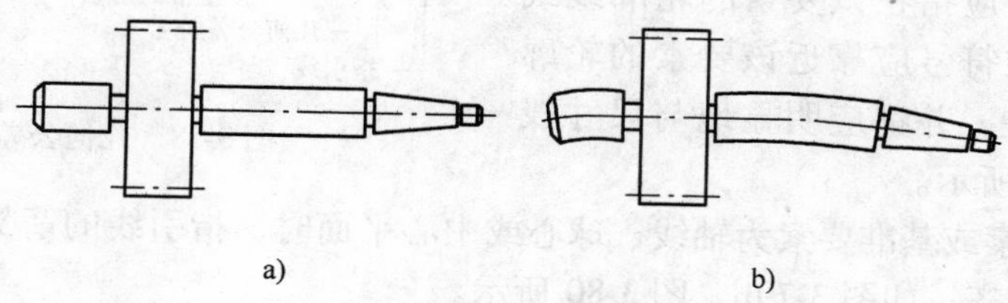

图 3-77　形状误差

加工阶梯轴时，可能会出现各轴段的轴线不在一条直线上的情形。这种在相互位置上出现的误差，称为位置误差。如果零件在加工时产生的形状误差和位置误差过大，将会影响机器的质量。

形状公差和位置公差，都属于几何公差。对零件上精度要求较高的部位，必须根据实际需要对零件加工提出相应的形状和位置等误差的允许范围，在图样上标出几何公差。

国家标准规定了 14 个几何公差项目，每一项目用一个符号表示，见表 3-10。

表 3-10　几何公差的分类与特征符号（GB/T 1182—2008）

公差类别	几何特征名称	被测要素	符号	有无基准	公差类别	几何特征名称	被测要素	符号	有无基准
形状公差	直线度	单一要素	—	无	位置公差	位置度	关联要素	⌖	有或无
	平面度		⏥						
	圆度		○			同心度(用于中心点)		◎	有
	圆柱度		⌭			同轴度(用于轴线)		◎	
	线轮廓度		⌒						
	面轮廓度		⌓			对称度		⌯	
方向公差	平行度	关联要素	∥	有		线轮廓度		⌒	
	垂直度		⊥			面轮廓度		⌓	
	倾斜度		∠						
	线轮廓度		⌒		跳动公差	圆跳动	关联要素	↗	有
	面轮廓度		⌓			全跳动		⌰	

几何公差代号包括：几何公差各项目的符号，几何公差框格及指引线，几何公差数值和其他有关符号，以及基准代号等。框格内字体的高度 h 与图样中的尺寸数字等高，如图 3-78 所示。

在图样中，几何公差的内容（项目符号、公差值、基准要素字母及其他要求）在公差框格中给出。公差框格用细实线画出，可画成水平的或垂直的，框格高度是图样中尺寸数字高度的两倍，它的长度视需要而定。

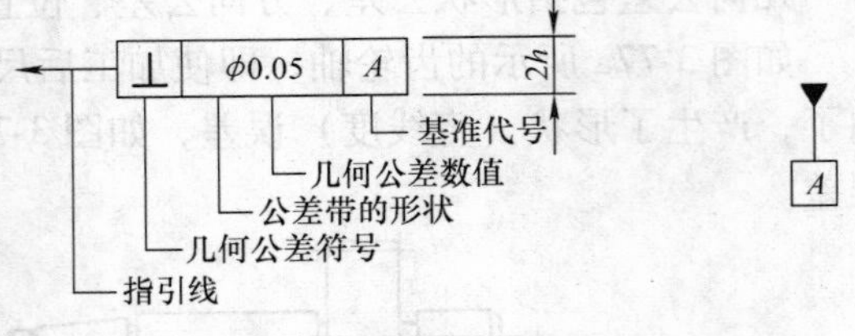

图 3-78　几何公差代号

标注时应注意以下几点：

1）当被测要素或基准要素为实际表面时，指引线的箭头应指在该要素的轮廓线或其引出线上，基准符号应靠近该要素的轮廓线或其引出线标注，并都应明显地与尺寸线错开，如图 3-79a 所示。

2）当被测要素或基准要素为轴线、球心或中心平面时，指引线的箭头或基准符号应与该要素的尺寸线对齐，如图 3-79b、图 3-80 所示。

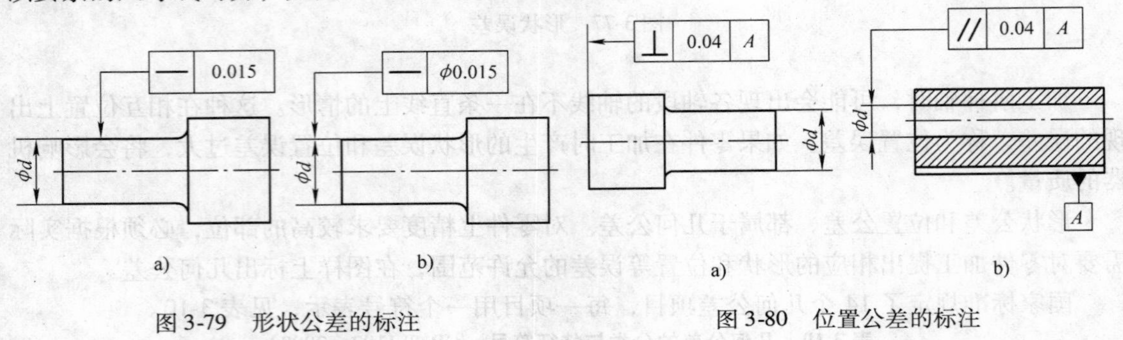

图 3-79　形状公差的标注　　　图 3-80　位置公差的标注

3）当被测要素或基准要素为公共轴线或公共中心平面时，指引线的箭头不可以直接指在轴线或中心线上，基准符号也不可以直接靠近轴线或中心线标注。图 3-81a、b 所示为正确注法和错误注法。

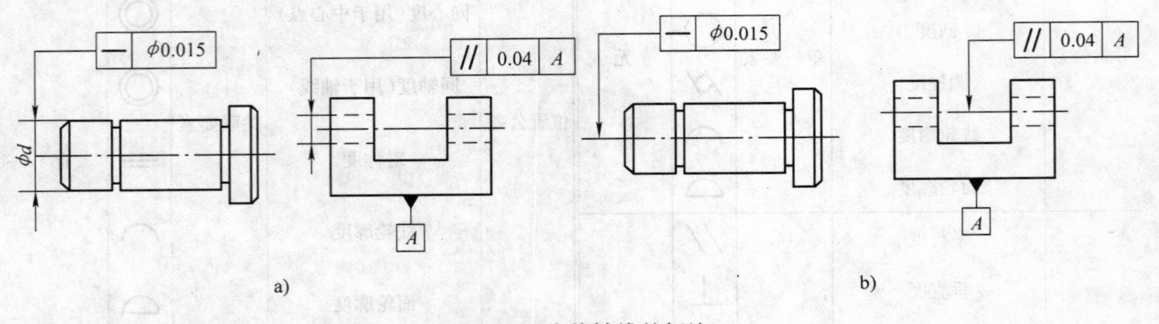

图 3-81　公共轴线的标注

a）正确标注　b）错误标注

4）用带基准符号的指引线不应与公差框格的另一端相连，如图 3-80a 所示是错误的。

3.6.6　典型零件的绘制

下面以车床模型典型零件图形绘制为例，详细介绍应用 CAXA 电子图板绘制零件的方法。

1. 床鞍丝杠的绘制

床鞍丝杠如图 3-82 所示，属于轴类零件。轴类零件结构比较简单，绘图较容易，关键在尺寸标注部分。

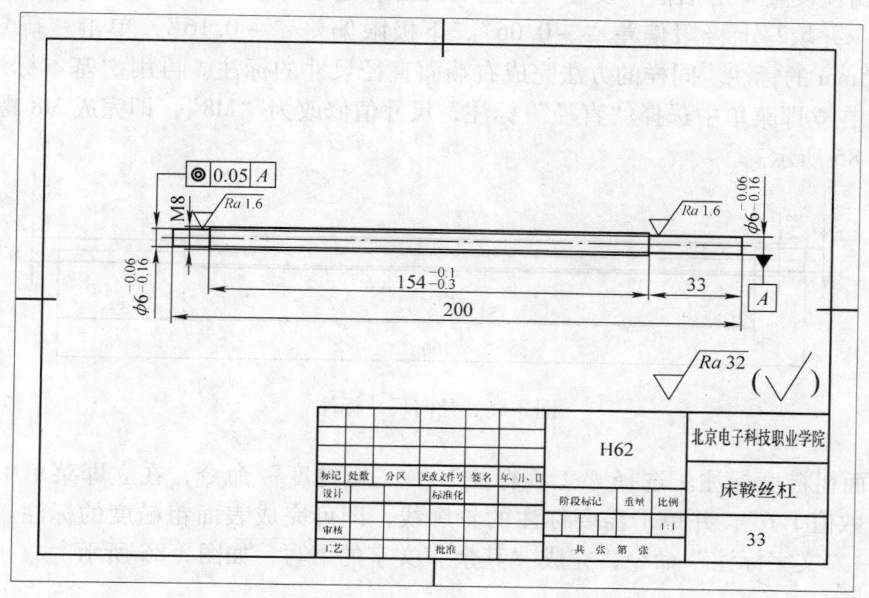

图 3-82　床鞍丝杠零件图

1）启动 CAXA 电子图板，创建一个新的文档。分析图形，选择下拉菜单“幅面”→“图幅设置”命令，在弹出的对话框进行相关设置，A4 图幅横放，比例为 1∶1，选择图框和标题栏，单击“确定”按钮，完成图纸幅面设置。

2）将轮廓线层设为当前层，选择“高级曲线”→“孔/轴”命令，在图框的中部绘制轴，依次选择轴径 ϕ6mm，轴长 13mm；轴径 ϕ8mm，轴长 154mm；轴径 ϕ6mm，轴长 33mm；从左向右绘制轴，完成总体轴的绘制。

3）绘制螺纹线。将细实线层设为当前层，运用“直线”命令完成绘图，根据国家标准的近似画法，螺纹的小径为大径的 0. 85 倍，因此螺纹线的直径为 ϕ6. 8mm，如图 3-83 所示。

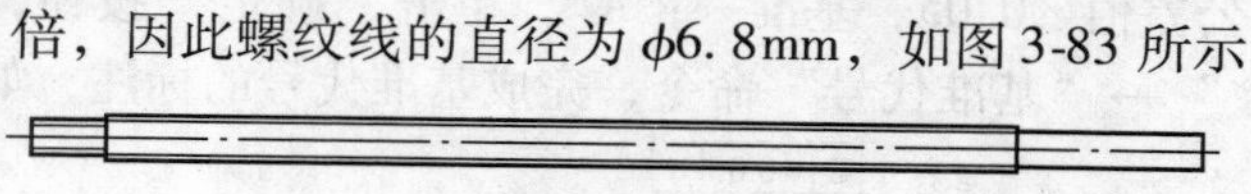

图 3-83　绘制轴

4）长度尺寸标注。设置细实线层为当前层，选择“工程标注”→“尺寸标注”命令，用“连续标注”标注长度尺寸 33mm，并将光标智能捕捉到 154mm 尺寸的左端点时单击鼠标右键，弹出“尺寸标注属性设置”对话框，设置“公差与配合”选项，输入形式为“偏差”输出形式为“偏差”，并填写上极限偏差“−0. 1”，下极限偏差“−0. 3”，单击“确定”按钮，完成上、下极限偏差的标注。再用“基准标注”标注总长度尺寸 200mm，如图 3-84 所示。

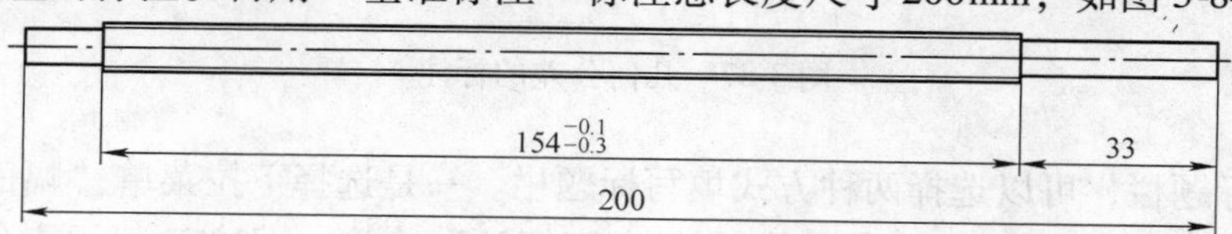

图 3-84　长度尺寸标注

5）径向尺寸标注。选择“工程标注”→“尺寸标注”命令，应用“基本标注”标注径向尺寸，捕捉到左端轴径，在立即菜单中选择“直径”标注，并单击鼠标右键，弹出“尺寸标注属性设置”对话框，设置“公差与配合”选项，输入形式为“偏差”，输出形式为“偏差”，并填写上极限偏差“-0.06”，下极限偏差“-0.16”，单击“确定”按钮，完成$\phi6_{-0.16}^{-0.06}$mm 的标注。同样的方法完成右端面直径尺寸的标注。再用“基本标注”，选择中间轴径，在立即菜单中选择“直径”标注，尺寸值修改为“M8”，即完成 M8 螺纹尺寸标注，如图 3-85 所示。

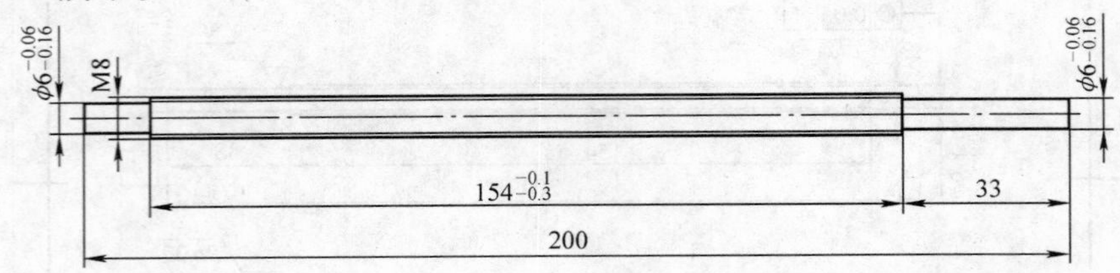

图 3-85　径向尺寸标注

6）表面粗糙度标注。选择“工程标注”→“粗糙度”命令，在立即菜单中选择“简单标注”“数值 1.6”，并单击需要标注的轮廓线，即可完成表面粗糙度的标注。再用“工程标注”→“文字标注”命令，完成“其余”文字的书写，如图 3-86 所示。

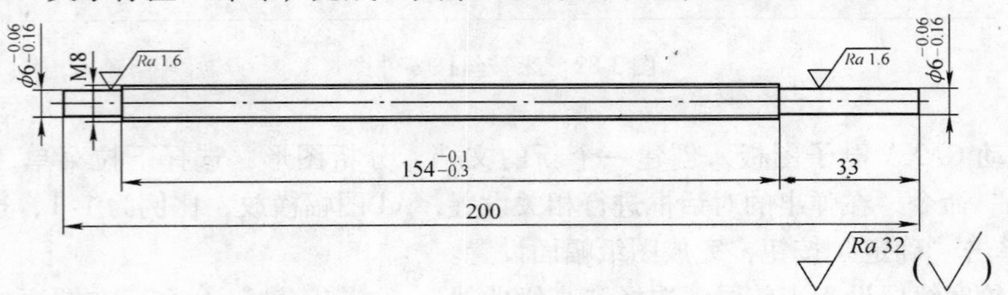

图 3-86　表面粗糙度的标注

7）几何公差标注。选择“工程标注”→“形位公差”命令，在弹出的对话框中选择“公差值∅0.05，基准一：A”，单击“确定”按钮，完成几何公差的标注。再用“工程标注”→“基准代号”命令，完成基准代号的标注，如图 3-87 所示。

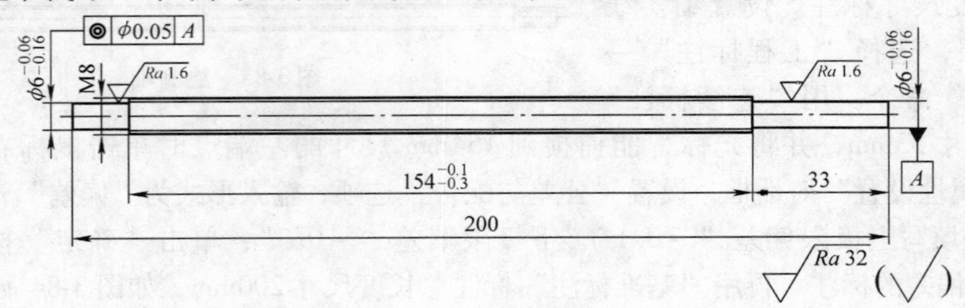

图 3-87　几何公差的标注

8）填写标题栏，可以选择两种方式填写标题栏。一是选择下拉菜单“幅面”→“填写标题栏”命令，二是运用“工程标注”→“文字标注”命令，且方法一更方便快捷。图 3-

82 所示为完成的床鞍丝杠的零件图。

2. 自定心卡盘的绘制

自定心卡盘（图 3-88）属于盘类零件，主要包括主、左两个视图，主视图为视图的表达方法，左视图为全剖视图，绘图中首先绘制有圆的视图，这样比较方便、快捷。

先使用 1∶1 的比例绘图，再应用比例缩放命令实现 2∶1 的比例。

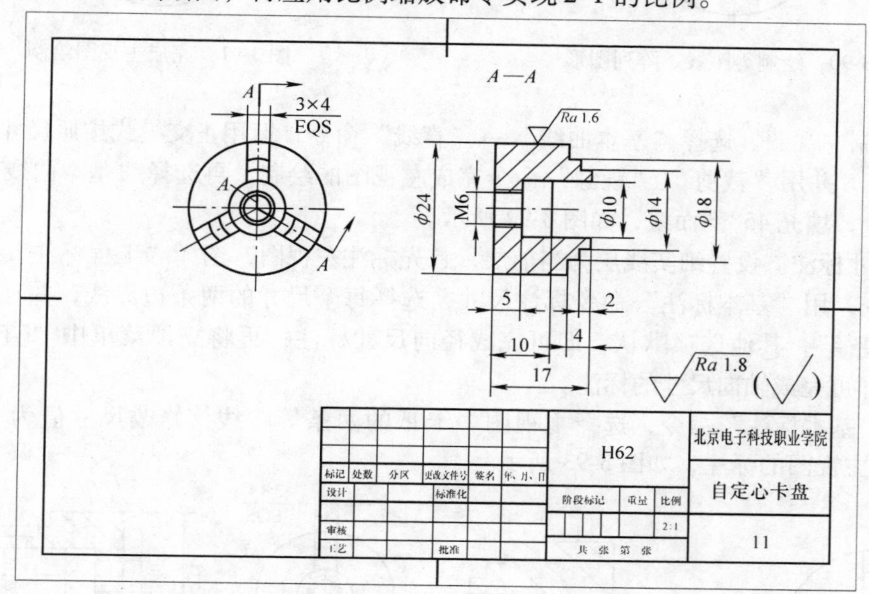

图 3-88　自定心卡盘零件图

1）启动 CAXA 电子图板，创建一个新的文档。分析图形，选择下拉菜单“幅面”→“图幅设置”命令，在弹出的对话框进行相关设置，A4 图幅横放，比例为 1∶1，选择图框和标题栏，单击“确定”按钮，完成图纸幅面设置。

2）将轮廓线层设为当前层，首先绘制主视图，选择“基本曲线”→“圆”命令，在立即菜单中选择“圆-半径、直径、有中心线”，在图框的左边绘制同心圆，依次输入直径为 24、10、6、5.1，并将直径为 ϕ6mm 的圆通过修改属性改为细实线，如图 3-89 所示。

3）选择“基本曲线”→“等距线”命令，在立即菜单中选择“单个拾取、指定距离、双向、空心、距离 2、份数 1”，单击圆的竖直中心线，即生成距离为 4 的两条等距线，再选择“曲线编辑”→“裁剪”命令，运用快速修剪方式修剪多余的直线，保留两圆之间的部分，再选择“曲线编辑”→“阵列”命令，在立即菜单中选择“圆周阵列、旋转、均布、份数 3”，单击两条等距线，生成阵列图形，如图 3-90 所示。

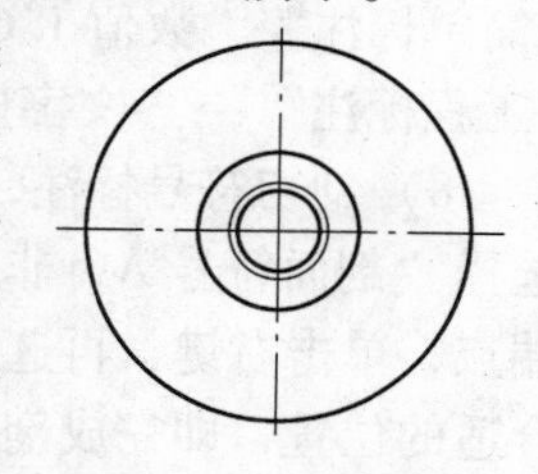

图 3-89　绘制同心圆

4）选择“基本曲线”→“圆”命令，在立即菜单中选择“圆-半径、直径、无中心线”，以大圆的圆心为圆心绘制同心圆，依次输入直径为 14、18，再选择“曲线编辑”→“裁剪”命令，运用快速修剪方式修剪多余的圆弧，保留等距线之间的部分，完成主视图绘制，如图 3-91 所示。

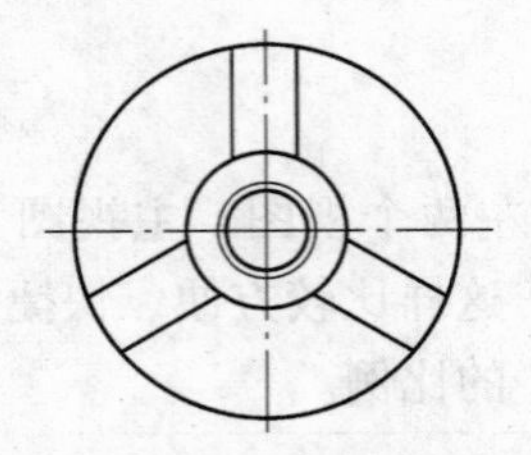

图 3-90　绘制等距线、阵列图形

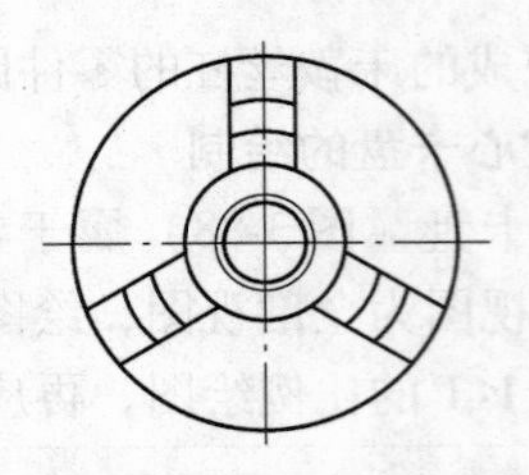

图 3-91　完成主视图绘制

5）绘制左视图。选择“基本曲线”→“直线”命令，运用正交模式按照尺寸绘制左视图的轮廓线，并用“裁剪”、“镜像”命令完成左视图的绘制，再选择“基本曲线”→“剖面线”命令，填充 45°剖面线，如图 3-92 所示。

6）尺寸标注。设置细实线层为当前层，首先标注左视图，选择“工程标注”→“尺寸标注”命令，用“基本标注”命令标注尺寸，选择每个尺寸的两条边界线，并在立即菜单中选择“直径”，其他选项默认，即可完成径向尺寸标注；再将立即菜单中“直径”改为“长度”，即可完成轴向尺寸的标注。

再用“基本标注”命令，选择主视图中卡爪的两条等距线，修改尺寸值为“3 × 4 均布”，完成主视图的标注，如图 3-93 所示。

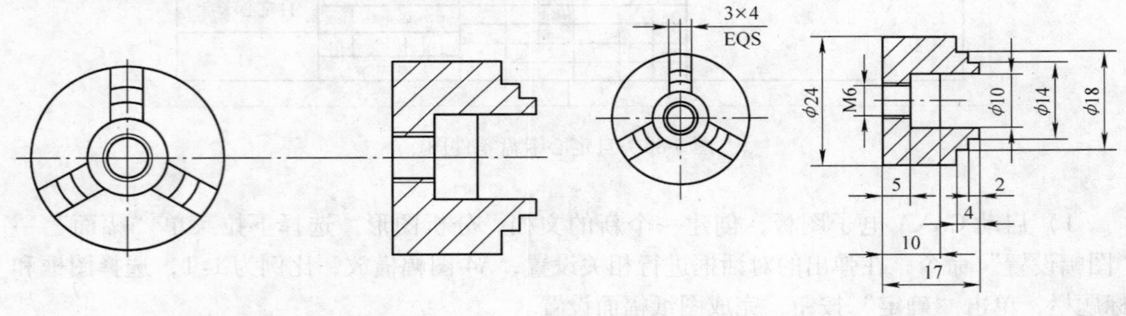

图 3-92　完成左视图的绘制

图 3-93　尺寸标注

7）表面粗糙度符号标注。选择“工程标注”→“粗糙度”命令，在立即菜单中选择“简单标注”“数值 1.6”，并单击需要标注的轮廓线，即可完成表面粗糙度的标注。再用“工程标注”→“文字标注”命令，完成“其余”文字的书写，如图 3-94 所示。

8）剖切符号标注，在主视图，选择“工程标注”→“剖切符号”命令，在立即菜单中选择“剖面符号 A，非正交”，用鼠标依次选择竖直中心线上端、圆心、右下方卡爪中心线端点，单击右键，再选择向上的箭头，完成剖切位置的绘制，再将出现的剖切符号 *A* 放到合适的位置，即完成剖切的标注；在左视图，用“工程标注”→“文字标注”命令，完成“*A*—*A*”文字的标注，如图 3-94 所示。

9）比例缩放，选择“曲线编辑”→“比例缩放”命令，用鼠标框选主、左视图的全部图形和标注，之后单击右键，在立即菜单中选择“移动、尺寸值不变、比例变化”，然后用鼠标单击两视图中间位置作为缩放“基点”，并键盘输入“比例系数 2”，完成 2 倍缩放，即实现 2∶1 的绘图比例，如图 3-88 所示。

10）填写标题栏，可以选择两种方式填写标题栏。一是选择下拉菜单“幅面”→“填写标题栏”命令，二是运用“工程标注”→“文字标注”命令，方法一更方便、快捷。图3-88所示为完成的自定心卡盘的零件图。

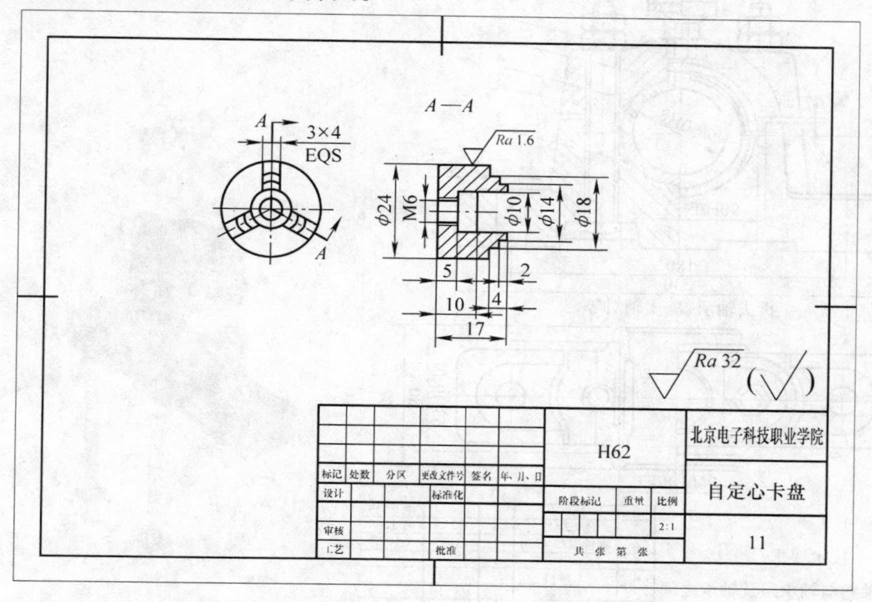

图3-94 表面粗糙度、剖切符号的标注

3.7 装配图的绘制

装配图是表达机器或部件的图样，通常用来表达机器或部件的工作原理以及零件、部件间的装配、联接关系，是机械设计和生产中的重要技术文件之一。

本节学习目标

1. 能识读装配图。
2. 能绘制装配图。

3.7.1 装配图的作用和内容

在产品设计中，一般先根据产品的工作原理图画出装配图，然后再根据装配图进行零件设计，并拆画出零件图。在产品制造中，根据零件图制造出零件，根据装配图将零件装配成机器或部件。同时，装配图是制订装配工艺规程、进行装配和检验的技术依据。在机器使用时，装配图是了解机器的工作原理和构造，进行调试、维修的主要依据。此外，装配图也是进行科学研究和技术交流的工具。因此，装配图是生产中的重要技术文件。

以图3-95所示的滑动轴承为例，说明一张完整的装配图应包含的基本内容。

滑动轴承是支承传动轴的一个部件，轴在轴衬内旋转。轴衬由上、下两块（上轴衬、下轴衬）组成，分别嵌在轴承座和轴承盖上，轴承座和轴承盖用一对螺栓和螺母联接在一起。轴承座和轴承盖之间留有一定的间隙，是为了用加垫片的方法来调整轴衬和轴配合的松紧。图3-96所示为滑动轴承的分解轴测图。

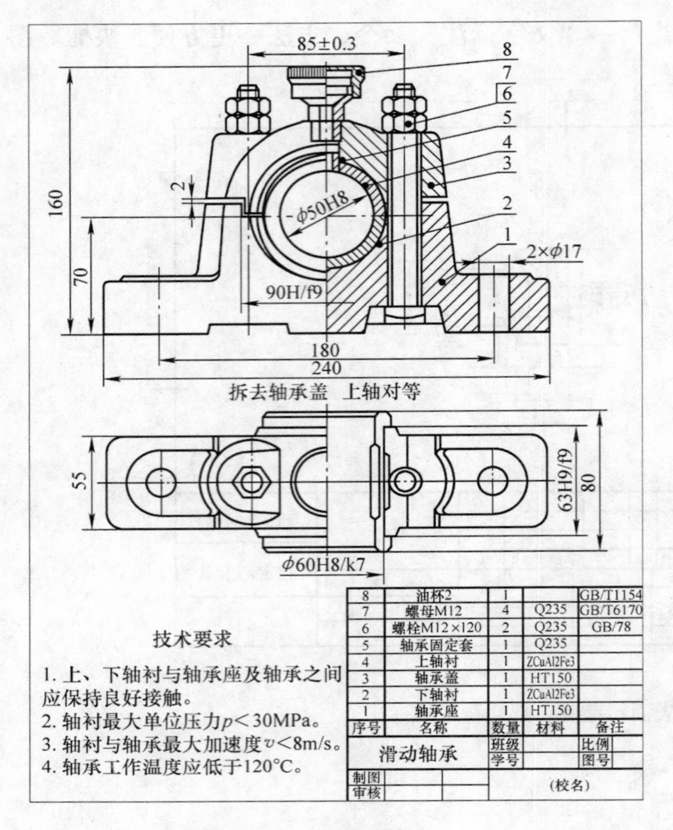

图 3-95　滑动轴承

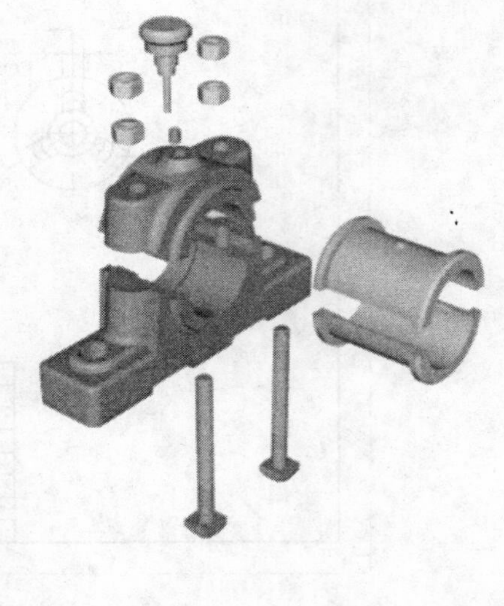

图 3-96　滑动轴承的分解轴测图

从图中可以看出，装配图一般包括以下四个方面：

（1）一组视图　装配图中的视图用来表达装配体（机器或部件）的工作原理、装配关系、各组成零件的相对位置、联接方式、主要零件的结构形状及传动路线等。

图 3-95 所示是滑动轴承的装配图，图中采用了二个基本视图，由于轴承结构基本对称，所以均采用了半剖视，这就比较清楚地表示了轴承盖、轴承座和上下轴衬的装配关系。

（2）必要的尺寸　装配图上仅需要标注表示装配体（机器或部件）规格、装配、安装时所必需的尺寸。

在图 3-95 所示滑动轴承的装配图中，轴孔直径 ϕ50H8 为规格尺寸，180 和 2 × ϕ17 为安装尺寸，ϕ60H8/k7、90H9/f9、65H9/f9 等为配合尺寸，240、160、80 为总体尺寸。

（3）技术要求　技术要求是用符号、文字等说明对装配体（机器或部件）的工作性能、装配要求、试验或使用等方面的有关条件或要求。

（4）零件序号和明细栏　在装配图中，对每个不同的零件应编写序号，并在标题栏上方按序号编制成零件明细栏，说明装配体及其各组成零件的名称、数量和材料等一般情况。

由于装配图的复杂程度和使用要求不同，以上各项内容并不是在所有的装配图中都要表现出来，而是要根据实际情况决定。

3.7.2　装配图的尺寸标注和技术要求

1. 尺寸标注

装配图的作用与零件图不同，在图上标注尺寸的要求也不同。零件图中必须标注出零件的全部尺寸，以确定零件的形状和大小；在装配图上，应该按照装配体的设计、制造的要求来标注某些必要的尺寸，以说明装配体性能规格、装配体“成员”的装配关系、装配体整体大小等。装配图没有必要标注出零件的所有尺寸，只需标出性能尺寸、装配尺寸、安装尺寸和外形尺寸等。

（1）性能（规格）尺寸　性能（规格）尺寸是表示装配体的工作性能或规格大小的尺寸。这些尺寸是设计时确定的，也是了解和选用该装配体的依据。图3-95所示滑动轴承孔的直径尺寸 ϕ50H8，表明了该轴承只适用于轴颈公称尺寸为 ϕ50mm 的轴。

（2）装配尺寸　装配尺寸是表示装配体中各零件之间相互配合关系和相对位置的尺寸，是保证装配体装配性能和质量的尺寸。如图3-95中的配合尺寸有90H9/f9、65H9/f9、ϕ60H8/k7等。相对位置尺寸有轴承中心轴线到基面的距离70，两螺栓联接的位置尺寸 85 ± 0.3，轴承盖和轴承座的相对位置尺寸2等。

（3）安装尺寸　安装尺寸是将装配体安装到其他装配体上或地基上所需的尺寸。

（4）外形尺寸　外形尺寸是表示装配体外形大小的总体尺寸，即装配体的总长、总宽、总高。它反映了装配体的大小，提供了装配体在包装、运输和安装过程中所占的空间尺寸，如图3-95中滑动轴承的总长、总宽、总高。

（5）其他重要尺寸　其他重要尺寸指在设计中确定的但未包括在上述几类尺寸中的尺寸。其他重要尺寸视需要而定，如主体零件的重要尺寸、齿轮的中心距、运动件的极限尺寸、安装零件要有足够操作空间的尺寸等。

2. 技术要求

在装配图中，还应在图的右下方空白处，写出部件在装配、安装、检验及使用过程等方面的技术要求，主要包括零件装配过程中的质量要求，以及在检验、调试过程中的特殊要求等。技术要求一般可从以下几个方面考虑：

（1）装配要求　装配要求包括装配体在装配过程中注意的事项、装配后应达到的要求，如装配间隙、润滑要求等。

（2）检验要求　检验要求包括装配体在检验、调试过程中的特殊要求等。

（3）使用要求　使用要求包括对装配体的维护、保养、使用时的注意事项及要求。

3.7.3　装配图的零件序号和明细栏

为了便于装配时读图查找零件，便于生产准备和图样管理，必须对装配图中所有不同的零件编写序号，并列出零件的明细栏。

1. 零件序号

装配图中所有的零件都必须编写序号。相同的零件只编一个序号。装配图中零件序号应与明细栏中的序号一致。

零件序号由圆点、指引线、水平线或圆（均为细实线）及数字组成，序号写在水平线上或小圆内，如图3-97所示。序号数字比装配图中的尺寸数字大一号。装配图中注出零件序号时应注意以下：

1）指引线不要与轮廓线或剖面线等图线平行，指引线之间不允许相交，但指引线允许弯折一次。

2）指引线应自所指零件的可见轮廓内引出，并在其末端画一圆点；若所指的部分不宜画圆点，如很薄的零件或涂黑的剖面等，可在指引线的末端画一箭头，并指向该部分的轮廓，如图3-97b所示。

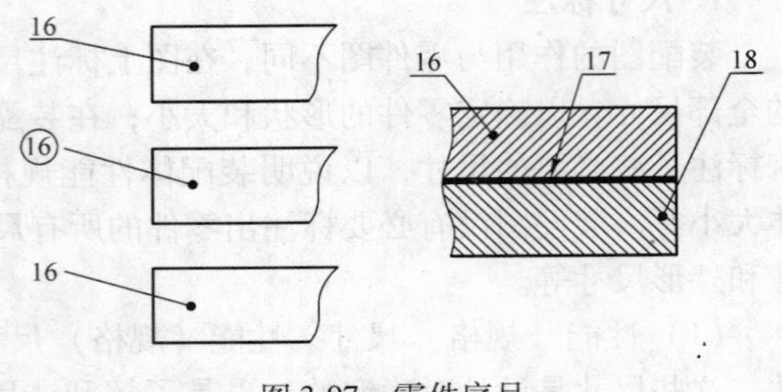

图3-97 零件序号

3）如果是一组螺纹联接件或装配关系清楚的零件组，可以采用公共指引线，如图3-98所示。

4）标准化组件（如滚动轴承、电动机、油杯等）只能编写一个序号。

应将序号在视图的外围按水平或垂直方向排列整齐，并按顺时针或逆时针方向顺序依次编号，不得跳号，如图3-95所示。

2. 明细栏

在装配图的右下角必须设置标题栏和明细栏。明细栏位于标题栏的上方，并和标题栏紧连在一起。图3-99所示的内容和格式可供制图作业使用。

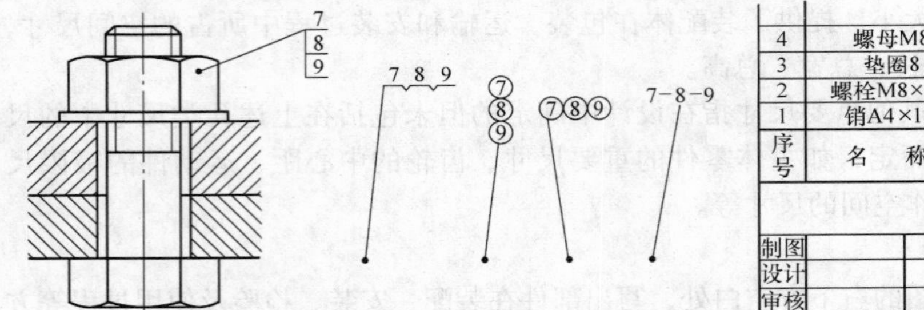

图3-98 零件组序号

4	螺母M8	6	Q235	GB/T6170
3	垫圈8	6	65Mn	GB/T93
2	螺栓M8×65	4	Q235	GB/T5780
1	销A4×18	2	Q235	GB/T117
序号	名称	数量	材料	备注
		比例	共 张	图 号
		质量	第 张	
制图		(校名)		
设计				
审核				

图3-99 明细栏

明细栏是装配体全部零件的目录，由序号、（代号）名称、数量、材料、备注等内容组成，其序号填写的顺序要由下而上。如位置不够时，可移至标题栏的左边继续编写，如图3-100所示。

3.7.4 装配图的绘制

下面以车床模型为例讲述装配图的绘制方法，如图3-100所示，车床模型装配图可以选择主视图、左视图两个视图进行表达，并且主视图选择局部剖视图，左视图选择全剖视图。绘图中可以运用已经绘制完的零件图拼画装配图，这样绘图更简便些。

1）启动CAXA电子图板，创建一个新的文档。分析图形，选择下拉菜单“幅面”→“图幅设置”命令，在弹出的对话框进行相关设置，A2图幅横放，比例为1:1，选择图框和标题栏，单击“确定”按钮，完成图纸幅面设置。

2）由于左视图是在小滑板处进行了剖切，因此部分零件不需要绘制，又由于部分零件被遮挡也不需画出，因此首先绘制装配主视图。

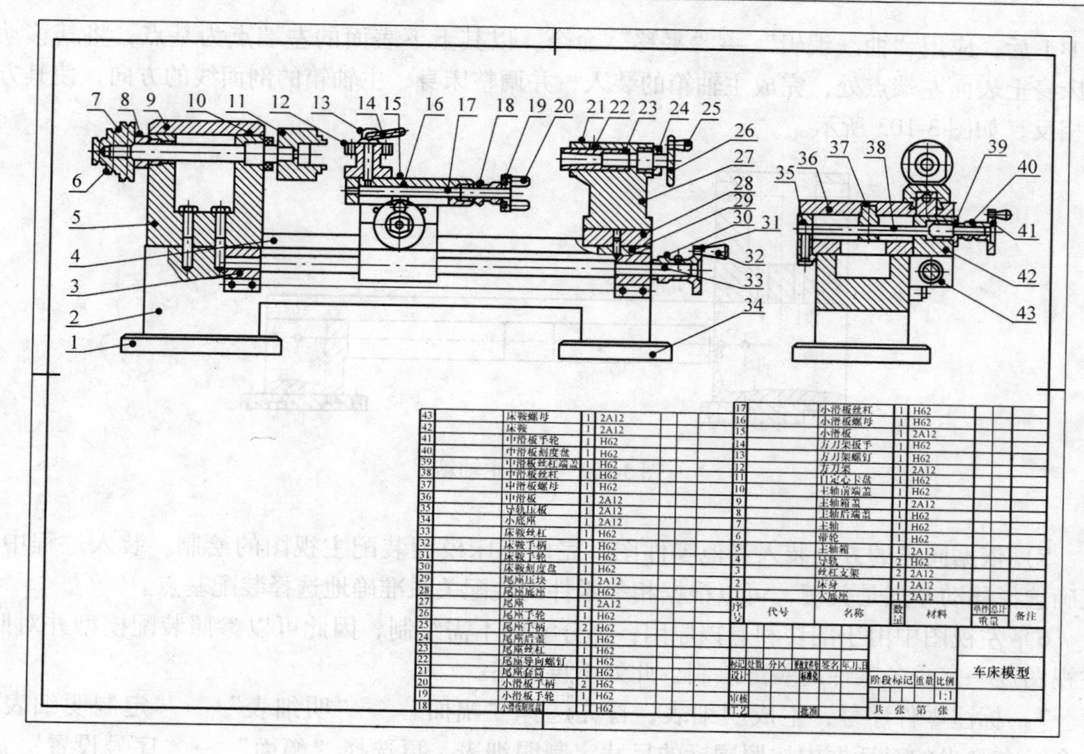

序号	代号	名称	数量	材料	单件重量	总计重量	备注
43		床鞍螺母	1	2A12			
42		床鞍	1	2A12			
41		中滑板手轮	1	H62			
40		中滑板刻度盘	1	H62			
39		中滑板丝杠端盖	1	H62			
38		中滑板丝杠	1	H62			
37		中滑板螺母	1	H62			
36		中滑板	1	2A12			
35		导轨压板	1	2A12			
34		小底座	1	2A12			
33		床鞍丝杠	1	H62			
32		床鞍手柄	1	H62			
31		床鞍手轮	1	H62			
30		床鞍刻度盘	1	H62			
29		尾座压块	1	2A12			
28		尾座底座	1	H62			
27		尾座	1	2A12			
26		尾座手轮	1	H62			
25		尾座手柄	2	H62			
24		尾座后盖	1	H62			
23		尾座丝杠	1	H62			
22		尾座导向螺钉	1	H62			
21		尾座套筒	1	H62			
20		小滑板手柄	2	H62			
19		小滑板手轮	1	H62			
18		小滑板刻度盘	1	H62			
17		小滑板丝杠	1	H62			
16		小滑板螺母	1	H62			
15		小滑板	1	2A12			
14		方刀架扳手	1	H62			
13		方刀架螺钉	1	H62			
12		方刀架	1	2A12			
11		自定心卡盘	1	H62			
10		主轴前端盖	1	H62			
9		主轴箱盖	1	2A12			
8		主轴后端盖	1	H62			
7		主轴	1	H62			
6		带轮	1	H62			
5		主轴箱	1	2A12			
4		导轨	2	H62			
3		丝杠支架	2	2A12			
2		床身	1	2A12			
1		大底座	1	2A12			

图 3-100　车床模型装配图

选择下拉菜单“文件”→“并入文件”命令，在弹出的文件目录中选择已经绘制完成的“床身”文件，将图形放在图纸的空白处，将“床身”的主视图去除尺寸标注，核实绘图比例为 1∶1 后，将其移动到装配图纸的中间位置，完成床身的装入，如图 3-101 所示。

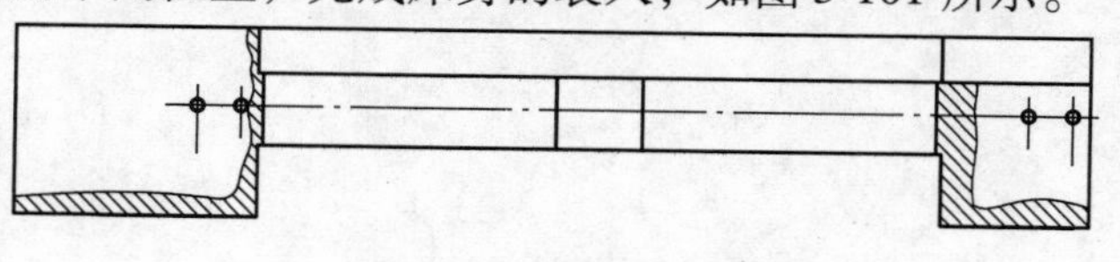

图 3-101　装入床身

3）选择下拉菜单“文件”→“并入文件”命令，在弹出的文件目录中选择已经绘制完成的“大底座”文件，将图形放在图纸的空白处，将“大底座”的主视图去除尺寸标注，核实绘图比例为 1∶1 后，应用“曲线编辑”→“平移”命令，以其上表面的中点为基点，将其移动到床身左侧床脚的中点处，完成大底座的装入；用同样的方法完成小底座的装入后，调整床身、底座剖面线的方向，使其方向相反，如图 3-102 所示。

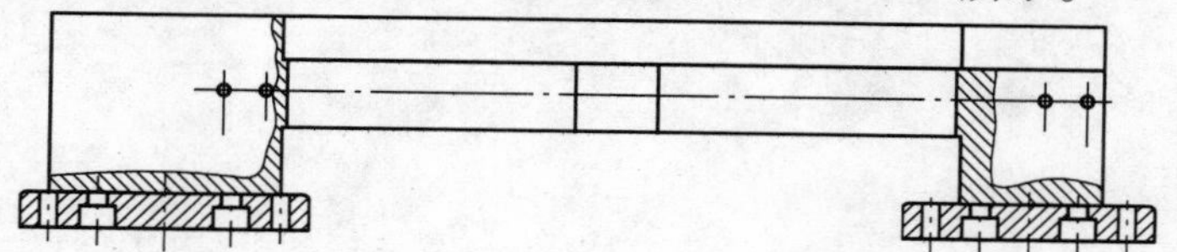

图 3-102　装入大、小底座

4）选择下拉菜单“文件”→“并入文件”命令，在弹出的文件目录中选择已经绘制完成的“主轴箱”文件，将图形放在图纸的空白处，将主视图去除尺寸标注，核实绘图比例为 1∶1 后，应用“曲线编辑”→“平移”命令，以其上下表面的左端点为基点，将其移动到床身上表面左端点处，完成主轴箱的装入，并调整床身、主轴箱的剖面线的方向，使其方向相反，如图 3-103 所示。

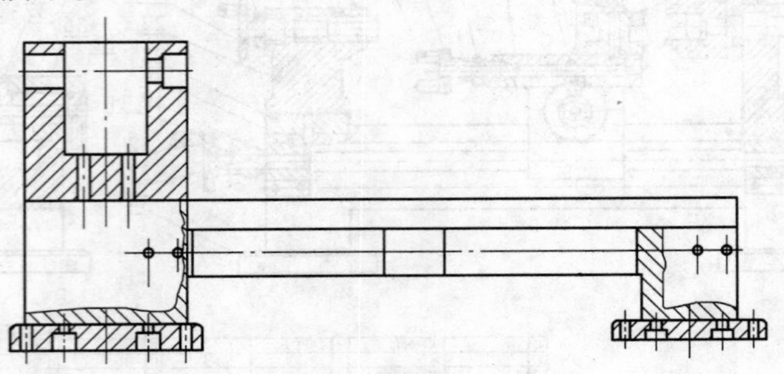

图 3-103 装入主轴箱

5）依据同样的方法装入其他零件图，完成车床模型装配主视图的绘制。装入过程中，正确选择移动基点是关键，可以根据相邻零件的装配关系准确地选择装配基点。

6）左视图中由于剖切和遮挡原因，部分零件不需绘制，因此可以参照装配模型并对照主视图逐一完成各零件的装配绘制。此处不再赘述。

7）标注零件序号，生成明细表，首先选择“幅面”→“明细表”→“定制明细表”命令，在弹出的对话框中按照国标的尺寸定制明细表，再选择“幅面”→“序号设置”命令，设置一种序号的样式，再选择“幅面”→“生成序号”命令，选择立即菜单的最后两个选项“生成明细表、填写”，其他项默认设置即可，逐一选择每个零件，生成序号，并填写明细表，完成装配图的序号标注和明细表的填写。

8）标注必要的零件尺寸，填写标题栏。

第 4 章　车床模型零件的加工

本章学习目标

1. 能够执行机械加工安全操作规程。
2. 能够熟练操作车床、铣床进行切削加工。
3. 能够熟练使用机械加工常用工具、量具、量仪。
4. 能够操作车床、铣床完成车床模型零件的加工。

4.1　机械加工基础训练

本节学习目标

能够熟练使用机械加工常用工具、量具，执行机械加工安全操作规程。

4.1.1　机械加工安全操作规程

1. 防护用品的穿戴

1）上班前穿好工作服、工作鞋，长发操作者戴好工作帽，并将头发全部塞进帽子里。
2）不准穿背心、拖鞋、凉鞋和裙子进入车间。
3）严禁戴手套操作。
4）高速切削或刃磨刀具时应戴防护镜。
5）切削脆性材料时，应戴口罩，以免吸入粉尘。

2. 操作前的检查

1）对机床的各滑动部分注润滑油。
2）检查机床各手柄是否放在规定位置上。
3）检查各进给方向自动停止挡铁是否紧固在最大行程以内。
4）起动机床，检查主轴和进给系统工作是否正常，油路是否畅通。
5）检查夹具、工件是否装夹牢固。

3. 防止刀具切伤

1）装卸工件、更换刀具、擦拭机床时必须停机，并防止被切削刃割伤。
2）在进给中不准抚摸工件加工表面，以免被刀具切伤手指。
3）主轴未停稳，不准测量工件。

4. 防止切屑损伤皮肤、眼睛

1）操作时不要站立在切屑流出的方向，以免切屑飞入眼睛。
2）要用专用工具清除切屑，不准用嘴吹或用手抓。
3）如果切屑飞入眼中，应闭上眼睛，切勿用手揉擦，并应尽快请医生治疗。

5. 安全用电

1）工作时，不得擅自离开机床。离开机床时，要切断电源。

2）操作时如果发生故障，应立即停机，切断电源。

3）机床电器若有损坏时应请电工修理，不得随意拆卸。

4）不准随便使用不熟悉的电器装置。

5）不能用金属棒去拨动电闸开关。

6）不能在没有遮盖的导线附近工作。

4.1.2 机械加工常用工具的使用

按表4-1认识机械加工常用工具并练习使用方法。

表4-1 机械加工常用工具

名称	图示	使用说明	注意事项
活扳手	a)正确 b)不正确	钳口尺寸可在一定范围内调节，用于紧固和松开螺栓或螺母，其规格以扳手全长尺寸标记	1. 根据工作性质选用合适的扳手，尽量使用呆扳手，少用活扳手 2. 各种扳手的钳口宽度与扳手长度有一定的比例，故不可加套管或用不正确的方法延长扳手的长度来增加使用时的扭力 3. 使用呆扳手时，根据螺母宽度选用合适钳口宽度的扳手，以免损伤螺母 4. 使用活扳手时，应使扳手向活动钳口方向旋转，使固定钳口承受主要力的作用
整体扳手		用于紧固和松开固定尺寸的六角形螺栓或螺母，常见的类型有六角形和梅花形两种	
呆扳手	a)正确 b)错误	用于紧固和松开固定尺寸的螺栓、螺母等，又称开口扳手（或称死扳手），主要分为双头呆扳手和单头呆扳手	
内六角扳手		用于紧固和松开内六角螺钉，其规格以内六角对边的尺寸标记	使用时应选用相应的扳手规格，手握扳手一端，将扳手另一端的头部插入螺钉头内六角孔中，然后用力扳转

（续）

名称	图　示	使用说明	注意事项
钩形扳手	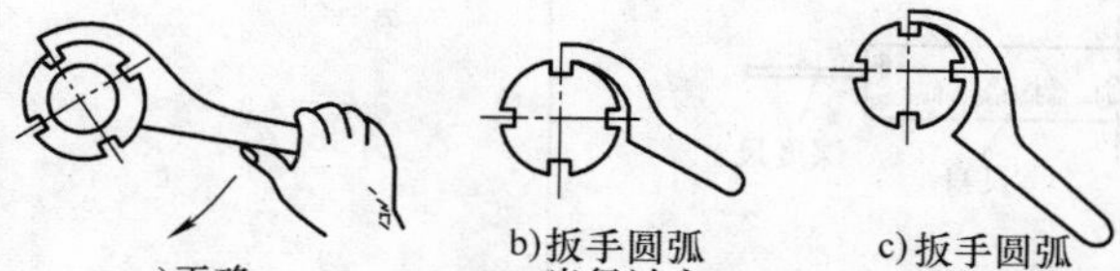 a)正确　b)扳手圆弧半径过小　c)扳手圆弧半径过大	用于紧固和松开带槽圆螺母，其规格以所紧固的螺母直径表示	使用时应选用与螺母外径弧度相适应的扳手规格，将扳手的舌部钩住螺母的槽中或孔中，使扳手的内圆卡在螺母外圆上，用力扳紧或旋松
螺钉旋具	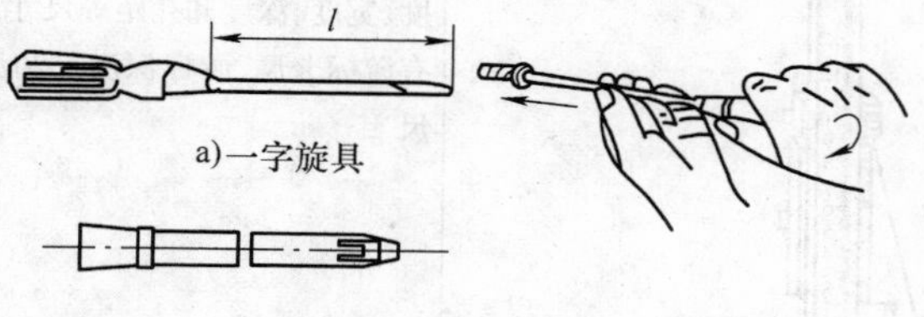 l　a)一字旋具　b)十字旋具　c)使用	用于旋紧或松退带槽螺钉，常见类型有一字形、十字形和双弯头形	1. 必须根据螺钉头的槽宽选用合适的旋具 2. 不可将旋具当做錾子、杠杆或划线工具使用
锤子	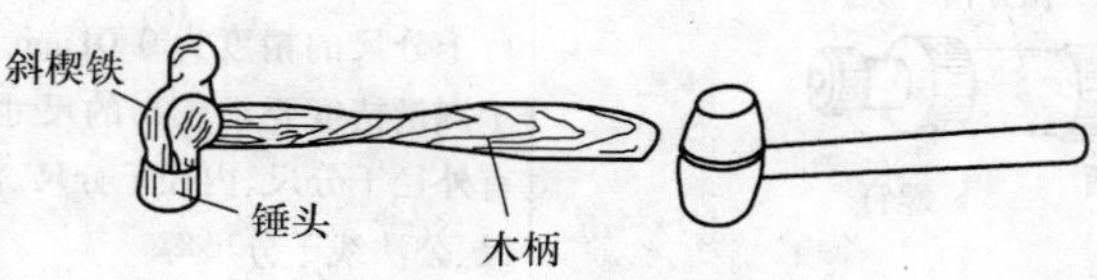 斜楔铁　锤头　木柄　a)钢锤　b)铜锤	锤子是装夹工件和拆卸刀具时敲击用，有金属和非金属锤子两种。常用金属锤子有钢锤和铜锤，常用非金属锤子有塑料锤和木锤等，其规格用锤子的质量来表示，如 1.8kg、2.7kg 等	1. 精制工件表面或硬化处理后的工件表面，应用软锤，以避免损伤工件表面 2. 使用前应仔细检查锤头与锤柄是否紧密连接，以免造成意外事故 3. 应根据工作性质，合理选择锤子的材质、规格和形状
锉刀	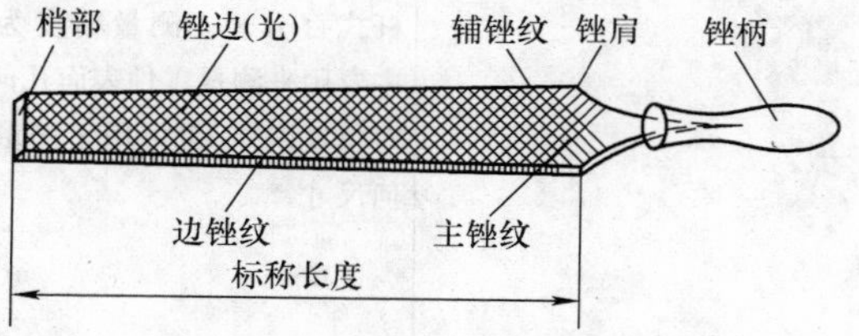 梢部　锉边(光)　辅锉纹　锉肩　锉柄　边锉纹　主锉纹　标称长度	锉刀主要用于修去工件的毛刺，其规格以锉刀长度而定，有 150mm、200mm、250mm 等	去毛刺时，应将锉刀顺着工件的棱边方向使用
平行垫铁	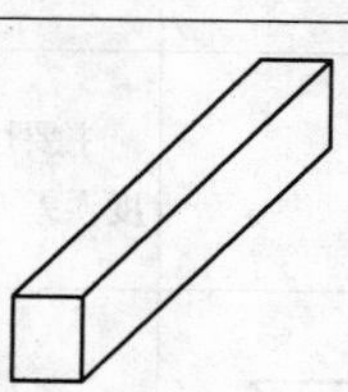	在平口虎钳上装夹工件时，用来支持工件	要求具有一定的硬度，且上、下平面平行

4.1.3　机械加工常用量具、量仪的使用

1. 常用量具、量仪

表 4-2 列出了常用量具、量仪的名称及功用。

表 4-2 常用量具、量仪

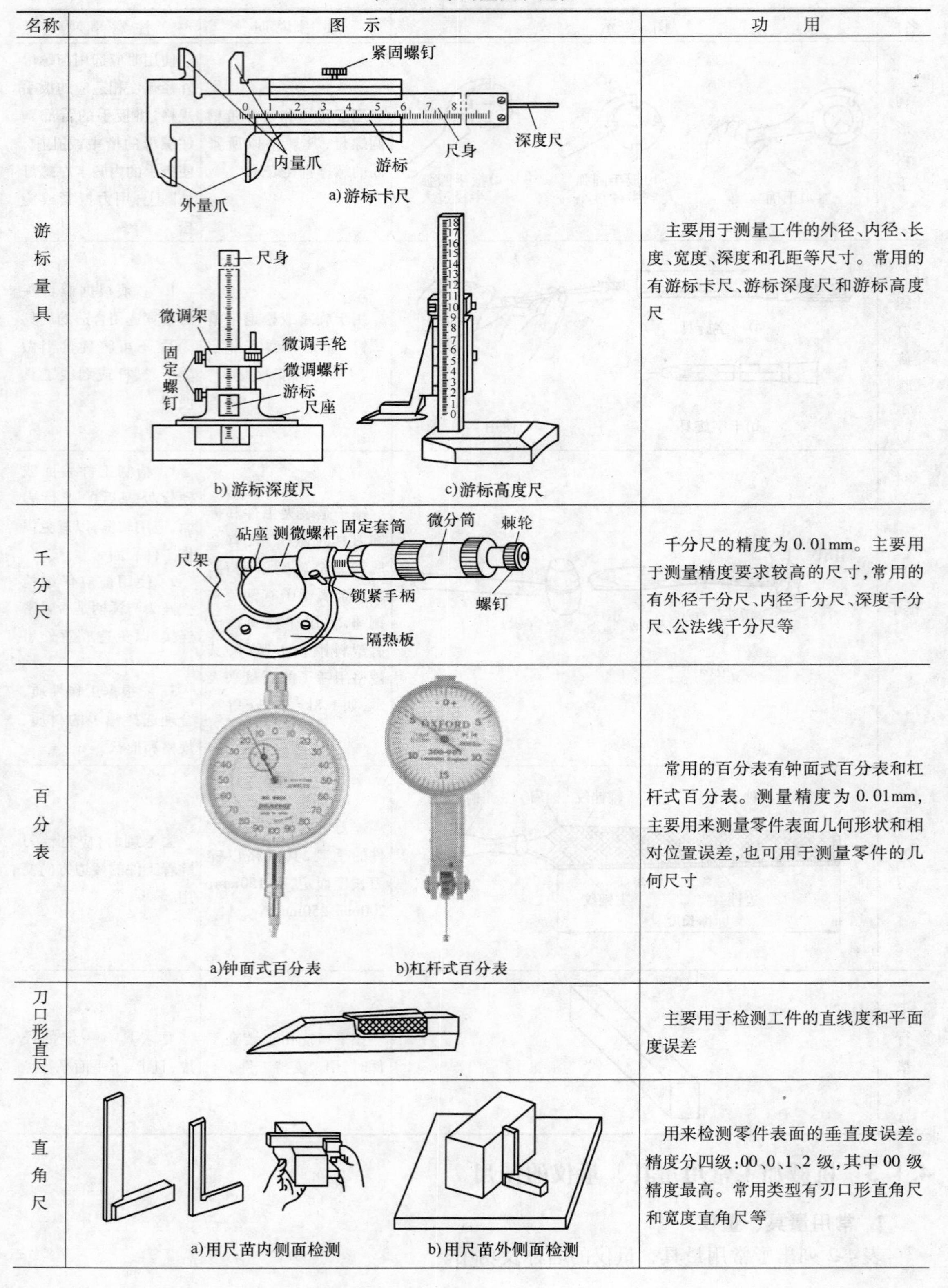

名称	图示	功用
游标量具	a)游标卡尺 b)游标深度尺 c)游标高度尺	主要用于测量工件的外径、内径、长度、宽度、深度和孔距等尺寸。常用的有游标卡尺、游标深度尺和游标高度尺
千分尺		千分尺的精度为 0.01mm。主要用于测量精度要求较高的尺寸，常用的有外径千分尺、内径千分尺、深度千分尺、公法线千分尺等
百分表	a)钟面式百分表 b)杠杆式百分表	常用的百分表有钟面式百分表和杠杆式百分表。测量精度为 0.01mm，主要用来测量零件表面几何形状和相对位置误差，也可用于测量零件的几何尺寸
刀口形直尺		主要用于检测工件的直线度和平面度误差
直角尺	a)用尺苗内侧面检测 b)用尺苗外侧面检测	用来检测零件表面的垂直度误差。精度分四级：00、0、1、2 级，其中 00 级精度最高。常用类型有刀口形直角尺和宽度直角尺等

（续）

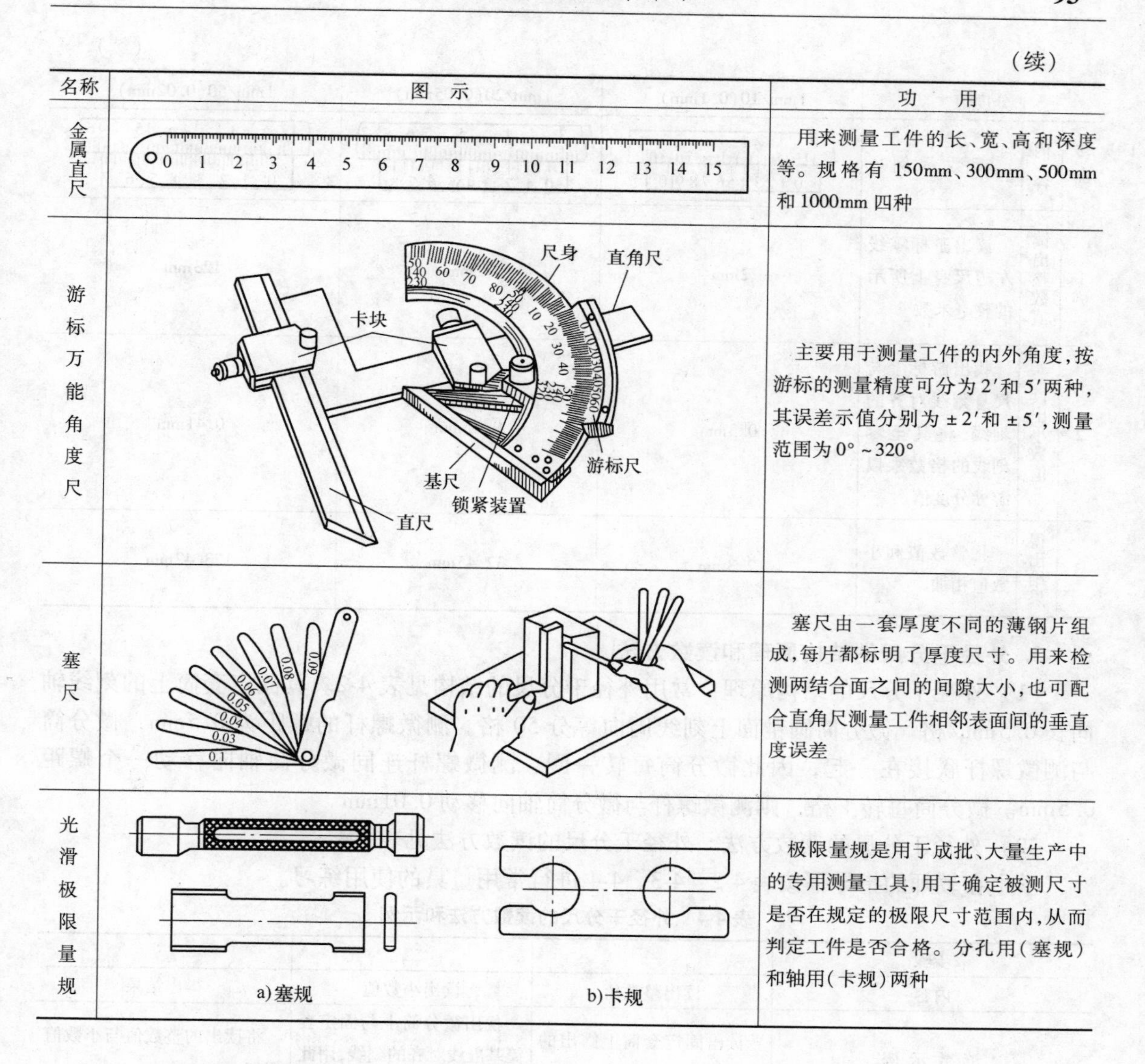

名称	图示	功用
金属直尺		用来测量工件的长、宽、高和深度等。规格有 150mm、300mm、500mm 和 1000mm 四种
游标万能角度尺		主要用于测量工件的内外角度，按游标的测量精度可分为 2′和 5′两种，其误差示值分别为 ±2′和 ±5′，测量范围为 0°~320°
塞尺		塞尺由一套厚度不同的薄钢片组成，每片都标明了厚度尺寸。用来检测两结合面之间的间隙大小，也可配合直角尺测量工件相邻表面间的垂直度误差
光滑极限量规	a) 塞规　b) 卡规	极限量规是用于成批、大量生产中的专用测量工具，用于确定被测尺寸是否在规定的极限尺寸范围内，从而判定工件是否合格。分孔用（塞规）和轴用（卡规）两种

2. 游标卡尺的结构原理和读数方法

（1）游标卡尺的结构原理　游标卡尺的外形及结构见表 4-2，主要由尺身、游标、内量爪、外量爪、深度尺和紧固螺钉等部分组成。游标卡尺的尺身和游标上都有刻线，测量时配合起来读数。当尺身上的量爪与游标上的量爪并拢时，尺身的零线与游标的零线对正。尺身的刻线为 1mm/格，按其测量精度可分为 1mm/10（0.1mm）、1mm/20（0.05mm）和 1mm/50（0.02mm）三种。

（2）游标卡尺的读数方法　游标卡尺的读数方法和示例见表 4-3。

表 4-3　游标卡尺的读数方法和示例

分度值	1mm/10（0.1mm）	1mm/20（0.05mm）	1mm/50（0.02mm）
刻线原理	0 1 2 0 1 2 3 4 5 6 7 8 9 10	0 1 2 3 4 0 1 2 3 4 5 6 7 8 9 10	0 1 2 3 4 5 0 1 2 3 4 5 6 7 8 9 10

（续）

步骤	内容	分度值	1mm/10(0.1mm)	1mm/20(0.05mm)	1mm/50(0.02mm)
步骤	内容	读数示例			
1	读出整数值	读出游标零线左边尺身上所示的整毫米数	2mm	32mm	123mm
2	读出小数值	找出游标上与尺身刻线对齐的刻线，将其至零刻线的格数乘以游标分度值	0.3mm	0.45mm	0.41mm
3	得出结果	将整数值和小数值相加	2.3mm	32.45mm	123.42mm

3. 外径千分尺的结构原理和读数方法

（1）外径千分尺的结构原理　常用外径千分尺的结构见表4-2。其固定套筒上的刻线轴向长0.5mm/格。微分筒圆锥面上刻线周向等分50格。测微螺杆的螺距为0.5mm，微分筒与测微螺杆联接在一起，因此微分筒每转一圈，测微螺杆连同微分筒轴向移动一个螺距0.5mm。微分筒每转1格，则测微螺杆与微分筒轴向移动0.01mm。

（2）外径千分尺的读数方法　外径千分尺的读数方法见表4-4。

学生在教师的指导下按表4-2、4-3、4-4进行常用量具的使用练习。

表4-4　外径千分尺的读数方法和示例

步骤	一	二	三
内容	读出整数值	读出小数值	得出结果
读数示例	读出固定套筒上露出的刻线最大值	找出微分筒上与固定套筒基准线对齐的刻线，用此刻线的格数乘以0.01mm	将读出的整数值与小数值相加
	8mm	0.52mm	8.52mm
	10mm	0.25mm	10.25mm
	10mm	0.76mm	10.76mm

4.2　车工基本技能训练

本节学习目标

1. 能够熟练操作 CA6140 型车床进行车削加工。
2. 能够正确选择与安装车刀。
3. 能够正确选择车床夹具与安装工件。

4.2.1　常用车床的种类及功用

1. 常用车床

按表 4-5 认识常用车床的基本结构、特点及主要工艺范围。

表 4-5　常 用 车 床

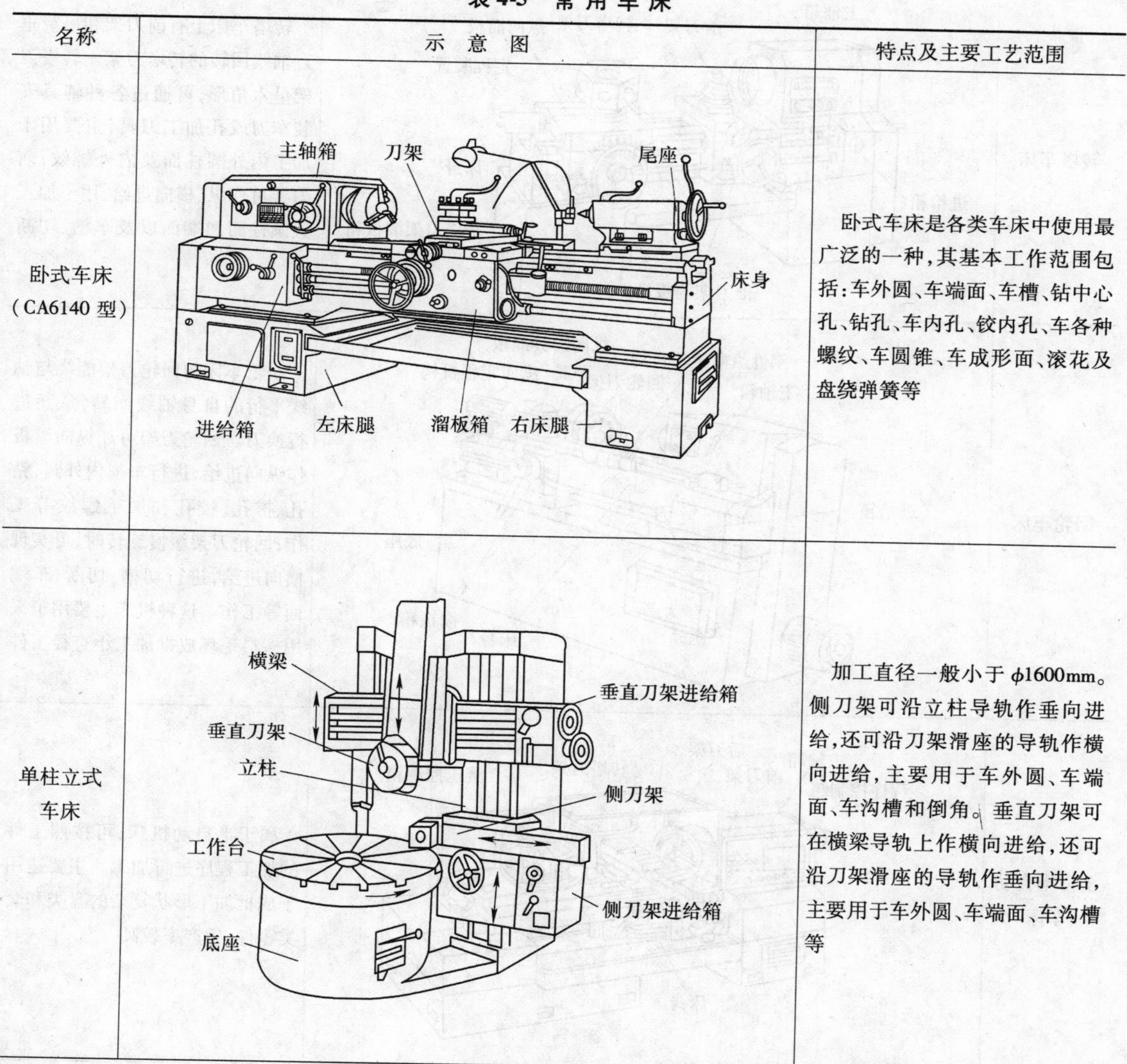

名称	示 意 图	特点及主要工艺范围
卧式车床 （CA6140 型）		卧式车床是各类车床中使用最广泛的一种，其基本工作范围包括：车外圆、车端面、车槽、钻中心孔、钻孔、车内孔、铰内孔、车各种螺纹、车圆锥、车成形面、滚花及盘绕弹簧等
单柱立式车床		加工直径一般小于 ϕ1600mm。侧刀架可沿立柱导轨作垂向进给，还可沿刀架滑座的导轨作横向进给，主要用于车外圆、车端面、车沟槽和倒角。垂直刀架可在横梁导轨上作横向进给，还可沿刀架滑座的导轨作垂向进给，主要用于车外圆、车端面、车沟槽等

（续）

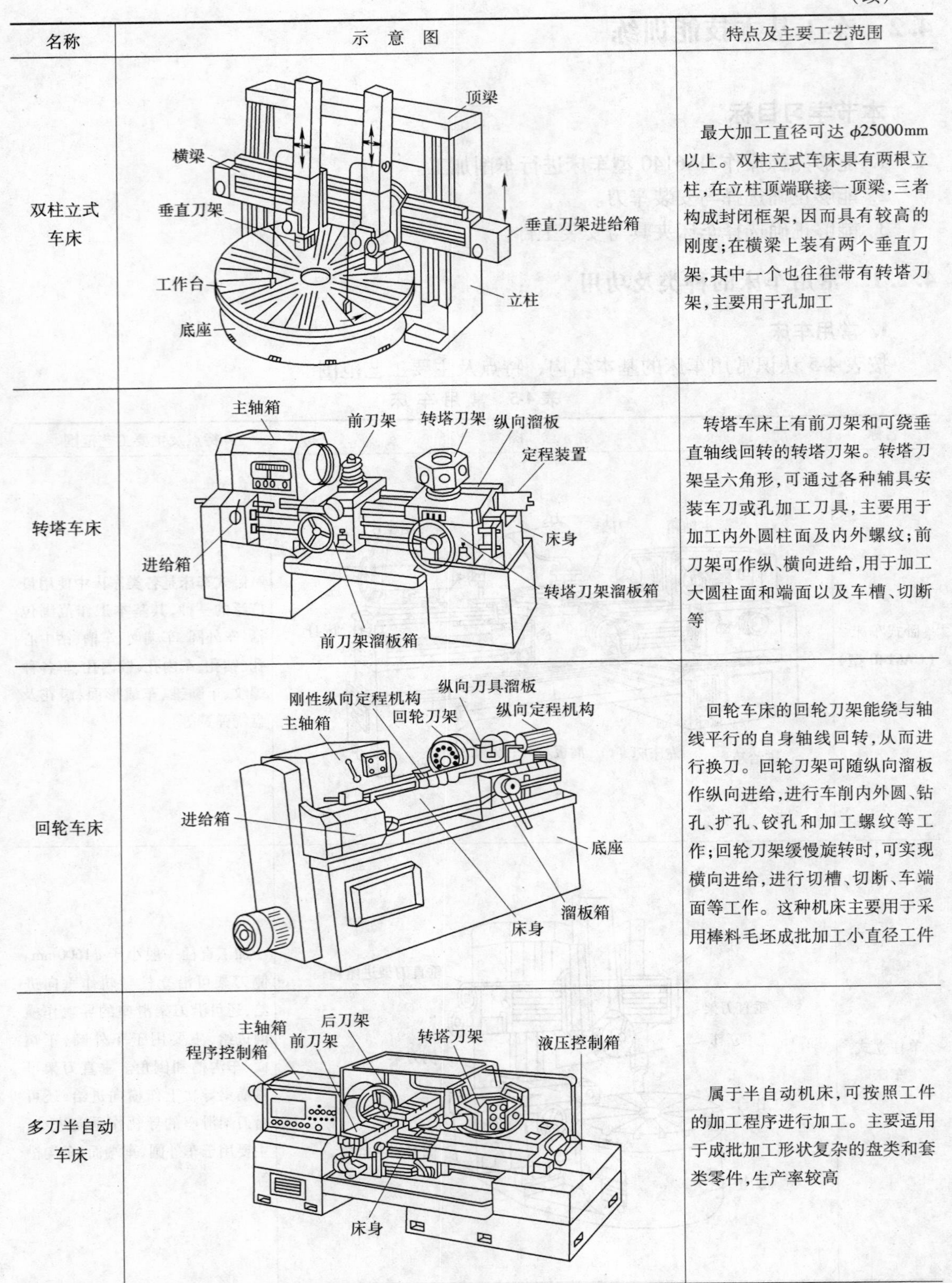

名称	示 意 图	特点及主要工艺范围
双柱立式车床	顶梁 横梁 垂直刀架 垂直刀架进给箱 工作台 立柱 底座	最大加工直径可达 ϕ25000mm 以上。双柱立式车床具有两根立柱，在立柱顶端联接一顶梁，三者构成封闭框架，因而具有较高的刚度；在横梁上装有两个垂直刀架，其中一个也往往带有转塔刀架，主要用于孔加工
转塔车床	主轴箱 前刀架 转塔刀架 纵向溜板 定程装置 床身 进给箱 转塔刀架溜板箱 前刀架溜板箱	转塔车床上有前刀架和可绕垂直轴线回转的转塔刀架。转塔刀架呈六角形，可通过各种辅具安装车刀或孔加工刀具，主要用于加工内外圆柱面及内外螺纹；前刀架可作纵、横向进给，用于加工大圆柱面和端面以及车槽、切断等
回轮车床	纵向刀具溜板 刚性纵向定程机构 回轮刀架 纵向定程机构 主轴箱 进给箱 底座 溜板箱 床身	回轮车床的回轮刀架能绕与轴线平行的自身轴线回转，从而进行换刀。回轮刀架可随纵向溜板作纵向进给，进行车削内外圆、钻孔、扩孔、铰孔和加工螺纹等工作；回轮刀架缓慢旋转时，可实现横向进给，进行切槽、切断、车端面等工作。这种机床主要用于采用棒料毛坯成批加工小直径工件
多刀半自动车床	后刀架 主轴箱 前刀架 转塔刀架 程序控制箱 液压控制箱 床身	属于半自动机床，可按照工件的加工程序进行加工。主要适用于成批加工形状复杂的盘类和套类零件，生产率较高

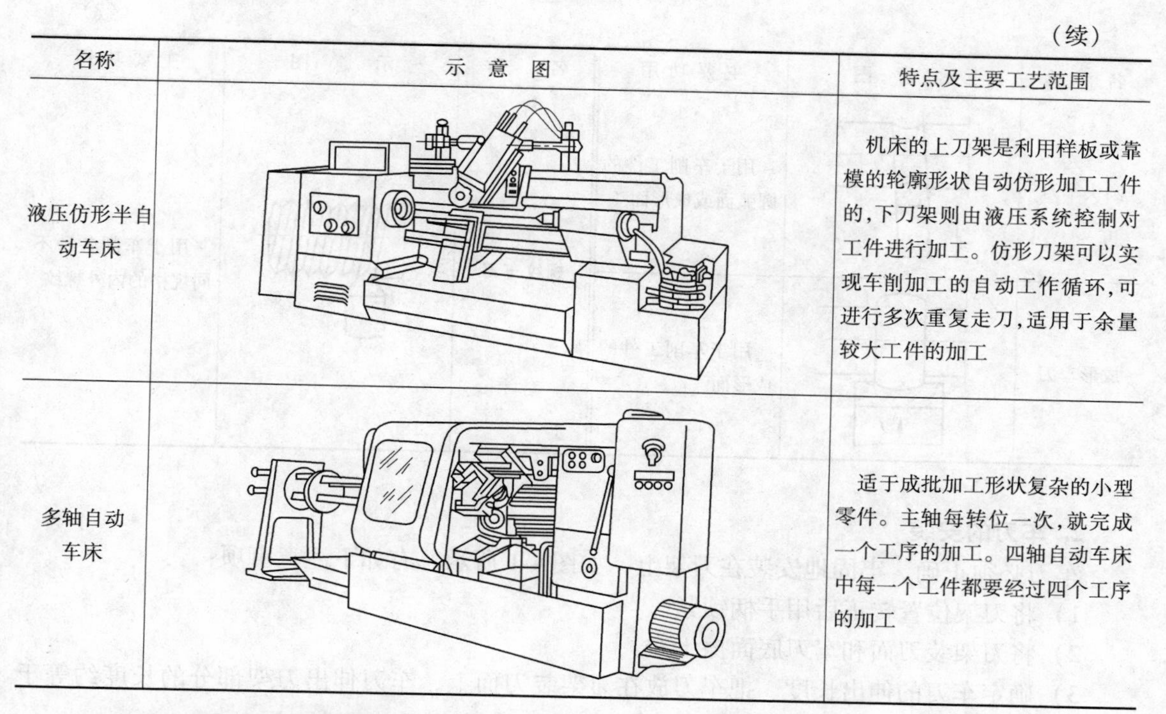

（续）

名称	示意图	特点及主要工艺范围
液压仿形半自动车床		机床的上刀架是利用样板或靠模的轮廓形状自动仿形加工工件的，下刀架则由液压系统控制对工件进行加工。仿形刀架可以实现车削加工的自动工作循环，可进行多次重复走刀，适用于余量较大工件的加工
多轴自动车床		适于成批加工形状复杂的小型零件。主轴每转位一次，就完成一个工序的加工。四轴自动车床中每一个工件都要经过四个工序的加工

2. CA6140 型车床的主要部件及功用

CA6140 型车床主要部件及其功用见第 1 章，其主要技术参数见附录 B。

4. 2. 2　车刀的选择与使用

1. 常用车刀的种类及功用

按表 4-6 认识常用车刀的种类及主要功用。

表 4-6　常用车刀的种类及功用

名　称	示意图	主要功用	名　称	示意图	主要功用
90°车刀（偏刀）	f	主要用于车削工件的外圆、台阶和端面	端面车刀	f	用于车削工件的端面
直头车刀	f	用于粗车工件的外圆	内孔车刀	f	用于车削工件的内孔
45°车刀（弯头车刀）	f	用于车削工件的外圆、端面和倒角	切断刀	f	用于切断工件或在工件上车槽

（续）

名　称	示 意 图	主要功用	名　称	示 意 图	主要功用
圆头车刀		用于车削工件的圆弧面或成形面	螺纹车刀		用于车削各种不同规格的内外螺纹
成形车刀		用于车削工件的成形面			

2. 车刀的安装

车刀必须正确、牢固地安装在刀架上，如图 4-1 所示，有如下注意事项：

1）将刀架位置转正后用手柄锁紧。

2）将刀架装刀面和车刀底面擦干净。

3）确定车刀的伸出长度　把车刀放在刀架装刀面上，车刀伸出刀架部分的长度约等于刀柄高度的 1.5 倍。

4）车刀刀尖对准工件的中心。

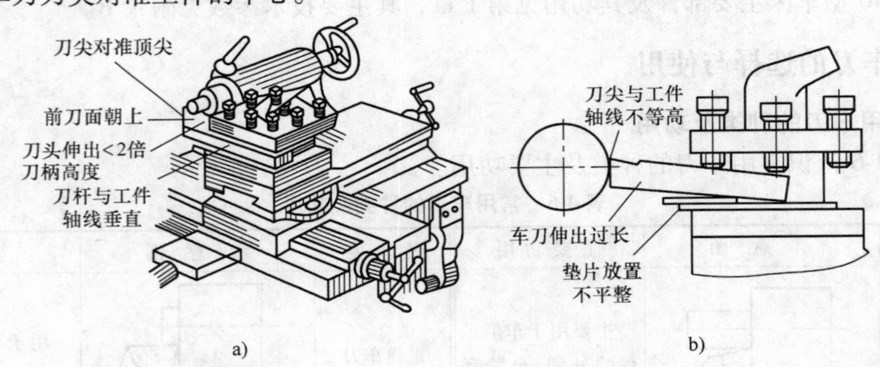

图 4-1　车刀的安装

a）车刀的正确安装　b）车刀错误安装方法

4.2.3　常用夹具及工件的装夹方法

1. 用自定心卡盘安装工件

自定心卡盘的结构如图 4-2a 所示，当用卡盘扳手转动小锥齿轮时，大锥齿轮也随之转动，在大锥齿轮背面平面螺纹的作用下，使三个爪同时向中心移动或退出，以夹紧或松开工件。它的特点是对中性好，可以装夹直径较小的工件，如图 4-2b 所示。当装夹直径较大的工件时，可用三个反爪进行，如图 4-2c 所示。自定心卡盘由于夹紧力不大，一般只适宜于重量较轻的工件；当装夹较重的工件时，宜用单动卡盘或其他专用夹具。

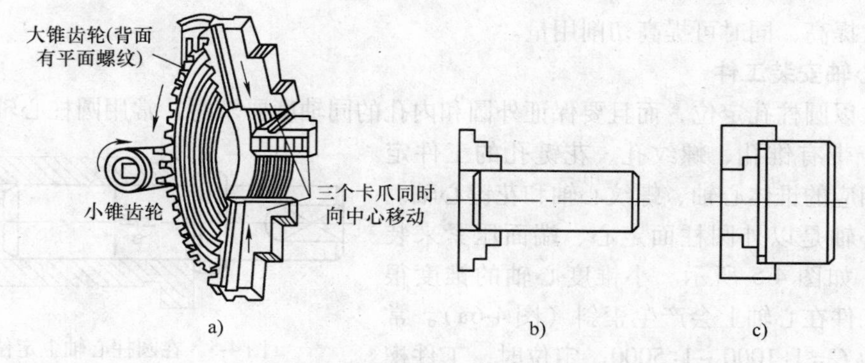

图 4-2　自定心卡盘结构和工件安装

a）结构　b）夹持棒料　c）反爪夹持大棒料

2. 用单动卡盘安装工件

单动卡盘的外形如图 4-3a 所示。它的四个爪通过 4 个螺杆独立移动。它的特点是能装夹形状比较复杂的非回转体，如正方体、长方体等，而且夹紧力大。由于其装夹后不能自动定心，所以装夹效率较低，装夹时必须用划针盘或百分表找正，使工件回转中心与车床主轴中心对齐。图 4-3b 所示为用百分表找正外圆的示意图。

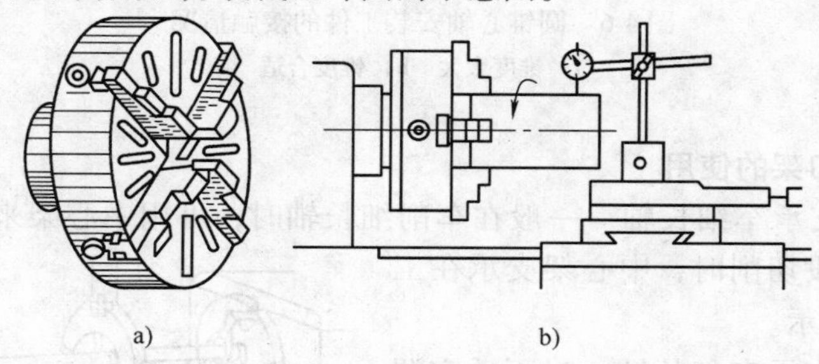

图 4-3　单动卡盘装夹工件

a）单动卡盘　b）用百分表找正

3. 用双顶尖安装工件

对同轴度要求比较高且需要调头加工的轴类工件，常用双顶尖装夹，如图 4-4 所示，其前顶尖为普通顶尖，装在主轴孔内，并随主轴一起转动，后顶尖为活顶尖装在尾座套筒内。工件利用中心孔被顶在前、后顶尖之间，并通过拨盘和卡箍随主轴一起转动。

4. 用一夹一顶安装工件

对于较短的回转体类工件，较适用于用自定心卡盘装夹；但对于较长的回转体类工件，用此方法则刚性较差。因此，对较长的工件，尤其是较重要的工件，不能直接用自定心卡盘装夹，而要用一端夹住，另一端用后顶尖顶住，即一夹一顶的装夹方法。

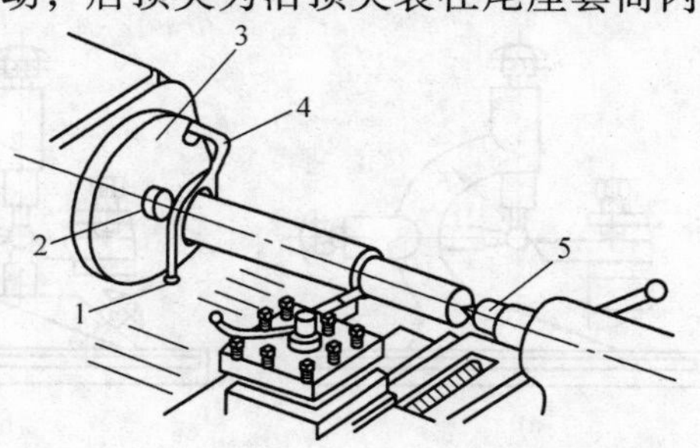

图 4-4　用顶尖安装工件

1—卡箍螺钉　2—前顶尖　3—拨盘　4—卡箍　5—后顶尖

一夹一顶的装夹方法能承受较大的轴向切削力，

且刚性大大提高，同时可提高切削用量。

5. 用心轴安装工件

当工件以圆柱孔定位，而且要保证外圆和内孔的同轴度要求时，常用圆柱心轴和小锥度心轴；对于带有锥孔、螺纹孔、花键孔的工件定位，常用相应的锥体心轴、螺纹心轴和花键心轴。

圆柱心轴是以外圆柱面定心、端面压紧来装夹工件的，如图 4-5 所示。小锥度心轴的锥度很小，否则工件在心轴上会产生歪斜（图 4-6a）。常用的锥度为 $C=1:1000\sim1:5000$。定位时，工件楔紧在心轴上，楔紧后孔会产生弹性变形（图 4-6b），从而使工件不致倾斜。

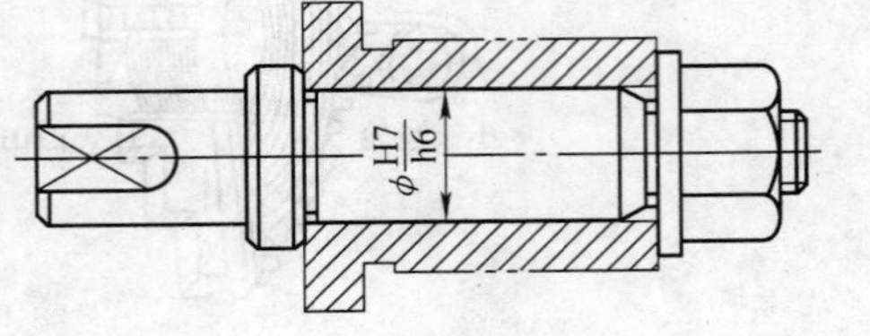

图 4-5 在圆柱心轴上定位

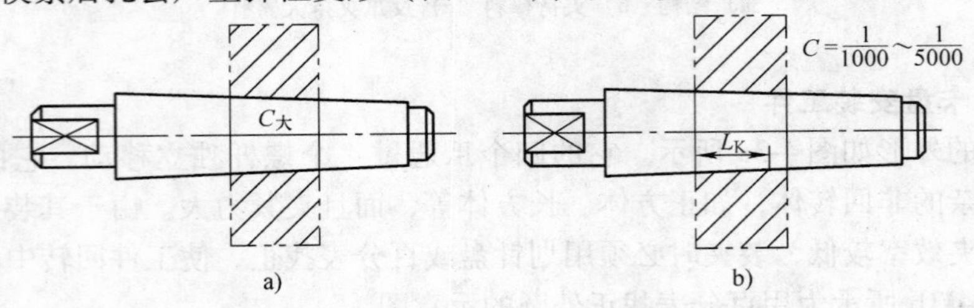

图 4-6 圆锥心轴安装工件的接触情况

a）锥度太大 b）锥度合适

6. 中心架和跟刀架的使用

（1）用中心架支承车细长轴 一般在车削细长轴时，可用中心架来增加工件的刚性，当工件可以进行分段切削时，中心架支承在工件中间，如图 4-7 所示。

（2）用跟刀架支承车细长轴 对不适宜调头车削的细长轴，不能用中心架支承，而要用跟刀架支承进行车削，以增加工件的刚性，如图 4-8 所示。

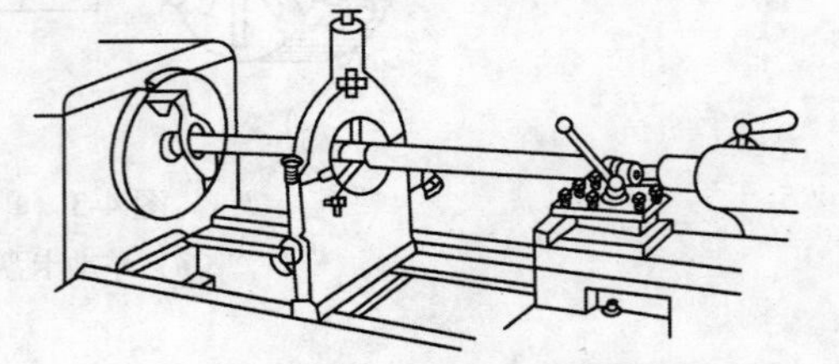

图 4-7 用中心架支承车削细长轴

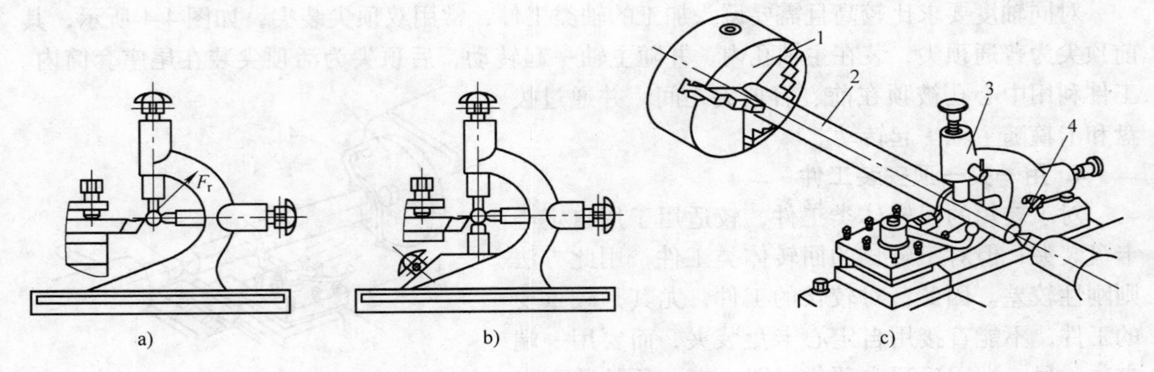

图 4-8 跟刀架支承长轴

a）两爪跟刀架 b）三爪跟刀架 c）跟刀架的使用

1—自定心卡盘 2—工件 3—跟刀架 4—顶尖

7. 用花盘、弯板及压板、螺栓装夹工件

形状不规则的工件可用花盘装夹。花盘是安装在车床主轴上的一个大圆盘，盘面上的许多长槽用以穿放螺栓，工件可用螺栓直接装夹在花盘上，如图4-9所示。也可以把辅助支承角铁（弯板）用螺钉牢固夹持在花盘上，工件则装夹在弯板上。图4-10所示为加工一轴承座端面和内孔时，在花盘上装夹的情况。为了防止转动时因重心偏向一边而产生振动，在工件的另一边要加平衡铁。工件在花盘上的位置需经仔细找正。

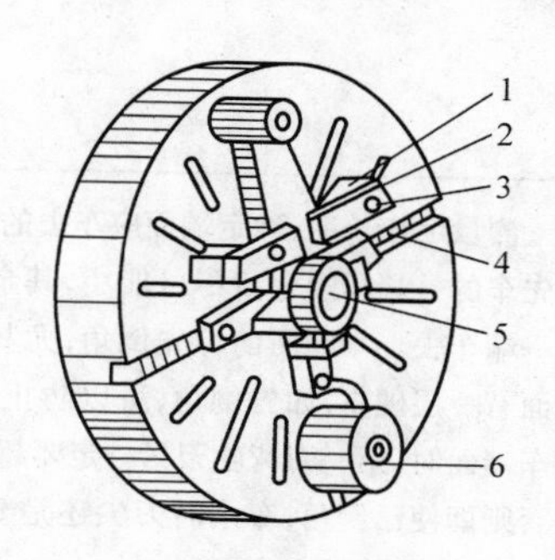

图4-9　在花盘上装夹零件
1—垫铁　2—压板　3—螺栓
4—螺栓槽　5—工件　6—平衡铁

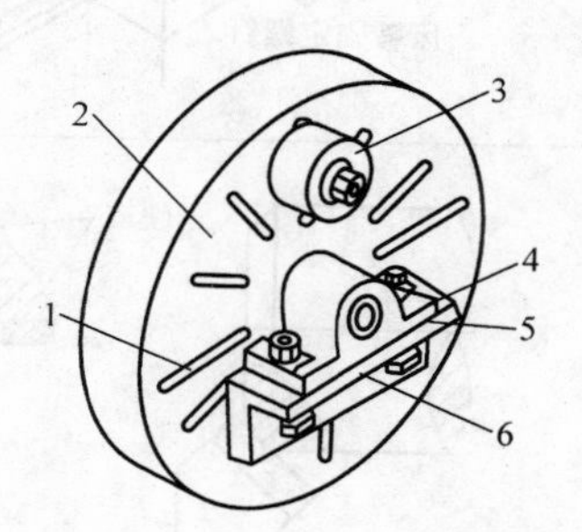

图4-10　在花盘上用弯板装夹零件
1—螺栓槽　2—花盘　3—平衡铁
4—工件　5—安装基面　6—弯板

4.2.4　端面加工

以图4-11所示工件为例，介绍在卧式车床上车削端面的方法。

1. 零件图分析

毛坯尺寸为 ϕ45mm × 45mm。ϕ40mm、ϕ30mm、ϕ20mm 外圆表面以及倒角在此工序不需要加工。

2. 选择工件装夹方法和刀具

1）选用自定心卡盘装夹工件。

2）选用45°车刀和90°车刀。

3. 选择车削端面的切削用量

车削端面时，切削用量的选择参见表4-7。

4. 车削端面的步骤和方法

车削端面的步骤和方法参见表4-8。

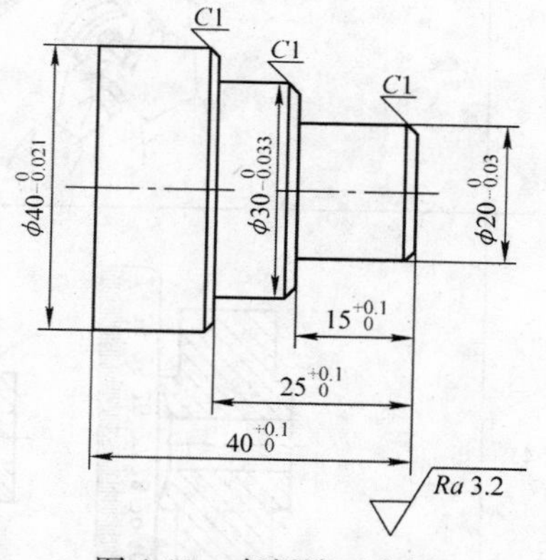

图4-11　车削端面实例

表4-7　车削端面的切削用量参考值

工　序	背吃刀量/mm	进给量/(mm/r)	主轴转速/(r/min)
车右端面	—	0.1	600
粗车台阶面	1.5	0.2	600
精车台阶面	0.3	0.1	600

表4-8 车削端面的步骤和方法

序号	示意图	操作步骤和方法
1	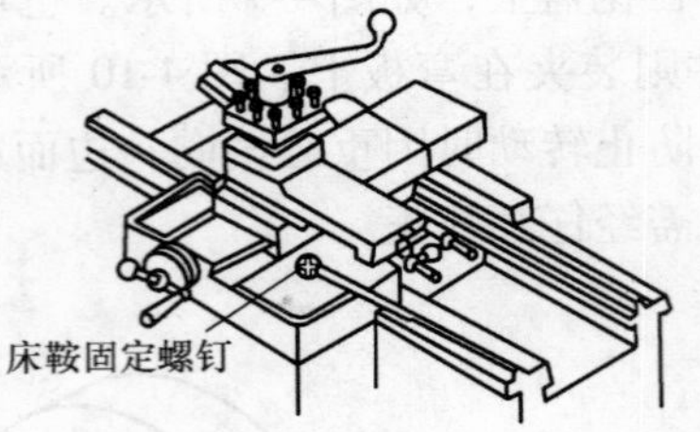 床鞍固定螺钉	移动床鞍和中滑板，使车刀靠近工件端面后，将床鞍上的螺钉拧紧，使床鞍位置固定
2	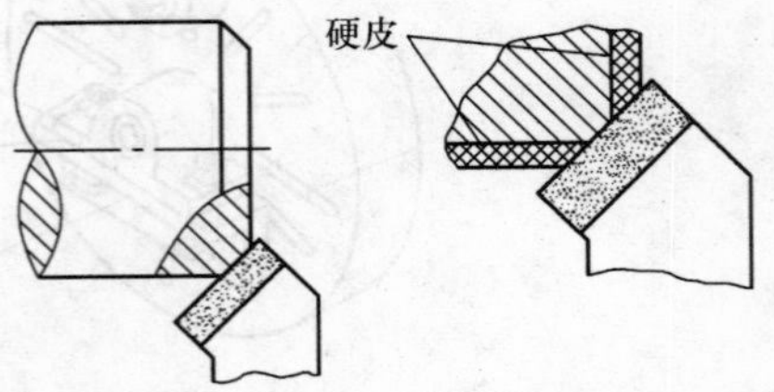 硬皮	测量毛坯长度，确定端面应车去的余量，一般先车的一端车削余量尽可能小，其余余量在另一端车去。车端面前可先倒角，尤其是铸件表面有一层硬皮，如先倒角，可以防止刀尖损坏。车端面时，第一刀背吃刀量一定要超过硬皮层，否则即使已倒角，车削时刀尖还是要碰到硬皮层，车刀很快就会磨损
3		双手摇动中滑板手柄车端面，手动进给速度要保持均匀。当车刀刀尖车到端面中心时，车刀即退回 精加工端面时，要防止车刀横向退出时将端面拉毛，可向后移动小滑板，使车刀离开端面后再横向退回。车端面背吃刀量可用小滑板刻度盘控制
4	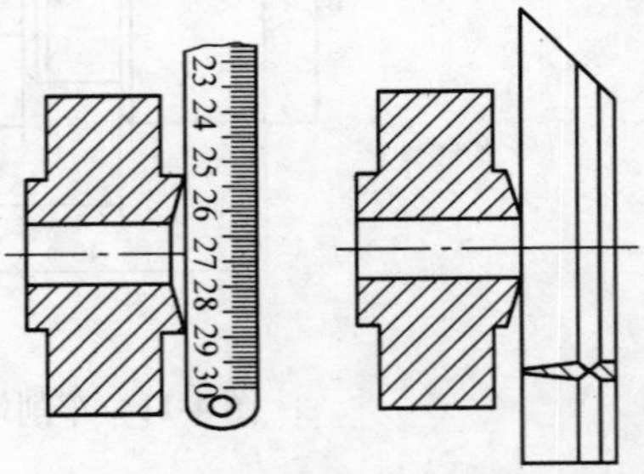 23 24 25 26 27 28 29 30 a)用金属直尺检查　b)用刀口形直尺检查	用金属直尺或刀口形直尺检查端面直线度，如图所示。如发现端面不平，往往是下列原因造成的： ①工件端面有凸台的原因是车刀刀尖未对准工件中心 ②端面平面度较差，中心内凹或凸起的原因是：用90°车刀由外向里车削，背吃刀量过大、车刀磨损、床鞍未固定而移动、小滑板间隙大、刀架或车刀未紧固等

5. 加工端面技能训练

（1）尺寸　毛坯直径为 ϕ20mm，长度为30mm；工件直径为 ϕ20mm，长度为20mm ± 0.1mm。

（2）要求

1）拟订工艺路线。

2）选择刀具。

3）确定切削用量。

4）车削端面。

4.2.5　外圆加工

以图 4-12 所示工件为例，介绍在卧式车床上车削外圆面的方法。

1. 零件图分析

1）毛坯尺寸为 ϕ40mm × 50mm，ϕ40mm 表面不需要加工。

2）ϕ20mm 的表面加工长度为 30mm，表面粗糙度值为 *Ra*6. 3μm。

3）右端面需要加工，表面粗糙度值为 *Ra*6. 3μm。

2. 选择工件装夹方法和刀具

1）选用自定心卡盘装夹工件。

2）车削端面选用 45°车刀，车削外圆选用 90°车刀。

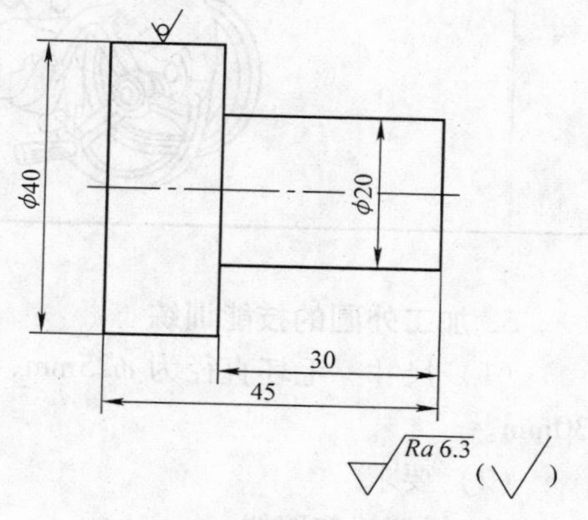

图 4-12　车削外圆实例

3. 选择车削外圆的切削用量

车削外圆的切削用量的选择参见表 4-9。

表 4-9　车削外圆的切削用量参考值

工序	背吃刀量/mm	进给量/(mm/r)	主轴转速/(r/min)
粗车外圆	2	0. 1	500
精车外圆	0. 2 ~ 0. 3	0. 05	710

4. 车削外圆的步骤和方法

该零件可分 4 个工步加工完成：车端面→粗车 ϕ20mm 外圆→精车 ϕ20mm 外圆→切断，其中车削外圆的步骤和方法参见表 4-10。

表 4-10　车削外圆的步骤和方法

序号	示　意　图	操作步骤和方法
1	a_{p1}	起动机床，移动床鞍和中滑板，使车刀刀尖与工件表面轻微接触，然后移动床鞍，退出车刀；转动中滑板刻度圈，使零位对准后，横向进给就可以利用刻度值控制背吃刀量
2	2　a_{p2}	移动床鞍试切外圆。试切长度约 2mm；向右移动床鞍，退出车刀，停机进行测量；根据测量尺寸调整背吃刀量

（续）

序号	示意图	操作步骤和方法
3		手动进给车外圆。操作者应站在床鞍手轮的右侧，双手交替摇动手轮，手动进给速度要均匀。当车削长度达到要求时，停止进给，摇动中滑板手柄，退出车刀，床鞍快速移动回复到原位

5. 加工外圆的技能训练

（1）尺寸　毛坯直径为 ϕ25mm，长度为 50mm；工件直径为 ϕ20mm ±0.1mm，长度为 30mm。

（2）要求

1）拟订工艺路线。

2）选择刀具。

3）确定切削用量。

4）车削外圆。

4.2.6　切断和车外沟槽

以图 4-13 所示的工件为例，介绍在卧式车床上车削外沟槽和切断的方法。

1. 零件图分析

1）毛坯尺寸为 ϕ50mm ×90mm。

2）需要加工的表面有：外圆面、端面、槽。

3）该零件表面粗糙度值为 Ra1.6μm。

2. 选择工件装夹方法和刀具

1）选用自定心卡盘装夹工件。

2）选用 90°外圆车刀和刀宽 4mm 的切断刀。

3. 选择切断和车外沟槽的切削用量

切断和车外沟槽的切削用量参见表 4-11。

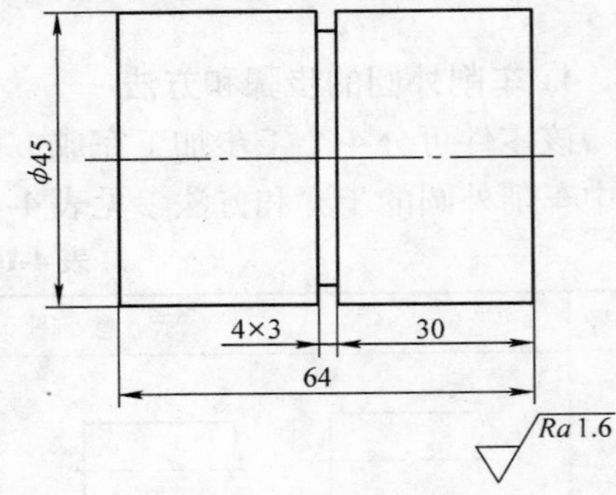

图 4-13　车削外沟槽和切断实例

表 4-11　切断和车外沟槽的切削用量参考值

工序	背吃刀量/mm	进给量/（mm/r）	主轴转速/（r/min）
车外沟槽	3	0.05	600
切断	—	0.1	500

4. 切断和车外沟槽的步骤和方法

该零件分 5 个工步完成：车端面→粗车外圆→精车外圆→车外沟槽→切断。其中，车外沟槽和切断的步骤和方法参见表 4-12。

表 4-12　车外沟槽和切断的步骤和方法

序号	示意图	操作步骤和方法
1	车退刀槽	车外沟槽的方法 ①移动床鞍和中滑板,使车刀靠近退刀槽位置 ②左手摇动中滑板手柄,使车刀主切削刃靠近工件外圆,右手摇动小滑板手柄。使刀尖与台阶面轻微接触,车刀横向进给,当主切削刃与工件外圆接触后,记下中滑板刻度或将刻度调整至零位 ③摇动中滑板手柄,手动进给车外沟槽,当刻度进到槽深尺寸时,停止进给,退出车刀 ④用游标卡尺检查沟槽尺寸
2	确定切断位置	切断的加工方法 ①确定切断位置。如图所示,将金属直尺一端靠在切断刀的侧面,移动床鞍,直到金属直尺上要求的长度刻线与工件端面对齐,然后将床鞍固定 ②切断。开动机床加切削液,移动中滑板,进给速度要均匀且不要间断,直至将工件切下。如工件的直径较大或长度较长,一般不切到中心,留 2 ~ 3mm,将车刀退出,停机后用手将工件掰断

按上述方法进行车削外沟槽和切断技能训练。

4.2.7　内孔加工

以图 4-14 所示的工件为例，介绍在卧式车床上车削内孔的方法。

1. 零件图分析

1）毛坯尺寸为 ϕ32mm × 80mm。

2）该零件有端面、外圆、通孔等表面需要加工，其中 ϕ30mm 外圆和 ϕ16mm 通孔尺寸精度要求较高，应分粗、精加工。

3）因通孔直径为 ϕ16mm，因此可用钻孔→车内孔→铰孔的方式加工。

4）因毛坯料足够长，可采用一次装夹完成零件各表面的加工。

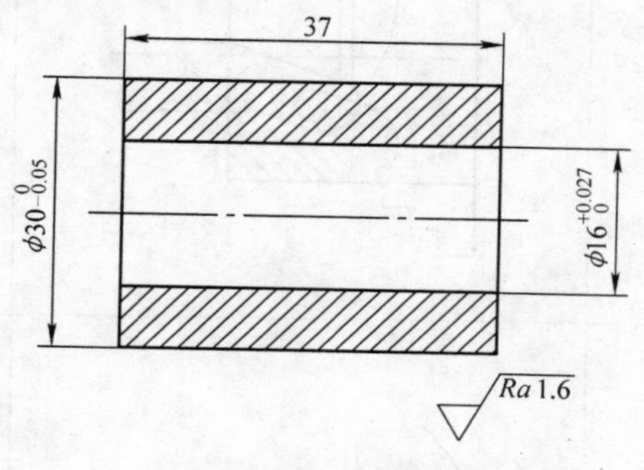

图 4-14　车削内孔实例

2. 选择工件装夹方法和刀具

1）选用自定心卡盘装夹工件。

2）车削端面选用 45°车刀，车削外圆选用 90°车刀，内孔加工选用 ϕ14.5mm 高速钢麻花钻、通孔车刀、ϕ16H8 的高速钢铰刀。

3. 选择车削内孔的切削用量

车削内孔的切削用量参见表 4-13。

表 4-13 车削内孔的切削用量参考值

工序	背吃刀量/mm	进给量/(mm/r)	切削速度/(m/min)
钻孔	7.25	0.2	25
车内孔	0.5	0.1	70
铰孔	0.15	0.1	5

4. 车削内孔的步骤和方法

该零件分 6 个工步完成：车端面→车外圆→钻孔→车内孔→铰孔→切断，其中车内孔的步骤和方法参见表 4-14。

表 4-14 车削内孔的步骤和方法

序号	示意图	操作步骤和方法
1		钻孔的加工方法 ①将钻头配上合适的锥套后装入尾座套筒内，尾座套筒伸出的长度尽可能短，但钻头不可被顶出 ②工件用自定心卡盘装夹，找正后紧固 ③移动尾座，使钻头靠近工件端面，将尾座锁紧 ④调整主轴转速 ⑤开机，摇动尾座手轮，使钻头慢慢钻入工件，两主切削刃全部切入后加切削液，双手摇动手轮，使钻头均匀地向前切削 ⑥当孔即将钻通时，进给阻力明显减小，此时应减慢进给的速度，直至完全钻通为止 ⑦摇动尾座手轮，将钻头退回
2	p_o κ_r p_o κ_r'	车内孔的加工方法 ①装夹通孔车刀 ②选择车孔的切削速度，并调整主轴转速 ③开动机床，使内孔车刀刀尖与孔壁相接触，然后车刀纵向退出，将中滑板刻度调零 ④根据内孔的加工余量，确定粗车的背吃刀量，调整中滑板刻度盘 ⑤摇动床鞍手轮，使车刀靠近内孔，合上机动进给，观察内孔车削时排屑是否顺畅。当车削声消失，表明刀尖已离开孔的末端，立即停止机动进给，车刀横向不必退刀，直接纵向快速退出。如内孔余量较多，再调整背吃刀量进行第二次粗车
3		铰孔的加工方法 ①装夹铰刀 ②确定铰孔时尾座的工作位置，尾座套筒的伸出长度不宜太大，一般为 50～60mm。移动尾座，使铰刀离工件端面为 5～10mm，将尾座锁紧 ③调整铰孔切削速度，调整车床主轴转速 ④加注切削液 ⑤摇动尾座手轮，使铰刀的引导部分轻轻进入孔口，进入深度为 1～2mm ⑥开机，双手摇动尾座手轮，如图所示，均匀地进给至铰刀的切削刃超出孔末端约 3/4 时，即反向摇动尾座手轮，将铰刀从孔内退出 ⑦将内孔擦净后，用塞规检查孔径尺寸

按上述方法进行内孔加工技能训练。

4.2.8 锥面加工

以图 4-15 所示工件为例，介绍在卧式车床上车削锥面的方法。

1. 零件图分析

1）毛坯尺寸为 ϕ50mm ×90mm。

2）该零件需要加工的表面有两端面、圆锥表面和外圆表面。

2. 选择工件装夹方法和刀具

1）选用自定心卡盘装夹工件。

2）车削端面选用 45°车刀，车削外圆、圆锥表面选用 90°车刀。

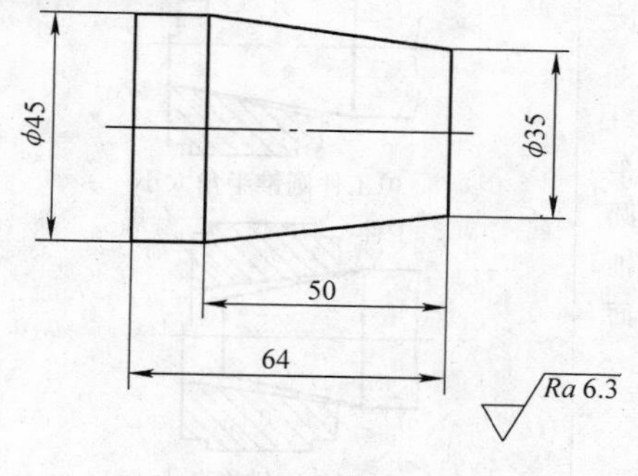

图 4-15 车削锥面实例

3. 选择车削锥面的切削用量

车削锥面的切削用量参见表 4-15。

表 4-15 车削锥面的切削用量参考值

工序	背吃刀量/mm	进给量/(mm/r)	主轴转速/(r/min)
粗车圆锥面	2	0.1	710
精车圆锥面	0.25	0.05	800

4. 车削锥面的步骤和方法

该零件分 6 个工步完成：车端面→粗车 ϕ45mm ×64mm 外圆表面→精车 ϕ45mm ×64mm 外圆表面→粗车圆锥面→精车圆锥面→切断。

车削外圆锥面的主要方法有：转动小滑板法、偏移尾座法、宽刃车刀车削法和靠模法。

转动小滑板法加工圆锥面参见表 4-16。

表 4-16 转动小滑板法加工圆锥面

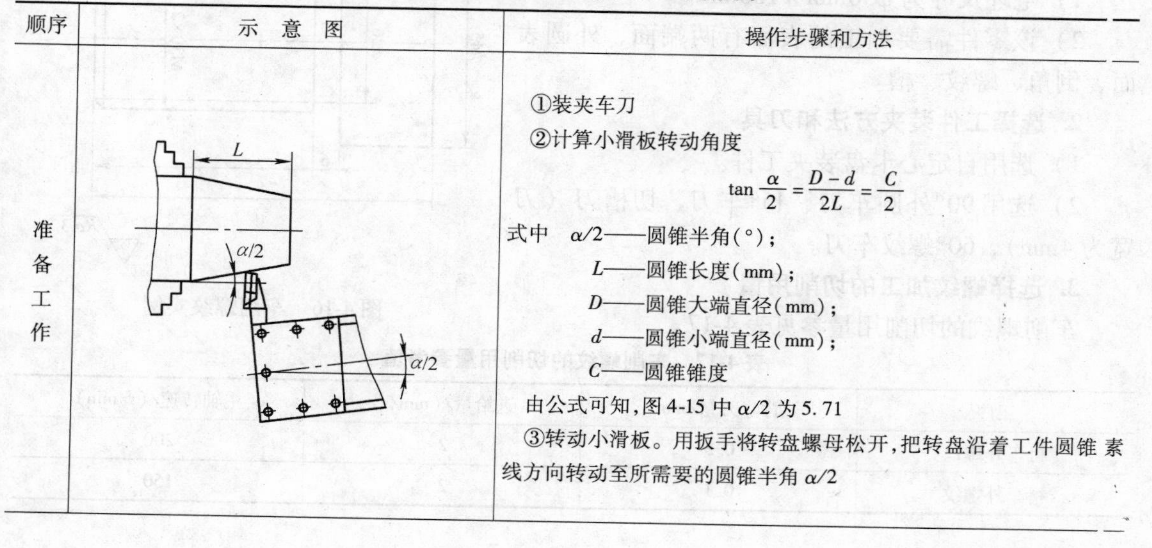

顺序	示 意 图	操作步骤和方法
准备工作		①装夹车刀 ②计算小滑板转动角度 $\tan\frac{\alpha}{2}=\frac{D-d}{2L}=\frac{C}{2}$ 式中 $\alpha/2$——圆锥半角(°)； L——圆锥长度(mm)； D——圆锥大端直径(mm)； d——圆锥小端直径(mm)； C——圆锥锥度 由公式可知，图 4-15 中 $\alpha/2$ 为 5.71 ③转动小滑板。用扳手将转盘螺母松开，把转盘沿着工件圆锥素线方向转动至所需要的圆锥半角 $\alpha/2$

（续）

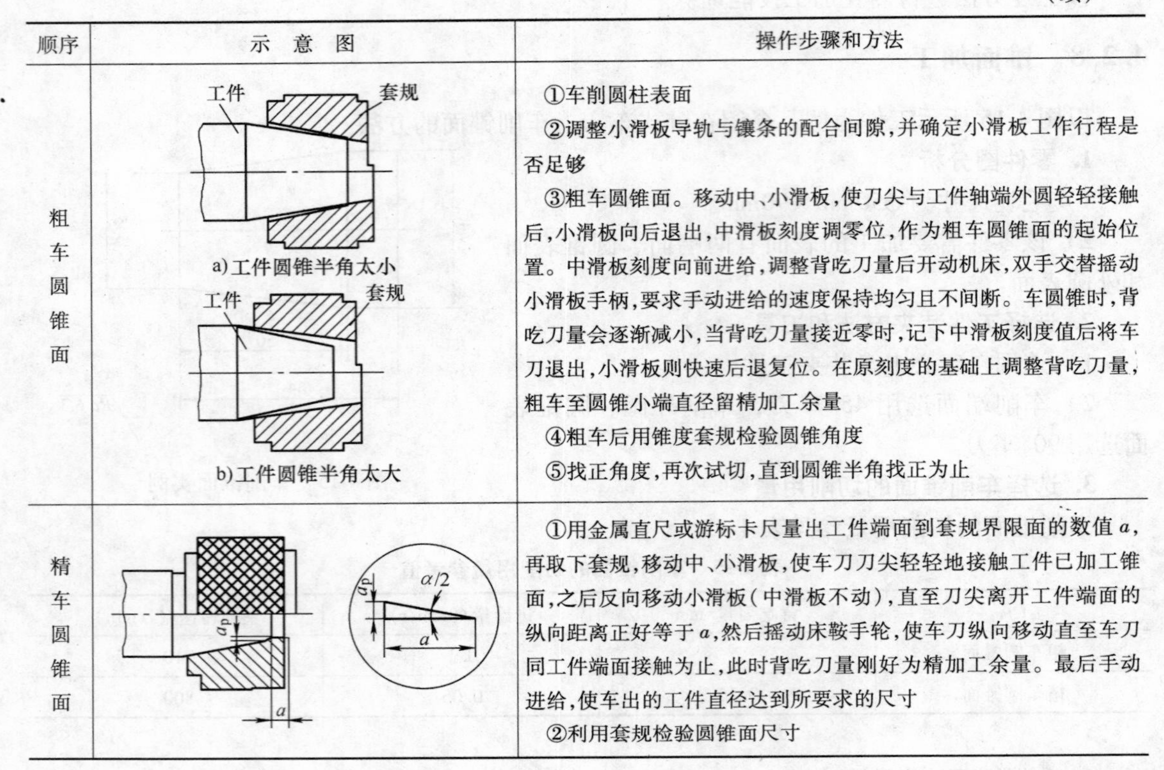

顺序	示意图	操作步骤和方法
粗车圆锥面	工件 套规 a）工件圆锥半角太小 工件 套规 b）工件圆锥半角太大	①车削圆柱表面 ②调整小滑板导轨与镶条的配合间隙，并确定小滑板工作行程是否足够 ③粗车圆锥面。移动中、小滑板，使刀尖与工件轴端外圆轻轻接触后，小滑板向后退出，中滑板刻度调零位，作为粗车圆锥面的起始位置。中滑板刻度向前进给，调整背吃刀量后开动机床，双手交替摇动小滑板手柄，要求手动进给的速度保持均匀且不间断。车圆锥时，背吃刀量会逐渐减小，当背吃刀量接近零时，记下中滑板刻度值后将车刀退出，小滑板则快速后退复位。在原刻度的基础上调整背吃刀量，粗车至圆锥小端直径留精加工余量 ④粗车后用锥度套规检验圆锥角度 ⑤找正角度，再次试切，直到圆锥半角找正为止
精车圆锥面	a_p a $\alpha/2$	①用金属直尺或游标卡尺量出工件端面到套规界限面的数值 a，再取下套规，移动中、小滑板，使车刀刀尖轻轻地接触工件已加工锥面，之后反向移动小滑板（中滑板不动），直至刀尖离开工件端面的纵向距离正好等于 a，然后摇动床鞍手轮，使车刀纵向移动直至车刀同工件端面接触为止，此时背吃刀量刚好为精加工余量。最后手动进给，使车出的工件直径达到所要求的尺寸 ②利用套规检验圆锥面尺寸

按上述方法进行加工圆锥技能的训练。

4.2.9 螺纹加工

以图 4-16 所示工件为例，介绍卧式车床上车削螺纹的方法。

1. 零件图分析

1）毛坯尺寸为 ϕ50mm×100mm。

2）该零件需要加工的表面有两端面、外圆表面、倒角、螺纹、槽。

2. 选择工件装夹方法和刀具

1）选用自定心卡盘装夹工件。

2）选用 90°外圆车刀、45°车刀、切槽刀（刀宽为 4mm）、60°螺纹车刀。

3. 选择螺纹加工的切削用量

车削螺纹的切削用量参见表 4-17。

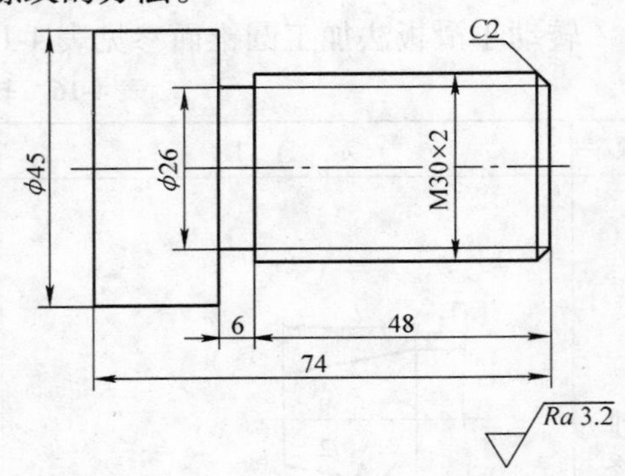

图 4-16 车削螺纹实例

表 4-17 车削螺纹的切削用量参考值

工序	背吃刀量/mm	进给量/(mm/r)	主轴转速/(r/min)
粗车外螺纹	0.5	2	200
精车外螺纹	0.1	2	150

4. 螺纹加工的步骤和方法

该零件分7个工步完成：车端面→粗车外圆表面→精车外圆表面→车槽→倒角→粗加工螺纹→精加工螺纹→切断。

加工螺纹的主要方法有用螺纹车刀车削螺纹（表4-18）、用板牙套外螺纹和用丝锥攻内螺纹。

表4-18 螺纹车削方法

顺序	示意图	操作步骤和方法
准备工作	安装螺纹车刀——样板对刀	①车外圆及车退刀槽 ②安装螺纹车刀 ③按螺距 $P=2\text{mm}$ 查阅进给箱铭牌，调整交换齿轮和手柄位置 ④调整车螺纹主轴转速
加工螺纹	用开合螺母车螺纹的进刀动作	开动机床，使刀尖与工件外圆轻轻接触作为车螺纹的起始位置，将中滑板刻度调零位。摇动床鞍手柄使刀尖离轴端5～10mm。中滑板进给后，左手仍握在手柄上作好退刀准备，右手将开合螺母手柄向下压（如图所示），开合螺母一经闭合，床鞍就迅速向前移动，此时右手仍握在手柄上，作好脱开准备。当刀尖进入退刀位置时，左手迅速摇动中滑板手柄，使车刀退出。刀尖离开工件的同时，右手立即将开合螺母手柄提起使床鞍停止移动。摇动床鞍手柄，使其复位，调整切削深度，再次开机切削，直至螺纹合格为止。此方法加工螺纹易发生乱牙现象，为避免乱牙，可采用退刀时主轴反转的方法，不抬起开合螺母手柄的倒、顺车法加工螺纹
检验	用螺距规测量 用螺纹千分尺测量 M30 通 M30 止 用环规测量 用塞规测量	①单项测量。用游标卡尺或千分尺测量大径；用螺距规测量螺距；用螺纹千分尺测量中径 ②综合测量。用螺纹环规测量外螺纹；用螺纹塞规测量内螺纹

按上述方法进行加工螺纹技能训练。

4.3 铁工基本技能训练

本节学习目标

1. 能够熟练操作 X5032 型铣床进行铣削加工。
2. 能够正确选择与安装铣刀。
3. 能够在工作台上正确安装铣床夹具与正确安装工件。

4.3.1 常用铣床的种类及功用

1. 常用铣床种类

按表 4-19 认识常用铣床的基本结构、特点及主要工艺范围。

表 4-19 常用铣床的种类

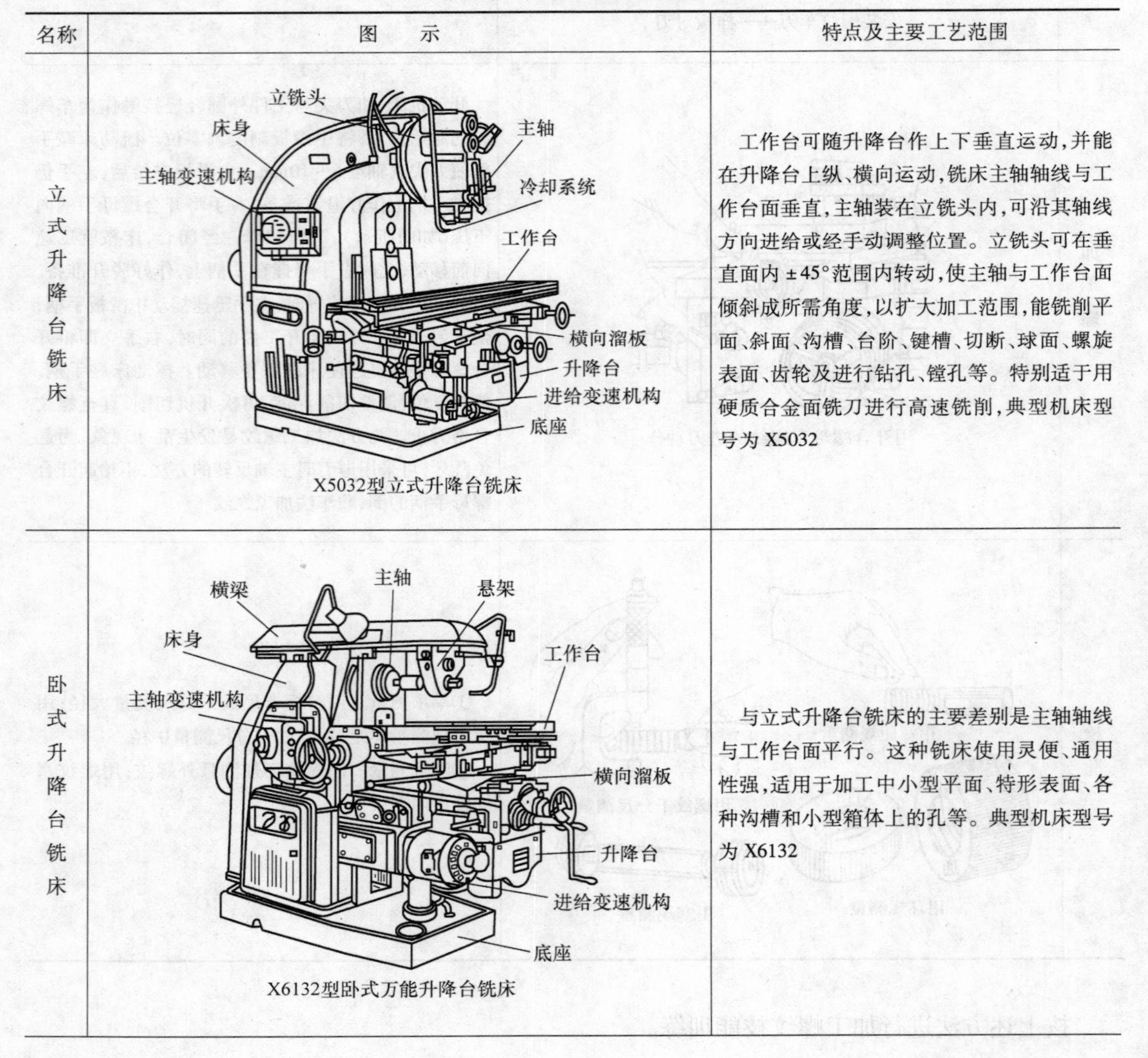

名称	图　示	特点及主要工艺范围
立式升降台铣床	X5032型立式升降台铣床	工作台可随升降台作上下垂直运动,并能在升降台上纵、横向运动,铣床主轴轴线与工作台面垂直,主轴装在立铣头内,可沿其轴线方向进给或经手动调整位置。立铣头可在垂直面内 ±45°范围内转动,使主轴与工作台面倾斜成所需角度,以扩大加工范围,能铣削平面、斜面、沟槽、台阶、键槽、切断、球面、螺旋表面、齿轮及进行钻孔、镗孔等。特别适于用硬质合金面铣刀进行高速铣削,典型机床型号为 X5032
卧式升降台铣床	X6132型卧式万能升降台铣床	与立式升降台铣床的主要差别是主轴轴线与工作台面平行。这种铣床使用灵便、通用性强,适用于加工中小型平面、特形表面、各种沟槽和小型箱体上的孔等。典型机床型号为 X6132

（续）

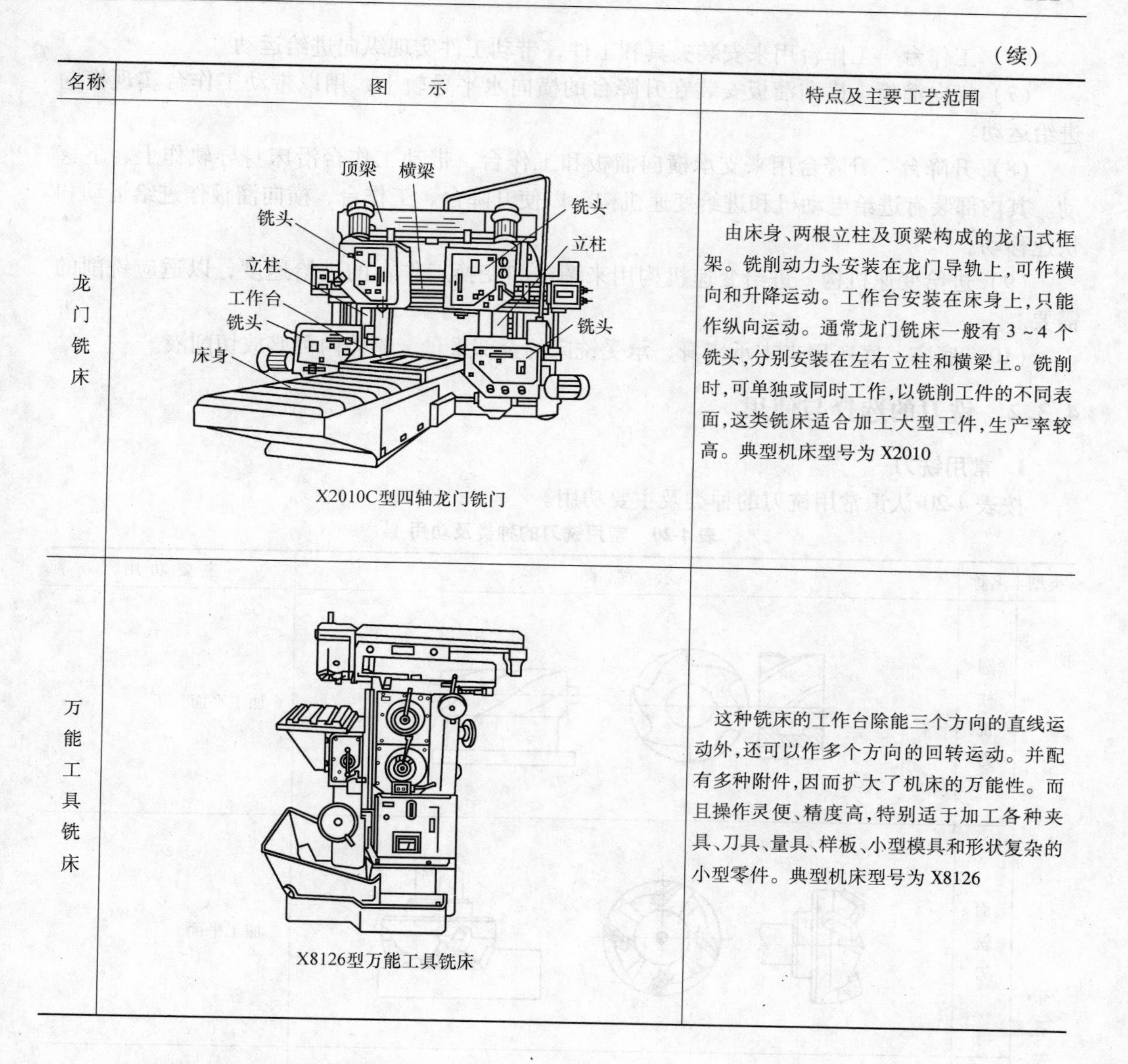

名称	图　示	特点及主要工艺范围
龙门铣床	X2010C型四轴龙门铣门	由床身、两根立柱及顶梁构成的龙门式框架。铣削动力头安装在龙门导轨上，可作横向和升降运动。工作台安装在床身上，只能作纵向运动。通常龙门铣床一般有 3 ~ 4 个铣头，分别安装在左右立柱和横梁上。铣削时，可单独或同时工作，以铣削工件的不同表面，这类铣床适合加工大型工件，生产率较高。典型机床型号为 X2010
万能工具铣床	X8126型万能工具铣床	这种铣床的工作台除能三个方向的直线运动外，还可以作多个方向的回转运动。并配有多种附件，因而扩大了机床的万能性。而且操作灵便、精度高，特别适于加工各种夹具、刀具、量具、样板、小型模具和形状复杂的小型零件。典型机床型号为 X8126

2. X5032 型铣床的主要部件及其功用

表 4-19 中有 X5032 型立式升降台铣床的外形，其主要部件及功用如下：

（1）主轴变速机构　主轴变速机构安装在床身内，其功用是将主电动机的额定转速通过齿轮变速，变换成 18 种不同的转速，传递给主轴，以适应铣削的需要。

（2）床身　床身是机床的主体，用来安装和联接机床的其他部件。床身正面有垂直导轨，可引导升降台上、下移动。床身内部装有主轴变速系统和润滑机构等。

（3）立铣头　立铣头可沿床身上部圆形导轨转动，根据需要在垂直面内 ±45°范围内转动，使主轴与工作台面倾斜成所需角度，以加工各种角度面、椭圆孔等。

（4）主轴　主轴是一前端带有锥孔（7∶24 锥度）的空心轴，用来安装刀杆和铣刀。

（5）冷却系统　在加工过程中，可通过冷却系统对加工部位喷洒切削液，进行冷却降温。

（6）工作台　工作台用来安装夹具和工件，带动工件实现纵向进给运动。

（7）横向溜板　横向溜板安装在升降台的横向水平导轨上，用以带动工作台实现横向进给运动。

（8）升降台　升降台用来支承横向溜板和工作台，带动工作台沿床身导轨作上、下移动。其内部装有进给电动机和进给变速机构，以使升降台、工作台、横向溜板作进给运动和快速移动。

（9）进给变速机构　进给变速机构用来调整和变换工作台的进给速度，以适应铣削的需要。

（10）底座　底座用来支承床身，承受铣床的全部重量，箱体内可盛放切削液。

4.3.2 铣刀的选择与使用

1. 常用铣刀

按表4-20认识常用铣刀的种类及主要功用。

表4-20　常用铣刀的种类及功用

类型	名称	示意图	主要功用
带孔铣刀	圆柱铣刀		加工平面
	面铣刀		加工平面
	三面刃盘铣刀		加工槽
	锯片铣刀		加工窄槽或切断

（续）

类型	名称	示意图	主要功用
带孔铣刀	角度铣刀	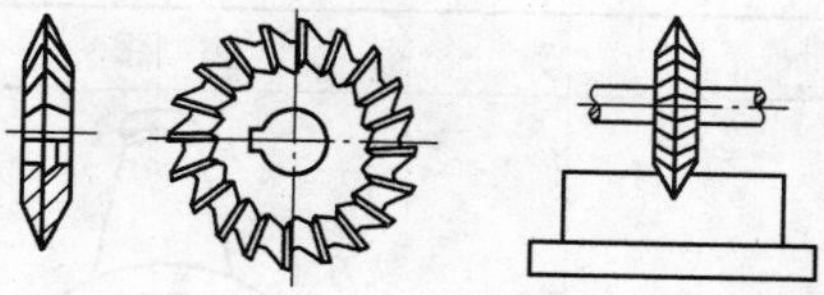	加工特形槽
	半圆形铣刀	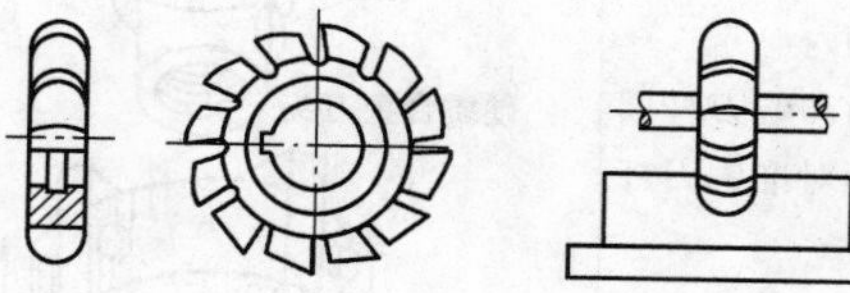	加工半圆槽
带柄铣刀	立铣刀	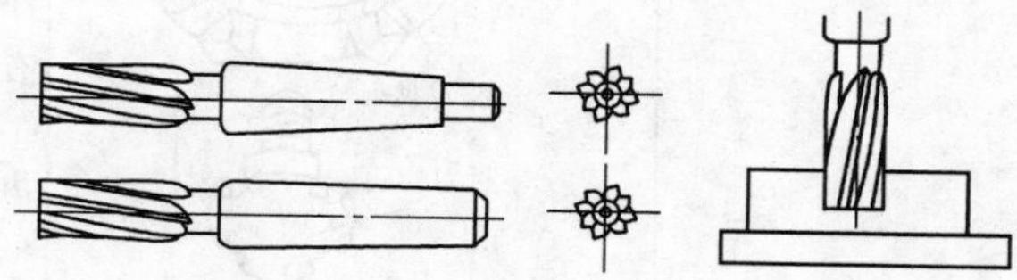	加工沟槽、平面
	键槽铣刀	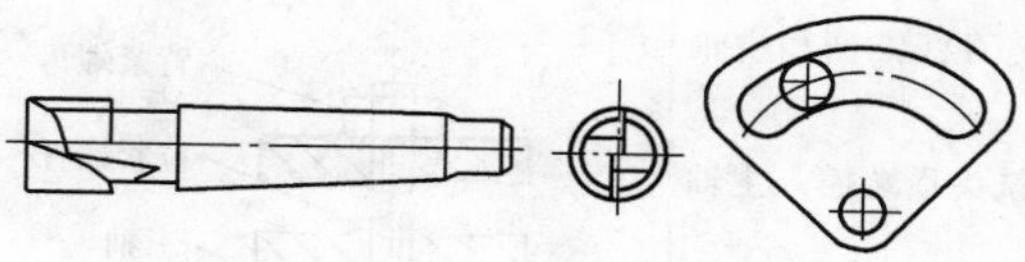	加工键槽
	T形槽铣刀	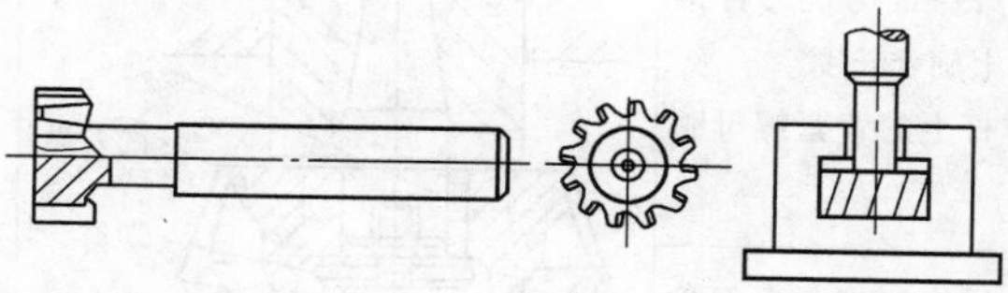	加工T形槽
	燕尾槽铣刀	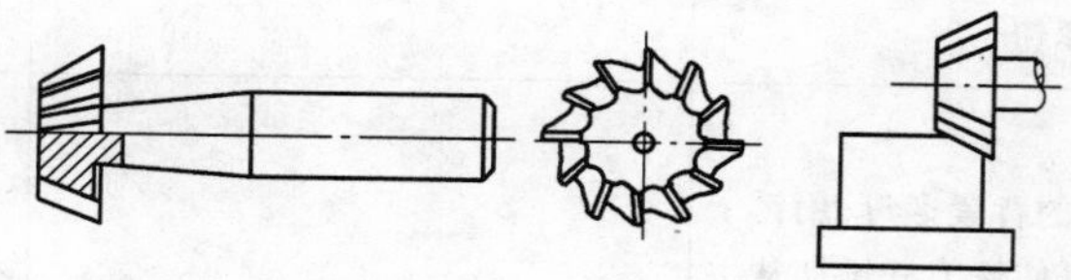	加工燕尾槽、斜面、倒角
	镶齿铣刀	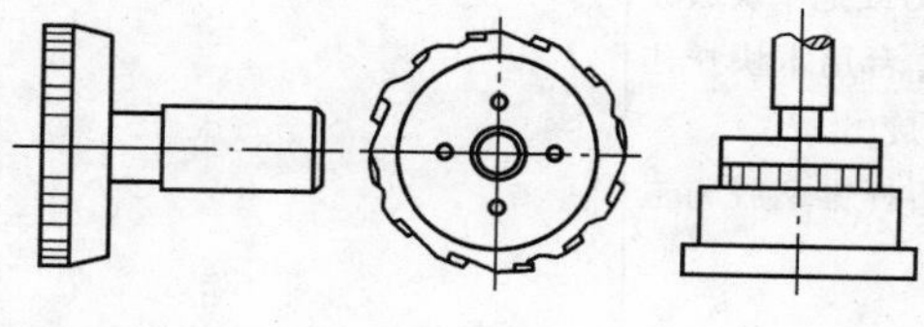	加工平面

2. 铣刀的安装与拆卸

面铣刀在立式铣床上的装卸方法见表4-21。

表4-21 面铣刀在立式铣床上的装卸方法

内容	操作步骤	示意图	注意事项
安装铣刀盘与铣刀杆，组成铣刀体	①将键装在铣刀杆的键槽内 ②擦净铣刀盘内孔、端面和铣刀杆圆柱面，使铣刀盘内孔的键槽对准铣刀杆的键，装入铣刀盘 ③旋入紧刀螺钉，并用叉形扳手将铣刀盘紧固	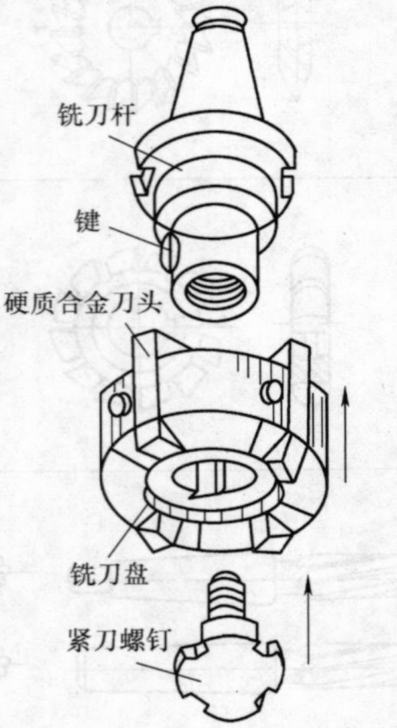	1. 安装铣刀时应擦净各接合表面，防止附有脏物而影响安装精度 2. 夹紧过程中，用力由小到大一次夹紧 3. 拉紧螺杆的螺纹应与铣刀杆、中间锥套或铣刀锥柄的螺孔有足够的旋合长度 4. 铣刀安装后应检查安装情况是否正确
将铣刀体安装在主轴上	①锁紧主轴或将主轴转速调至最低 ②擦净拉紧螺杆、铣刀杆锥柄和主轴锥孔 ③将拉紧螺杆由立铣头顶端插入主轴孔 ④将铣刀体锥柄放入主轴锥孔中，并顺时针旋下拉紧螺杆，保证与铣刀杆锥柄螺纹孔有10mm以上旋合长度 ⑤用扳手将拉紧螺杆上的背紧螺母顺时针方向旋紧	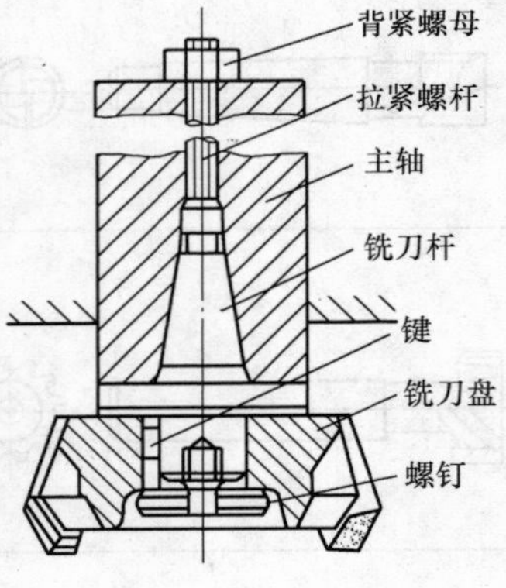	
安装硬质合金刀头	①将硬质合金刀头用螺钉夹紧在刀盘槽中 ②松开主轴的锁紧钮		
面铣刀的拆卸	①锁紧主轴 ②松开拉紧螺杆的背紧螺母，用锤子轻击拉紧螺杆端部，使铣刀杆锥柄从主轴孔中松动 ③用手向上托住面铣刀或把木块放在工作台上，然后上升工作台用木块托住面铣刀体，再将拉紧螺杆旋出 ④下降工作台，使铣刀杆锥柄脱离主轴锥孔后，取下铣刀体 ⑤松开主轴的锁紧钮		卸刀时，当铣刀或铣刀组件松动后，应向上托紧或先将铣刀卸下，再将铣刀拉杆完全旋出，防止刀具或刀具组件突然砸下，损坏刀具及工作台表面，甚至造成人身事故

4.3.3　常用夹具及工件的装夹方法

1. 机用平口虎钳安装工件

（1）机用平口虎钳的类型　机用平口虎钳的常见类型如图 4-17 所示。

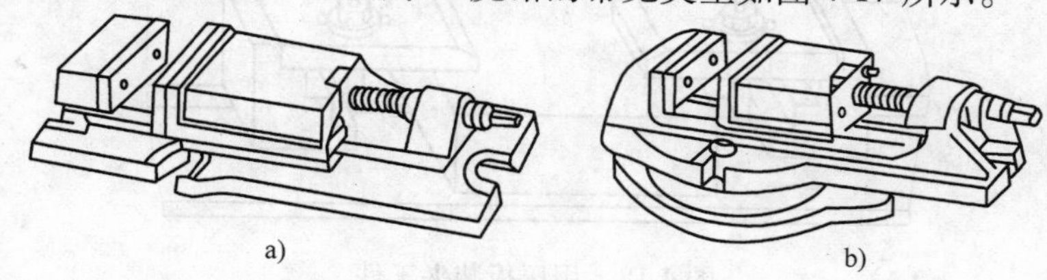

图 4-17　机用平口虎钳

a）非回转式机用平口虎钳　b）回转式机用平口虎钳

普通机用平口虎钳按钳口宽度有 63mm、80mm、100mm、125mm、136mm、160mm、200mm、250mm 等规格。

（2）工件在机用平口虎钳上的装夹　工件在平口钳上的装夹方式见表 4-22。

表 4-22　工件在机用平口虎钳上的装夹方式

装夹类型	装夹方式		示意图
毛坯的装夹	选择毛坯上一个大而平整的面作粗基准面，将其靠在固定钳口面上		铜皮
	在钳口和毛坯面之间应垫铜皮，以防损伤钳口		
	轻夹工件，用划针盘找正毛坯上平面位置，符合要求后夹紧工件		
经粗加工的工件	将粗基准靠向机用平口虎钳的固定钳口进行装夹	①选择工件上一个较大的粗加工表面作为粗基准，将其靠向机用平口虎钳的固定钳口面 ②在活动钳口与工件之间放置一圆棒，圆棒中心线要与钳口上平面平行，其位置在钳口夹持工件部分高度的中间偏上，以保证工件的基准面与固定钳口面很好地贴合	圆棒
	将粗基准靠向机用平口虎钳的钳体导轨面上进行装夹	①工件的基准面靠向钳体导轨面 ②在工件与导轨之间要垫平行垫铁，以使工件基准面与导轨面平行，稍紧后可用铝锤或铜锤轻击工件上面 ③用手试移垫铁，当其不松动时，且工件与垫铁贴合良好后夹紧	工件 平行垫铁 钳体导轨面

2. 用压板装夹工件

用压板装夹工件的方法如图4-18所示。

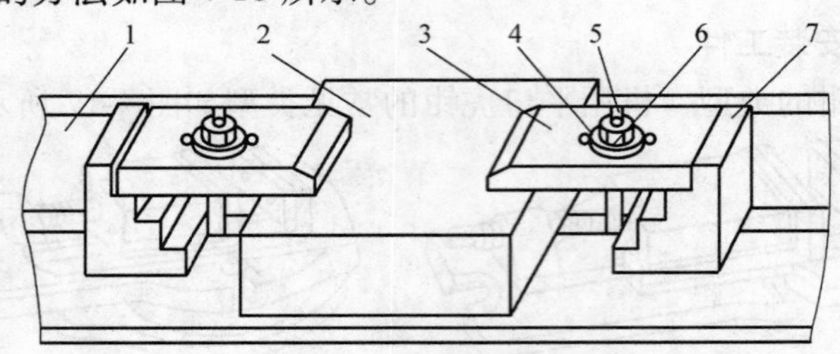

图4-18 用压板装夹工件

1—工作台面 2—工件 3—压板 4—垫片 5—T形螺栓 6—螺母 7—台阶垫铁

3. 其他常见工件装夹方式

其他常见工件装夹方式见表4-23。

表4-23 其他常见工件装夹方式

装夹方式	适用场合	示意图
用角铁装夹工件	铣削两个相互垂直的表面时，可用角铁装夹，工件的定位是利用百分表、划针或目测等方法校验工件的某些表面而实现的，利用夹板夹紧工件	
用V形块装夹工件	加工圆形工件时常用V形块定位，找正及夹紧方式同上	

4.3.4 铣平面

1. 用圆柱铣刀铣平面

圆柱铣刀有直齿和螺旋齿两种，螺旋齿圆柱铣刀在切削时，刀齿是逐渐切入工件的，切削较平稳，因此应用较多。

以图4-19所示工件为例，介绍用圆柱铣刀在卧式铣床上铣削平面的方法。

(1) 选择铣刀　根据图4-19所示，查机械设计手册选用80mm×80mm×32mm（外径×长度×孔径），齿数$z=8$的高速钢粗齿圆柱铣刀。

(2) 装夹工件　在X6132型卧式铣床工作台面上安装机用平口虎钳，并用百分表找正，固定钳口与工作台纵向进给方向一致。

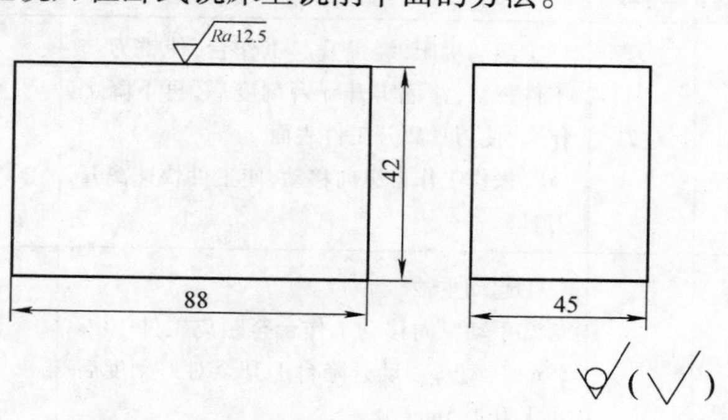

材料：45钢

图4-19　用圆柱铣刀铣削平面工件

(3) 确定切削用量　根据工件材料、铣刀材料及铣刀直径，铣削速度可选为$v_c=16\sim35\text{m/min}$。粗铣时，选用较小的数值；精铣时，可选用较大的数值。每齿进给量可以选$f_z=0.06\sim0.2\text{mm/z}$。粗铣时，选用较大进给量；精铣时，可选用较小进给量。

铣床的主轴转速，如铣削速度选取$v_c=25\text{m/min}$，可算得

$$n=\frac{1000v_c}{\pi D}=\frac{1000\times25}{3.14\times80}\text{r/min}=99.52\text{r/min}$$

根据计算结果，把X6132型铣床主轴转速调整至95r/min。

(4) 铣削过程

1) 移动工作台使工件位于铣刀下面。

2) 起动主轴，再摇动升降台进给手柄，使工件慢慢上升，当铣刀微触工件后，在升降刻盘上作记号。

3) 降下工作台。

4) 纵向退出工件，在按毛坯实际尺寸，调整铣削层深度。

5) 铣削。余量小时可一次进给铣削至尺寸要求；否则可分粗铣和精铣两次加工。

(5) 检测工件　铣削后卸下工件，用金属直尺或游标卡尺测量工件各部分尺寸。

2. 用面铣刀铣平面

仍以图4-19所示为例，介绍用面铣刀在X5032型立式铣床上铣平面的方法。

(1) 选择刀具　根据工件的宽度，可选用$\phi80$mm的高速钢面铣刀。

(2) 装夹工件　在X5032型立式铣床工作台面上安装机用平口虎钳。机用虎钳安装、找正和装夹工件的方法与用圆柱铣刀铣平面时相同。

(3) 确定切削用量　采用高速钢面铣刀铣平面时，切削用量的确定方法与用圆柱铣刀铣平面时基本相同。

(4) 铣削过程　对刀方法与圆柱铣刀铣平面时的对刀方法基本相同。

4.3.5 铣削矩形工件

矩形工件的铣削步骤可参见表4-24。

表 4-24　矩形工件的铣削步骤

步骤	内容	方　法	示意图	注意事项
1	对刀	①起动机床，缓慢升起工作台，使铣刀与工件相切，并记牢升降台刻度后，再下降工作台，使刀具离开工件表面 ②操作工作台纵向移动，使工件快速离开刀具		1. 在铣削加工中，不使用的进给机构应锁紧，工作完成后再松开 2. 用机用平口虎钳装夹工件完毕后，应取下机用平口虎钳扳手才能进行加工，以免与机床纵向进给手柄或横向进给工作台发生碰撞，使工件松动或压力过大等导致工件报废或事故 3. 在机床进给调整中，如果手柄摇过头，应注意消除进给丝杠和螺母之间的间隙，以保证加工精度 4. 铣削加工过程中，不允许改变进给速度，不准对正在加工的零件进行测量，更不许触摸工件和旋转的刀具 5. 铣削中不准停止铣刀的旋转和工作台的自动进给。以避免啃伤工件和损坏刀具。若因故必须停机，应记牢升降台的手柄刻度，再降工作台，使工件与刀具脱离接触后，才能停止工作台手动或自动进给及铣刀的旋转 6. 严禁用棉丝一类的东西擦试正在加工的工件，以避免铣刀将手带入正在切削的铣刀中发生危险
2	粗铣 *A* 面	①起动主轴 ②手动纵向移动工作台至距离工件 10 ~ 30mm 停止，手动升降台上升至对刀刻度后再上升 1.5mm ③调整横向工作台，使工件位置处于不对称逆铣状态 ④操纵工作台纵向自动进给，完成 *A* 面粗铣加工 ⑤停止纵向进给，使刀尖离开工件已加工表面后，操纵快速进给离开工件 10 ~ 30mm 停止 ⑥停机卸下工件，并去除棱角毛刺	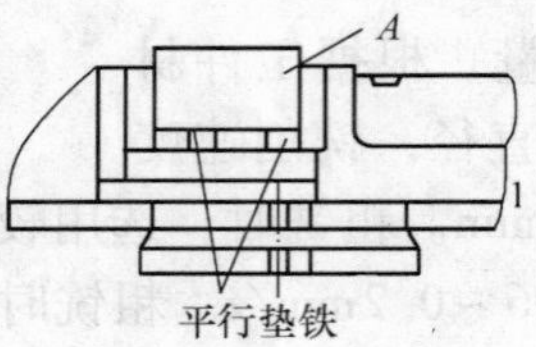 A 平行垫铁	
3	粗铣 *B* 面	①用毛刷将工件及机用平口虎钳刷净，不准残留切屑等杂物 ②以 *A* 面为基准，将其贴紧在固定钳口上，并在活动钳口与工件之间垫圆棒夹紧 ③开机进行不对称逆铣粗加工，保证粗加工尺寸要求 ④铣完后停机，将工件卸下，去除棱角毛刺	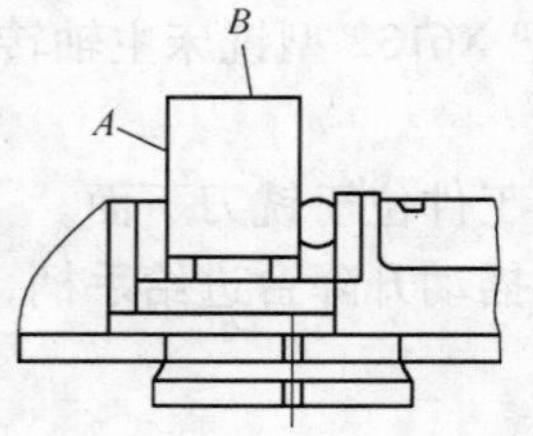 B A	
4	粗铣 *C* 面	①以 *A* 面为基准将其贴紧在固定钳口上，*B* 面贴紧在平行垫铁上，夹紧工件后用铜锤将工件敲平，使 *B* 面紧贴于垫铁上，保证工件 *B* 面与机用平口虎钳导轨面平行 ②开机进行 *C* 面的铣削，并保证 *B*、*C* 两面之间的尺寸	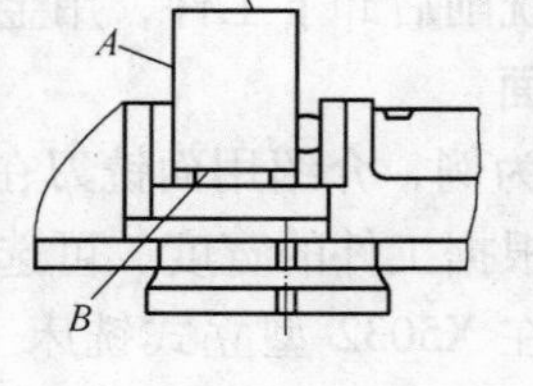 C A B	
5	粗铣 *D* 面	定位及装夹方式如图所示，操作步骤同上	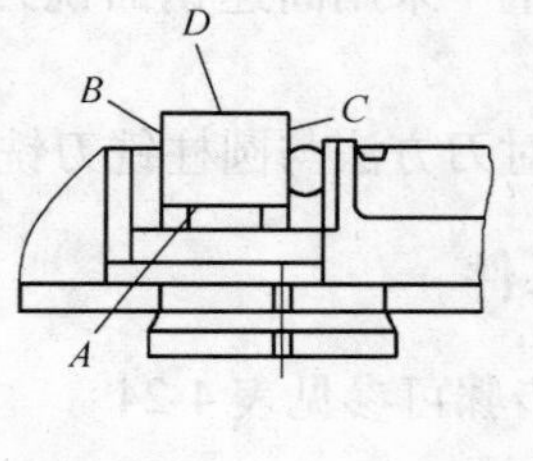 D B　C A	

（续）

步骤	内容	方　　法	示意图	注意事项
6	粗铣 E 面	①将 A 面贴紧固定钳口，初步夹紧工件，用宽座直角尺找正 B 面后，再用力夹紧工件 ②开机铣削 E 面，达到尺寸要求，如图所示	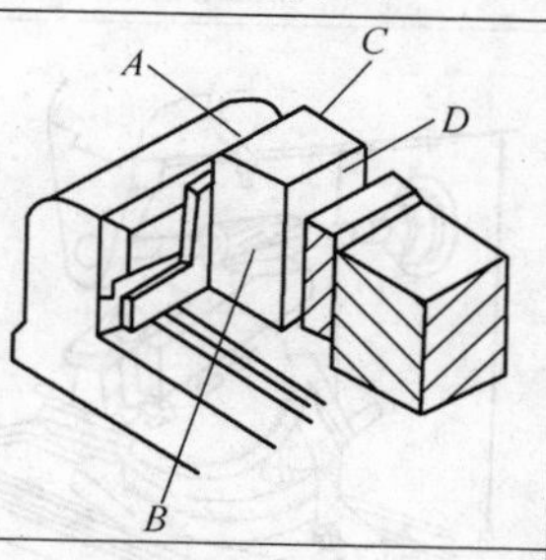 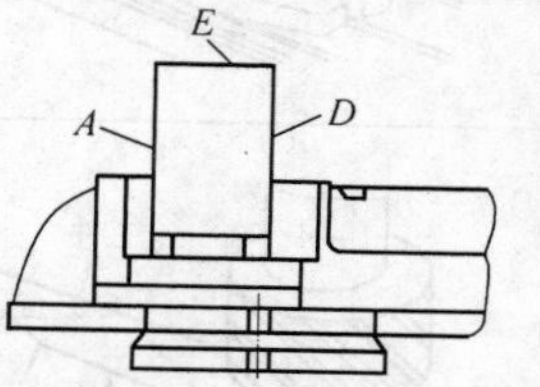 A C D B E A D	7. 进给结束后，工件不能立即在旋转的铣刀下退回，应降低工作台后再退出工件、停机 8. 粗加工时采用逆铣，精加工采用顺铣，并采用切削液进行冷却
7	粗铣 F 面	定位及装夹方式如图所示，操作步骤同上	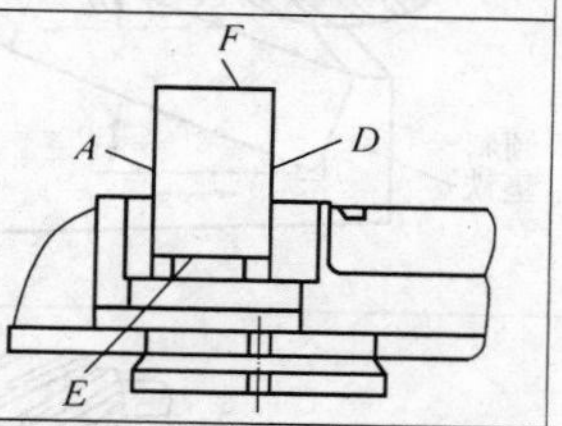 F A D E	
8	检测	用游标卡尺检测各部尺寸		
9	精铣	手动升降台上升 0.5mm，采用对称顺铣方法精铣工件六面达到图纸要求，加工顺序及装夹方式同粗加工		

4.3.6　铣斜面

斜面的常用铣削方法见表 4-25。

表 4-25　斜面的常用铣削方法

铣削方法	种类	加工示意图	操作要领及特点
转动工件角度	按划线找正	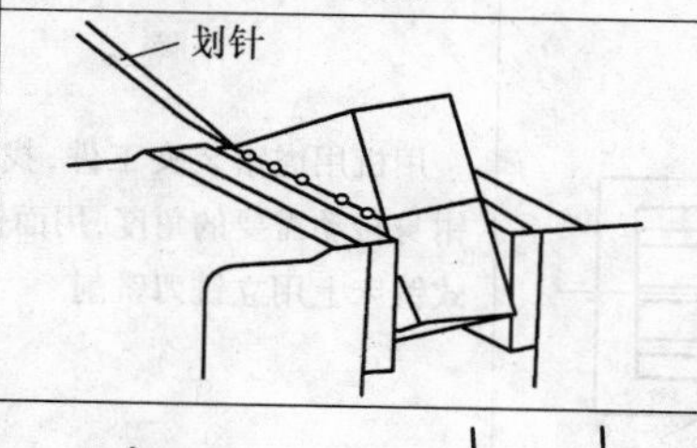 划针	①划线。按图样要求划出斜面轮廓线 ②装夹工件。使斜面轮廓线与钳口上平面平行，并略高于钳口，并用划线盘针尖按线找正后再夹紧工件 ③按线对刀进行铣削加工
	用可倾虎钳	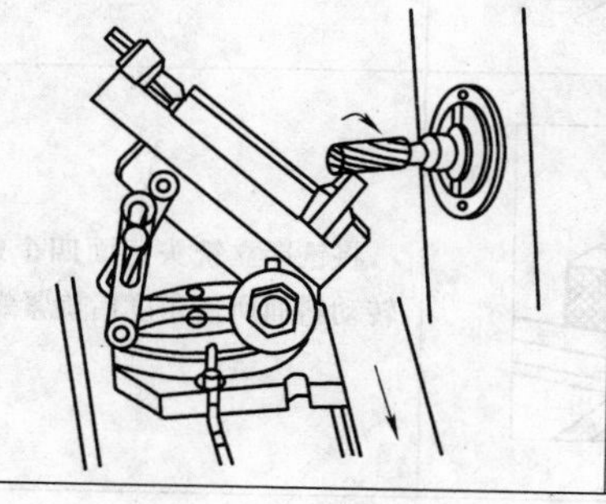	①根据铣削方式的不同，可分别按照两个刻度盘扳转角度 ②可倾虎钳扳转的角度应根据斜面与基准面的夹角 α 以及装夹时工件基准面与加工平面的位置来确定 ③由于可倾虎钳刚性较差，故只能加工较小尺寸的工件

（续）

铣削方法	种类	加工示意图	操作要领及特点
转动工件角度	用可倾工作台		①由于可倾工作台刚性好，台面较大，并有T形槽，因而能加工较大的工件 ②加工方法与上述相同
	用倾斜垫铁	工件 α θ 倾斜垫铁	①当倾斜垫铁的角度为θ时，铣削出的斜面倾斜角$\alpha=\theta$ ②装夹方便
	用专用夹具		一次可以加工两件或多件，生产率较高，故适于大批量生产
	转动钳口		用机用虎钳装夹工件，找正工件后，固定钳座，将钳身转动需要的角度，用面铣刀进行铣削，或者在立式铣床上用立铣刀铣削
调整主轴角度	用端面刃铣削		将铣床立铣头背面四个螺母均匀松开，将立铣头转动斜面所需角度后旋紧螺母

（续）

铣削方法	种类	加工示意图	操作要领及特点
调整主轴角度	用圆周刃铣		将铣床立铣头背面四个螺母均匀松开，将立铣头转动斜面所需角度后旋紧螺母
用角度铣刀	用单角度铣刀		由于角度铣刀的刀齿强度较差，容屑槽又小，因此在使用时，应选取较小的铣削用量，尤其是每齿进给量更要适当减小。在铣削钢件时，应浇注足够的切削液，以免刀具磨损严重
	用组合铣刀		

4.3.7　铣台阶

台阶由平行面和垂直面组合而成。台阶零件的形式如图 4-20 所示。

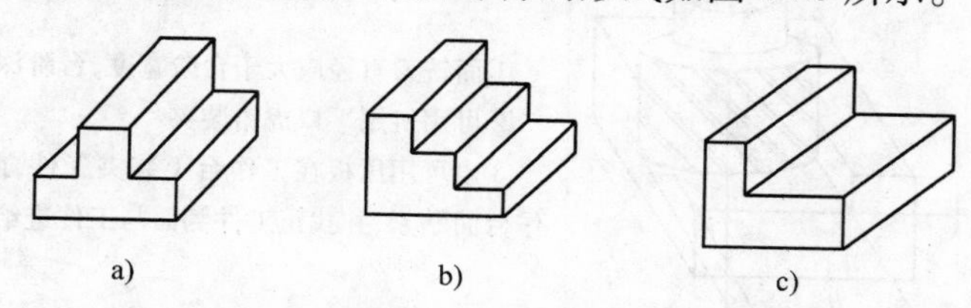

图 4-20　台阶零件的形式

1. 台阶的工艺要求

（1）尺寸精度　台阶上与其他零件相配合的尺寸，其尺寸精度一般要求较高。

（2）几何精度　如各表面的平行度，台阶侧面与基准面的平行度，以及双台阶对中分线的对称度等。

（3）表面粗糙度　台阶两侧配合面一般都要求表面粗糙度值较小。

2. 工件的装夹方式

铣削台阶面时，工件的装夹方式见表4-26。

表4-26 工件的装夹方式

装夹方式	适用场合	注意事项
机用平口虎钳	尺寸不大的工件	装夹工件前，必须找正固定钳口与进给方向平行
定位键和压板或专用夹具	尺寸大的工件	装夹工件前，必须找正夹具的定位支承面与进给方向平行

3. 铣削台阶的方法

台阶的常用铣削方法见表4-27。

表4-27 台阶的常用铣削方法

铣削方法	加工示意图	注意事项
用一把三面刃铣刀加工		①必须调整主轴轴承径向和轴向间隙 ②尽量选择小直径、大厚度的铣刀，或者用错齿铣刀 ③增加刀杆刚性，减少切削用量
用立铣刀铣削		①应尽量选择大直径立铣刀，安装时减少刀杆伸出长度，增大刚度，以保证加工精度 ②立铣刀安装应牢固，否则易造成深度超差 ③对不使用进给的工作台应予以紧固 ④铣削用量不能过大，否则铣刀容易折断 ⑤应尽量不采用顺铣，以防铣刀折断
用面铣刀铣削		①面铣刀直径应大于台阶宽度，台阶深度可分几次铣成 ②可用机用平口虎钳装夹 ③也可用压板在工作台上装夹工件，此时应使工件底面与工作台面贴紧，并找正工件侧面与工件进给方向平行
用组合铣刀铣削		①应选择两把直径相同的三面刃铣刀，中间用刀杆垫圈隔开 ②将铣刀内侧面切削刃的距离调整到工件所需要的尺寸 ③注意两把铣刀的间距应比实际需要的尺寸略大些，以免因铣刀的侧摆，使加工尺寸小于图样要求

4.3.8　铣直角沟槽

常见直角沟槽的种类及加工方法见表4-28。

表4-28　常见直角沟槽种类及加工方法

种类	示意图	加工方法	加工示意图
通槽		使用三面刃铣刀或盘形铣刀加工	
半通槽		立铣刀或键槽铣刀	
封闭槽		立铣刀或键槽铣刀	

4.3.9　铣键槽

常见键槽的种类及加工方法见表4-29。

表4-29　常见键槽的种类及加工方法

种类	示意图	加工方法及要求
通槽		使用盘形铣刀加工，且铣刀宽度应与沟槽宽度一致
半通槽		使用盘形铣刀加工，铣刀半径应与图样规定的槽底圆弧半径相等
封闭槽		使用键槽铣刀，铣刀应经过试切检查

4.3.10 铣V形槽

V形槽的常用铣削方法见表4-30。

表4-30 V形槽的常用铣削方法

常用方法	示意图	加工步骤及操作要领
用双角铣刀		①用锯片铣刀铣出V形槽底部的窄槽 ②对刀。将双角铣刀刀尖对准窄槽中间，起动机床，使铣刀两侧同时切到窄槽口两边 ③固定工作台横向位置，退出工件后，调整吃刀量 ④切削V形槽至规定尺寸
用单角铣刀		与用双角铣刀的区别是，用一把单角铣刀先铣削好V形槽的一侧面后，将工件调转180°后装夹，再铣削另一侧面
用立铣刀		①将立铣头转动至V形槽的半角并固定 ②对刀。将立铣刀刀尖对准窄槽中心线，调整铣削深度 ③将一侧铣削至尺寸后，将工件掉转180°装夹，再铣削另一侧至相同深度
转动工件		①装夹工件时，将V形槽的V形面与工作台面找正至平行或垂直位置 ②可采用三面刃铣刀、立铣刀和面铣刀等来加工

4.3.11 铣T形槽

T形槽的铣削方法见表4-31。

表 4-31　T 形槽的铣削方法

步骤	加工内容	加 工 方 法	示意图
1	铣直角槽	在卧式铣床上用三面刃铣刀铣削	
		在立式铣床上用立铣刀铣削	
2	铣底槽	①找正工件。使直角槽侧面与工作台纵向平行，并装夹牢固 ②选择刀具。根据 T 形槽的尺寸选用合适的 T 形槽铣刀 ③对刀。使 T 形槽铣刀的底面与直角槽底面对齐后，退出工件，起动机床，调整工作台，使铣刀在直角槽两侧的切痕相等 ④铣削。先手动进给，待铣刀有一半进入工件后改用机动进给，并要冲注切削液	
3	槽口倒角	①倒角铣刀的外径应根据直角槽宽度选择 ②倒角铣刀的角度应按图样要求选择 ③在铣完底槽后，不动工作台，直接倒角 ④选用合适的铣削用量 ⑤根据图样调整铣削深度，开动机床一次进给完成	

4.3.12　铣燕尾槽和燕尾块

1. 燕尾槽和燕尾块的技术要求

燕尾槽与燕尾块是配合使用的，如图 4-21 所示。用作导轨槽配合时，燕尾槽还常带有 1 : 50 的斜度，用来安装镶条，以调整机床导轨的配合间隙。燕尾槽和燕尾块的角度、宽度、深度要求都很高。精度要求较高的燕尾导轨，铣削后还要经过磨、刮等精密加工。

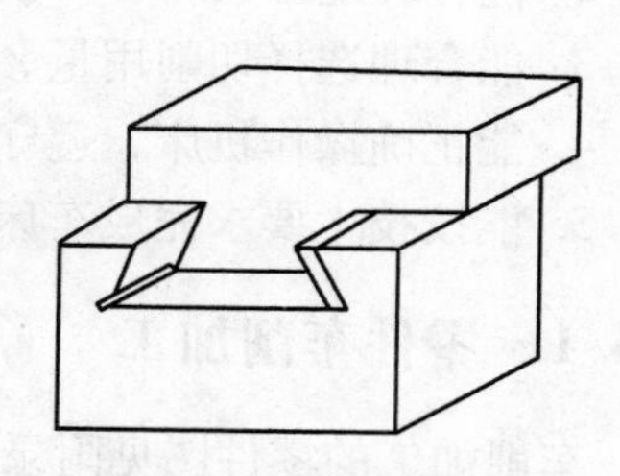

图 4-21　燕尾槽与燕尾块

2. 铣削燕尾槽和燕尾块的方法

燕尾槽和燕尾块的铣削方法见表4-32。

表4-32 燕尾槽和燕尾块的铣削方法

铣削方法	加工步骤	示意图
燕尾槽	①用立铣刀或面铣刀铣直槽	
	②用燕尾铣刀铣削燕尾槽	
燕尾块	①用立铣刀或面铣刀铣台阶	
	②用燕尾铣刀铣削燕尾块	

4.4 车床模型零件加工工艺

本节学习目标

1. 能正确分析零件图，根据零件图的结构、尺寸及技术要求制订合理的加工工艺。
2. 能合理选择设备、刀具、量具及装夹方法。
3. 能合理选择切削用量、切削方式及切削液。
4. 能正确操作机床，遵守安全操作规程。
5. 能按技术要求完成车床模型零件加工。

4.4.1 零件车削加工

车削加工的零件图见附录D。

下面以小滑板刻度盘零件（附录D图18）为例说明车削加工各零件的内容及方法。每个学生应独立完成本组分配的车削零件加工任务。

1. 分析零件图

1）认真分析零件图，弄清楚零件的结构形状。

2）明确零件各部位的尺寸、精度和表面粗糙度要求。

2. 零件的工艺分析及毛坯的选择

（1）零件的加工工艺分析　根据工件各加工表面的尺寸、精度及表面粗糙度等要求，确定合理的加工方法。

（2）选择毛坯　根据零件外形尺寸及确保加工精度所必需的加工余量，确定合理的毛坯尺寸。由于是单件加工，毛坯选用棒料即可，选用直径 $\phi12$mm 的 H62 铜棒。

3. 车削加工工艺的编制及机床和刀具、夹具、量具、辅具的选择

小滑板刻度盘零件加工工艺及选用的机床及刀具、夹具、量具、辅具参见表4-33。

表4-33　小滑板刻度盘零件加工工艺

工序	加工内容	机床	夹具	刀具	量具
1	自定心卡盘装夹毛坯外圆，伸出长度为20mm左右，车端面	CA6140	自定心卡盘	75°偏刀	游标卡尺、外径千分尺、螺纹环规
	车 $\phi11$mm 外圆，保证长度尺寸大于13mm			90°外圆车刀	
	车 $\phi10$mm，保证长度尺寸8mm，车 $\phi8$mm 保证长度尺寸5mm			90°外圆车刀	
	滚直纹0.8mm，保证长度尺寸2mm			0.8mm 直纹滚花刀	
	钻中心孔			$\phi1.5$mm 中心钻	
	钻孔 $\phi3$mm，保证长度尺寸13mm			$\phi3$mm 麻花钻	
	车退刀槽 2mm×1mm，保证长度尺寸5mm			切断刀	
	倒角 $C1$			45°偏刀	
	套M8×1外螺纹			M8×1板牙	
	切断，长度留余量0.5～1mm			切断刀	
2	调头，夹住 $\phi10$mm 外圆（垫一层铜皮）车端面，保证长度10mm			75°偏刀	
3	检查质量合格后卸下工件				

4. 选择切削用量

1）选择背吃刀量 a_p。粗车 $a_p=0.5\sim1$mm，精车 $a_p=0.1\sim0.5$mm。

2）选择进给量 f（单位：mm/r）。根据工件加工余量和切削条件确定进给量。

3）选择车削速度 v_c 及车床主轴转速 n，依据下列公式

$$v_c=\pi d_w n/1000$$

式中　v_c——车削速度（m/min）；

d_w——工件待加工表面直径（mm）；

n——车床主轴转速（r/min）。

5. 按加工工艺进行切削加工

1）详阅加工零件图，并按确定的毛坯尺寸检查坯料尺寸。

2）按所确定的切削用量调整机床。

3）按加工工艺安装车刀。

4）将工件安装在卡盘上。

5）按加工工艺进行切削加工。

6. 检测及评价

4.4.2 零件铣削加工

铣削加工各工件的零件图见附录D。

下面以小滑板零件（附录D图15）为例说明铣削加工各零件的内容及方法，每个学生应独立完成本组分配的铣削零件加工任务。

1. 分析零件图

1）认真分析零件图，弄清零件的结构形状。

2）明确零件各部位的尺寸、精度和表面粗糙度要求。

2. 零件的工艺分析及毛坯的选择

（1）零件的加工工艺分析　根据工件各加工表面的尺寸、精度及表面粗糙度等要求，确定合理的加工方法。

（2）选择毛坯　根据零件外形尺寸以及确保加工精度所必须预留的加工余量，确定合理的毛坯尺寸。由于是单件加工，毛坯选用2A12硬铝板料，尺寸为60mm×25mm×15mm。

3. 铣削加工工艺的编制机床和刀具、夹具、量具、辅具的选择

小滑板零件加工工艺及选用的机床及刀、夹具、量具、辅具参见表4-34。

表4-34　小滑板零件加工工艺过程

序号	工序	加工内容	设备	夹具	刀具	量具
1	钳	下料59mm×24mm×14mm		台虎钳	手锯	金属直尺
2	铣	铣削六面体，保证尺寸55mm×20mm×11mm	X8126	100mm机用平口虎钳	面铣刀	游标卡尺
3	钳	划线，M3螺纹孔中心线距右基准尺寸10mm、ϕ3mm及M8×1螺纹孔中心线距底面尺寸5mm长槽尺寸及燕尾块尺寸16mm深3mm、倒角2×C2	划线平台			游标卡尺、游标高度尺
4	铣	钻M3底孔ϕ2.5mm，距右基准面10mm；钻ϕ3mm孔，深度大于7mm，距底基准面5mm；调头钻M8×1底孔ϕ7mm深8mm、ϕ4.3mm孔深大于10mm，保证孔的同轴度公差尺寸	X8126	100mm机用平口虎钳	ϕ2.5mm、ϕ3mm、ϕ7mm麻花钻	游标卡尺

（续）

序号	工序	加工内容	设备	夹具	刀具	量具
5	钳	、攻螺纹，M3深度3mm、M8×1深度6mm与ϕ3mm，保证孔的同轴度公差尺寸		台虎钳	M3、M8×1丝锥	M3、M8×1螺纹塞规
6	铣	铣（与燕尾槽配作）燕尾块16mm、深3mm尺寸	X8126	100mm机用平口虎钳	燕尾槽铣刀	游标卡尺及燕尾槽工件
7	铣	铣宽为8mm的槽，保证距左基准尺寸10mm及右基准尺寸6mm、深8mm及公差尺寸	X8126		ϕ6mm键槽铣刀	游标卡尺
8	铣	倒角2×C2，保证尺寸20mm	X8126		倒角刀	游标卡尺
9	钳	去毛刺，检验			锉刀	

4. 选择铣削用量

1） 选择侧吃刀量a_e。面铣刀铣平面时侧吃刀量a_e就等于切削层宽度。

2） 选择背吃刀量a_p。

3） 选择切削速度v_c及机床主轴转速n。

①根据机械手册选取v_c。

②根据铣刀直径d，计算机床主轴转速n

$$n=\frac{1000v_c}{\pi d}$$

③根据计算的n，选择接近的机床主轴转速n。

4） 选择进给量v_f。

①根据工件加工余量确定f_z。

②根据铣刀齿数z，计算v_f。

$$v_f=fn=f_z zn$$

5. 按加工工艺进行切削加工

1） 详阅加工零件图，并按确定的毛坯尺寸检查坯料尺寸。

2） 按所确定的切削用量调整机床。

3） 按加工工艺安装铣刀。

4） 将机用平口虎钳安装在铣床上，并找正其位置。

5） 将工件安装在机用平口虎钳上。

6） 按加工工艺进行切削加工。

6. 检测及评价

第5章　车床模型的装配

本章学习目标

1. 能够理解装配基本概念，讲述装配过程。
2. 能够根据不同的装配条件选择适当的装配方法。
3. 能够完成车床模型的装配。

5.1　机械装配基础知识

5.1.1　机器装配的基本概念

根据规定的技术要求，将零件或部件进行配合和联接，使之成为半成品或成品的过程，称为装配。机器的装调是机器制造过程中最后一个环节，它包括装配、调整、检验和试验等工作。装配过程使零件、套件、组件和部件之间获得一定的相互位置关系，所以装配过程也是一种工艺过程。

为了有效地进行装配工作，通常将机器划分为若干能进行独立装配的装配单元。

（1）零件　零件是组成机器的最小单元，由整块金属或其他材料制成。

（2）套件（合件）　套件是在一个基准零件上，装上一个或若干个零件构成的，是最小的装配单元。

（3）组件　组件是在一个基准零件上，装上若干套件及零件而构成的，如主轴组件。

（4）部件　部件是在一个基准零件上，装上若干组件、套件和零件而构成的，如车床的主轴箱。部件的特征是在机器中能完成一定的、完整的功能。

5.1.2　装配工作的基本内容

装配不只是将合格零件简单地联接起来，它包含一系列内容。

1. 清洗

经检验合格的零件，装配前要经过认真清洗，其目的是去除粘附在零件上的灰尘、切屑和油污，并使零件具有一定的防锈能力。清洗对轴承、配合件、密封件、传动件等特别重要。清洗的方法有擦、浸、喷和超声波振动等。常用的清洗液有煤油、汽油、碱液和化学清洗液等。

2. 联接

联接是装配的主要工作。联接包括可拆联接（用螺纹、键、销联接等）和不可拆联接（用焊接、粘结、铆接和过盈配合等）两种。

3. 校正、调整与配作

在机器装配过程中，特别是在单件小批生产条件下，完全靠零件互换装配以保证装配精度往往是不经济的，甚至是不可能的，所以在装配过程中常需做校正、调整与配作工作。

校正是指相关零、部件间相互位置的找正、校直、找平及相应的调整工作，如床身导轨扭曲的校正、卧式车床主轴中心与尾座套筒中心等高的找正等。

调整是指相关零、部件之间相互位置的调节工作，如轴承间隙、导轨副间隙的调整等。

配作是指几个零件配钻、配铰、配刮和配磨等，这是装配中间附加的一些钳工和机械加工工作。配钻和配铰要在校正、调整后进行。配刮和配磨的目的是为增加相配表面的接触面积和提高接触刚度。

4. 平衡

对转速较高、旋转平稳性要求较高的机器，如精密磨床、电动机和高速内燃机等，为了防止运转中发生振动，应对其旋转的零部件进行平衡。平衡有静平衡和动平衡两种。对于直径较大、长度较小的零件，如飞轮、带轮等，一般采用静平衡法，以消除质量分布不均所造成的静力不平衡；对于长度较大的零件，如机床主轴、电动机转子等，需采用动平衡法，以消除质量分布不均所造成的力偶不平衡。

旋转体的不平衡可用以下方法校正：

1）用补焊、铆接、粘结或螺纹联接等方面在超重处对面加配质量。

2）用钻、锉和磨等方法在超重处去除质量。

3）在预置的平衡槽内改变平衡块的位置和数量（砂轮静平衡常用此法）。

5. 试验与验收

机器装配完成以后，要按照有关技术标准和规定进行试验与验收。例如，发动机需进行特性试验、寿命试验，机床需进行温升试验、振动和噪声试验等，机床出厂前需进行相互位置精度和相对运动精度的验收等。

5.1.3　常见的装配法

保证装配精度的几种常用方法有互换法、选配法、修配法、调整法等。

1. 互换法

互换法又包括完全互换法和大数互换法。

（1）完全互换法　在全部产品中，装配时各零件不需挑选、修配或调整就能保证装配精度的装配方法称为完全互换法。采用完全互换法进行装配，使装配质量稳定可靠，装配过程简单，生产率高，易于组织流水作业及自动化装配，也便于采用协作方式组织专业化生产。但是当装配精度要求较高，尤其组成环较多时，零件就难以按经济精度制造。因此，这种装配方法多用于高精度的少环尺寸链或低精度多环尺寸链中。

（2）大数互换法　大数互换法采用概率法计算，因而扩大了组成环的公差，尤其是在环数较多，组成环又呈正态分布时，扩大的组成环公差最显著，因而对组成环的加工更为方便。但是，会有少数产品超差。为了避免超差，采用大数互换法时，应有适当的工艺措施。

2. 选配法

将组成环的公差放大到经济可行的程度，然后选择合适的零件进行装配，以保证规定的装配精度。选择装配法有直接选配法、分组选配法等。

（1）直接选配法　在装配时，工人从许多待装配的零件中，直接选择合适的零件进行装配，以保证装配精度要求的选择装配法，称为直接选配法。

（2）分组选配法　将各组成环的公差相对完全互换法所求数值放大数倍，使其能按经济精度加工，再按实际测量尺寸将零件分组，按对应的组分别进行装配，以达到装配精度要求的选择装配法，称为分组选配法。在大批大量生产中，装配那些精度要求特别高同时又不便于采用调整装置的部件，若用互换装配法装配，组成环的制造公差过小，加工很困难或很不经济，此时可以采用分组选配法装配。

3. 修配法

修配法是将装配尺寸链中各组成环按经济加工精度制造，装配时，通过改变尺寸链中某一预先确定的组成环尺寸的方法来保证装配精度的装配法。

修配法适用于单件小批生产中装配那些组成环数较多而装配精度又要求较高的机器结构。

4. 调整法

调整法是装配时用改变调整件在机器结构中的相对位置或选用合适的调整件来达到装配精度的装配方法。

调节调整件相对位置的方法有可动调整法、固定调整法和误差抵消调整法三种。其中，可动调整法和误差抵消调整法适用于在小批生产中应用，固定调整法则主要适用于大批量生产。

5.1.4　机械装配工艺规程设计

机械装配工艺规程是工厂在一定生产条件下组织和指导生产的一种工艺文件。它是规定产品及部件的装配顺序，装配方法，装配技术要求与检验方法及装配所需设备、工夹具、时间、定额等的技术文件。

1. 制订装配工艺规程的基本原则

1）保证产品的装配质量，以延长产品的使用寿命。

2）合理安排装配顺序和工序，尽量减少钳工手工劳动量，缩短装配周期，提高装配效率。

3）尽量减少装配占地面积。

4）尽量减少装配工作的成本。

2. 制订装配工艺规程的步骤

1）研究产品的装配图及验收技术条件。

2）确定装配方法与组织形式。

3）划分装配单元，确定装配顺序。

4）划分装配工序。

5）编制装配工艺文件。

5.2　车床模型的装配工艺和装配过程

车床模型的装配是车床模型制造过程的最后一个环节，包括装配、调整、检验等工作。车床模型属于单件小批生产，可以灵活运用各种装配方法完成装配。

5.2.1　车床模型装配工艺的制订

1. 分析车床模型装配图

分析车床模型装配图（图 1-14）及技术要求、验收标准和结构，制订装配工艺规程。

2. 确定装配方法与组织形式

根据装配图要求和教学需求采用固定式装配，全部装配工作在同一固定地点完成。

3. 划分装配单元并确定装配顺序

将车床模型划分为四大部件，进行分级装配。根据基准零件确定装配单元的装配顺序。

4. 确定工序内容

确定各工序所需的设备和工具；制订各工序装配质量要求与检验方法。

5.2.2　装配前的准备

1）准备工具。100mm 一字螺钉旋具、十字螺钉旋具各一把，100mm 活扳手一把，钟表螺钉旋具一把，钢丝钳一把，100mm 整形锉一组。

2）准备辅料。棉丝 200 克、棉布一块、煤油 500mL、矿物润滑脂 30g、清洗盒一个、工具盒一个、零件盒 4 个。

3）准备量具。150mm 游标卡尺一把、200mm 游标高度尺一把、100mm 宽座直角尺一把。

4）把所有加工完成的车床模型零件认真去除毛刺，用煤油清洗干净用棉丝擦干。

5）将装配所需的标准件准备齐全。

5.2.3　装配中的注意事项

1）严格按照装配工艺规程进行装配。

2）在安装中应遵循从里到外、从下到上的装配原则，不影响下道工序的装配。

3）在装配过程中不应破坏零件的尺寸精度和表面粗糙度，并对工件进行检查以避免多装、漏装。

4）对工件进行清洗，保证清洁无污物。

5）对各运动部位进行润滑，保证运动机构灵活可靠。

6）总装完成后对车床模型各部位进行调整，保证各运动部位运动灵活可靠，对照装配图进行检查。

5.2.4　车床模型的装配过程

以图 1-14 所示为准，根据车床模型结构将其分为床身，主轴箱，床鞍、中、小滑板，尾座四个部件分别进行装配，安装完成后再进行总装与调试。

1. 床身部件的装配

1）将床身 2 大端（主轴箱部位下方）对照装配图按要求放在大底座 1 上，用 2 个标准件 M6 螺钉与底座 1 进行联接。调整床身与大底座的相对位置，床身在大底座前后、左右居中后，用螺丝刀将 2 个 M6 螺钉拧紧。在紧固过程中用力由小到大，均匀紧固。

2）将床身 2 小端（尾座下方）对照装配图按要求放在小底座 34 上，用 2 个标准件 M6

螺钉与小底座34进行联接。调整床身与小底座的相对位置，床身在小底座前后、左右居中后，用螺丝刀将2个M6螺钉拧紧。在紧固过程中用力由小到大，均匀紧固。完成床身与大、小底座部分的装配与安装。

3）将主轴箱5对照装配图按要求放在床身2上（大底座端上方），用2个标准件M6螺钉与床身2进行联接。调整主轴箱与床身的相对位置，主轴箱与床身左端对齐，与床身前后方向对正，用螺丝刀将2个M6螺钉拧紧。在紧固过程中用力由小到大，均匀紧固，完成主轴箱5与床身部件的装配与安装。

2. 主轴箱部件的装配

1）对照装配图，按要求用棉布将主轴后端盖8垫好（避免夹伤表面），用钢丝钳夹住，旋入主轴箱5左端螺纹孔中，完成主轴后端盖8与主轴箱5装配与安装。

2）将主轴7从前主轴孔插入主轴后端盖8中，然后将主轴前端盖10内孔注入润滑脂少许，对照装配图按要求用棉布垫好，用钢丝钳夹住，旋入主轴箱5右端螺纹孔并调整主轴与主轴前端盖10的轴向间隙在装配精度范围内，保证主轴能转动自如，完成主轴与主轴前、后端盖的装配与安装。

3）对照装配图，按要求将自定心卡盘11旋入主轴7右端并旋紧，将带轮6旋入主轴7左端并旋紧。完成自定心卡盘11、带轮6与主轴的装配与安装。

4）对照装配图，按要求将主轴箱盖9放在主轴箱上用4个标准件M4螺钉与主轴箱进行联接：调整主轴箱盖与主轴箱的相对位置与主轴箱4边对齐，用螺丝刀将4个M4螺钉依次拧紧。在紧固过程中用力由小到大，均匀紧固，完成主轴箱盖与主轴箱的装配与安装。

3. 床鞍、中、小滑板部件的装配

1）先将中滑板36上面的小燕尾槽中加入润滑脂少许，对照装配图按要求，将小滑板15（光孔一端）从中滑板36右侧插入中滑板36的燕尾槽中进行配合，在把小滑板螺母16按照装配图要求装入中滑板36的台阶孔中，然后将小滑板丝杠17短光轴一端由小滑板15螺纹孔内插入后，旋入小滑板螺母16，在进入小滑板15另一端的光孔内，完成小滑板丝杠17与小滑板螺母16的装配与安装。

2）对照装配图，按要求将小滑板刻度盘18套入小滑板丝杠17，再旋入小滑板的螺纹孔中进行调整，通过小滑板丝杠17在小滑板螺母16内旋转使小滑板15在中滑板36的燕尾槽中自由移动。

3）对照装配图，按要求将小滑板手轮19套入小滑板丝杠17内，调整小滑板手轮的轴向位置后，用一个标准件M3紧固螺钉将小滑板手轮19固定在小滑板丝杠17上，然后将2个小滑板手柄20分别旋入小滑板手轮19的2个螺纹孔内并旋紧，完成小滑板手轮19的装配与安装。

4）对照装配图，按要求将方刀架扳手14旋入方刀架螺钉13的螺纹孔中并旋紧，再将方刀架12按装配图要求放在小滑板15上，使方刀架12中心孔与小滑板19上面的螺纹孔对正，用方刀架螺钉13将方刀架12与小滑板15进行联接，完成方刀架12小滑板15的装配与安装。

5）对照装配图，按要求将中滑板36下面的大燕尾槽中加入润滑脂少许，再将大滑板42的燕尾与中滑板36下面的大燕尾槽按图插入进行配合，使床鞍42与中滑板36长短对齐，完成中滑板36与床鞍42的装配与安装。

6）对照装配图，按要求将中滑板螺母37放入中滑板36大燕尾槽中的不通孔内并使中滑板螺母37在床鞍42的槽内且与槽侧平面相垂直，再将中滑板丝杠38通过床鞍螺纹孔旋入中滑板螺母37中，使其短光轴端旋入床鞍42的光孔之中，完成中滑板丝杠38与中滑板螺母37的装配与安装。

7）对照装配图，按要求将中滑板丝杠端盖39旋入床鞍42的螺纹孔内并用钢丝钳旋紧后，分别再将中滑板刻度盘40、中滑板手轮41套入中滑板丝杠38上，调整好轴向间隙后再将标准件M3紧固螺钉用钟表螺钉旋具旋入中滑板手轮41的螺纹孔中，逐渐加力拧紧，使中滑板手轮41与中滑板丝杠38固紧后，再将中滑板手柄旋入中滑板手轮的螺纹孔中，并且用钢丝钳垫上棉布进行固紧，完成床鞍42与中滑板的装配与安装。

8）逆时针旋转中滑板手轮柄，旋至将床鞍42燕尾块底面的2个螺钉孔露出，对照装配图按要求将床鞍螺母上面2个螺纹孔与床鞍42上面的2个螺钉孔对正，再用2个标准件M3螺钉进行联接，调整好与床鞍42与床鞍螺母43的相对位置后用螺钉旋具逐渐加力拧紧，完成床鞍42与床鞍螺母43的装配与安装。

9）对照装配图，按要求将导轨压板35的2个螺钉孔与床鞍42下面的2个螺纹孔对正，用2个标准件M3螺钉进行联接，完成床鞍42与导轨压板35的装配与安装。

4. 尾座部件的装配

1）对照装配图，按要求将尾座套筒21有螺纹孔一端插入尾座27孔中，使其导向槽向上，距尾座前端面16mm左右，再将尾座导向螺钉22旋入尾座27上面的螺纹孔中，并调整尾座导向螺钉22，使尾座套筒21在尾座27孔内可以作轴向移动，但不能旋转，完成尾座27、与尾座套筒21、尾座导向螺钉22的装配与安装。

2）对照装配图，按要求将尾座丝杠23由尾座27的螺纹孔一端按顺时针方向旋入尾座套筒21的螺纹孔内，再将尾座后盖24套入尾座丝杠23的轴上，用钢丝钳垫上棉布旋入尾座27的螺纹孔内。调整尾座后盖24与尾座丝杠23轴向间隙，使尾座丝杠23旋转自如，完成尾座丝杠23与尾座套筒21、尾座后盖24与尾座27的装配与安装。

3）对照装配图，按要求将尾座手柄25旋入尾座手轮26的手柄螺纹孔中，用钢丝钳垫上棉布进行紧固，将尾座手轮26旋入尾座丝杠23的外螺纹，并用钢丝钳垫上棉布进行紧固，完成尾座丝杠23与尾座手轮26的装配与安装。

4）对照装配图，按要求将尾座底座28底面的2个螺钉孔与尾座27的2个螺纹孔对正，再用2个标准件M4螺钉进行联接。调整尾座底座28与尾座27的相对位置用螺钉旋具逐渐加力拧紧，完成尾座27与尾座底座28的装配与安装。

5. 总装配与调试

1）对照装配图按要求将2根导轨4与床身2用4个标准件M4螺钉进行联接，调整2根导轨平行度误差在0.03mm以内，两根导轨的距离用尾座部件下面的尾座底座进行检验。在安装时，要求达到尾座部件在两根导轨内滑动自如的间隙配合。用螺丝刀逐渐加力将2根导轨4固定在床身2上，完成导轨4与床身2的装配与安装。

2）对照装配图，按要求将丝杠支架3用2个标准件M4螺钉联接在床身2的主轴箱一侧，并用游标高度尺进行测量相对位置合格后，用螺钉旋具逐渐加力将丝杠支架3固定在床身2上。

3）对照装配图，按要求将床鞍、中、小滑板部件由导轨右端（尾座的安装位置）与导轨配合安装在床身导轨上，调整导轨压板 35 的前后位置，使床鞍、中、小滑板部件在导轨上滑动自如，用螺钉旋具逐渐加力将固紧。

4）对照装配图，按要求将床鞍丝杠 33 短光轴一端旋入床鞍螺母 43 的螺纹孔内，并使床鞍丝杠 33 短光轴进入支架 3 的孔内。

5）对照装配图按要求将另一个丝杠支架 3，套入床鞍丝杠 33 长光轴上，使丝杠支架 3 两螺钉孔与床身 2 上（尾座的安装位置一侧）的 2 个螺纹孔对正，用 2 个标准件 M4 螺钉与床身 2 进行联接，调整床鞍丝杠 33 能带动床鞍、中、小滑板部件在机床导轨上移动自如，用螺钉旋具逐渐加力将床鞍丝杠 33 固紧在床身 2 的右端。

6）对照装配图，按要求将床鞍刻度盘 30、床鞍手轮 31 分别套入床鞍丝杠 33 上，调整轴向位置，用一个标准件 M3 顶丝将床鞍手轮 31 固定在床鞍丝杠 33 上，将床鞍手柄 32 旋入床鞍手轮 31 的螺纹孔中，并用钢丝钳垫上棉布进行紧固。

7）对照装配图，按要求摇动将床鞍手轮 31，使床鞍部件移动到主轴自定心卡盘 11 一侧，将尾座部件下面的尾座底座 28 与床身导轨 4 配合并移到床身中间的长通孔上。将尾座压块 29 的螺钉孔与尾座底座 28 对正，用 1 个标准件 M4 螺钉与尾座底座 28 进行联接。调整尾座压块 29 与导轨平行，用螺钉旋具调整尾座压块 29 与尾座的对导轨的力度，使尾座部件在车床导轨上能够自由滑动。

8）对照装配图，按要求在完成总装配后对车床进行全面调试，使车床各个运动部件能按要求进行相应的运动。并进行装配检验。

附　录

附录A　金属切削机床类、组、系划分及主参数

表 A-1　金属切削机床类、组划分表

类别＼组别		0	1	2	3	4	5	6	7	8	9
车床 C		仪表小型车床	单轴自动车床	多轴自动、半自动车床	回轮、转塔车床	曲轴及凸轮轴车床	立式车床	落地及卧式车床	仿形及多刀车床	轮、轴、辊、锭及铲齿车床	其他车床
钻床 Z			坐标镗钻床	深孔钻床	摇臂钻床	台式钻床	立式钻床	卧式钻床	铣钻床	中心孔钻床	其他钻床
镗床 T				深孔镗床		坐标镗床	立式镗床	卧式铣镗床	精镗床	汽车、拖拉机修理用镗床	其他镗床
磨床	M	仪表磨床	外圆磨床	内圆磨床	砂轮机	坐标磨床	导轨磨床	刀具刃磨床	平面及端面磨床	曲轴、凸轮轴、花键轴及轧辊磨床	工具磨床
	2M		超精机	内圆珩磨机	外圆及其他珩磨机	抛光机	砂带抛光及磨削机床	刀具刃磨及研磨机床	可转位刀片磨削机床	研磨机	其他磨床
	3M		球轴承套圈沟磨床	滚子轴承套圈滚道磨床	轴承套圈超精机		叶片磨削机床	滚子加工机床	钢球加工机床	气门、活塞及活塞环磨削机床	汽车、拖拉机修磨机床
齿轮加工机床 Y		仪表齿轮加工机		锥齿轮加工机	滚齿及铣齿机	剃齿及珩齿机	插齿机	花键轴铣床	齿轮磨齿机	其他齿轮加工机	齿轮倒角及检查机
螺纹加工机床 S					套丝机	攻丝机		螺纹铣床	螺纹磨床	螺纹车床	
铣床 X		仪表铣床	悬臂及滑枕铣床	龙门铣床	平面铣床	仿形铣床	立式升降台铣床	卧式升降台铣床	床身铣床	工具铣床	其他铣床
刨插床 B			悬臂刨床	龙门刨床			插床	牛头刨床		边缘及模具刨床	其他刨床

（续）

类别 \ 组别	0	1	2	3	4	5	6	7	8	9
拉床 L			侧拉床	卧式外拉床	连续拉床	立式内拉床	卧式内拉床	立式外拉床	键槽、轴瓦及螺纹拉床	其他拉床
锯床 G			砂轮片锯床		卧式带锯床	立式带锯床	圆锯床	弓锯床	锉锯床	
其他机床 Q	其他仪表机床	管子加工机床	木螺钉加工机		刻线机	切断机	多功能机床			

表 A-2 常用机床组、系代号及主参数

类	组	系	机床名称	主参数的折算系数	主参数
车床	1	1	单轴纵切自动车床	1	最大棒料直径
	1	2	单轴横切自动车床	1	最大棒料直径
	1	3	单轴转塔自动车床	1	最大棒料直径
	2	1	多轴棒料自动车床	1	最大棒料直径
	2	2	多轴卡盘自动车床	1/10	卡盘直径
	2	6	立式多轴半自动车床	1/10	最大车削直径
	3	0	回轮车床	1	最大棒料直径
	3	1	滑鞍转塔车床	1/10	卡盘直径
	3	3	滑枕转塔车床	1/10	卡盘直径
	4	1	曲轴车床	1/10	最大工件回转直径
	4	6	凸轮轴车床	1/10	最大工件回转直径
	5	1	单柱立式车床	1/100	最大车削直径
	5	2	双柱立式车床	1/100	最大车削直径
	6	0	落地车床	1/100	最大工件回转直径
	6	1	卧式车床	1/10	床身上最大回转直径
	6	2	马鞍车床	1/10	床身上最大回转直径
	6	4	卡盘车床	1/10	床身上最大回转直径
	6	5	球面车床	1/10	刀架上最大回转直径
	7	1	仿形车床	1/10	刀架上最大车削直径
	7	5	多刀车床	1/10	刀架上最大车削直径
	7	6	卡盘多刀车床	1/10	刀架上最大车削直径
	8	4	轧辊车床	1/10	最大工件直径
	8	9	铲齿车床	1/10	最大工件直径
	9	5	活塞车床	1/10	最大车削直径

（续）

类	组	系	机床名称	主参数的折算系数	主参数
钻床	1	3	立式坐标镗钻床	1/10	工作台面宽度
	2	1	深孔钻床	1/10	最大钻孔直径
	3	0	摇臂钻床	1	最大钻孔直径
	3	1	万向摇臂钻床	1	最大钻孔直径
	4	0	台式钻床	1	最大钻孔直径
	5	0	圆柱立式钻床	1	最大钻孔直径
	5	1	方柱立式钻床	1	最大钻孔直径
	5	2	可调多轴立式钻床	1	最大钻孔直径
	8	1	中心钻孔床	1/10	最大工件直径
	8	2	平端面中心钻孔床	1/10	最大工件直径
镗床	4	1	立式单柱坐标镗床	1/10	工作台面宽度
	4	2	立式双柱坐标镗床	1/10	工作台面宽度
	4	6	卧式坐标镗床	1/10	工作台面宽度
	6	1	卧式镗床	1/10	镗轴直径
	6	2	落地镗床	1/10	镗轴直径
	6	9	落地铣镗床	1/10	镗轴直径
	7	0	单面卧式精镗床	1/10	工作台面宽度
	7	1	双面卧式精镗床	1/10	工作台面宽度
	7	2	立式精镗床	1/10	最大镗孔直径
磨床	0	4	抛光机		—
	0	6	刀具磨床		—
	1	0	无心外圆磨床	1	最大磨削直径
	1	3	外圆磨床	1/10	最大磨削直径
	1	4	万能外圆磨床	1/10	最大磨削直径
	1	5	宽砂轮外圆磨床	1/10	最大磨削直径
	1	6	端面外圆磨床	1/10	最大回转直径
	2	1	内圆磨床	1/10	最大磨削孔径
	2	5	立式行星内圆磨床	1/10	最大磨削孔径
	2	8	立式内圆磨床	1/10	最大磨削直径
	3	0	落地砂轮机	1/10	最大砂轮直径
	5	0	落地导轨磨床	1/100	最大磨削宽度
	5	2	龙门导轨磨床	1/100	最大磨削宽度
	6	0	万能工具磨床	1/10	最大回转直径
	6	3	钻头刃磨床	1	最大刃磨钻头直径
	7	1	卧轴矩台平面磨床	1/10	工作台面宽度
	7	3	卧轴圆台平面磨床	1/10	工作台面直径

（续）

类	组	系	机床名称	主参数的折算系数	主参数
磨床	7	4	立轴圆台平面磨床	1/10	工作台面直径
	8	2	曲轴磨床	1/10	最大回转直径
	8	3	凸轮轴磨床	1/10	最大回转直径
	8	6	花键轴磨床	1/10	最大磨削直径
	9	0	曲线磨床	1/10	最大磨削长度
齿轮加工机床	2	0	弧齿锥齿轮磨齿机	1/10	最大工件直径
	2	2	弧齿锥齿轮铣齿机	1/10	最大工件直径
	2	3	直齿锥齿轮刨齿机	1/10	最大工件直径
	3	1	滚齿机	1/10	最大工件直径
	3	6	卧式滚齿机	1/10	最大工件直径
	4	2	剃齿机	1/10	最大工件直径
	4	6	珩齿机	1/10	最大工件直径
	5	1	插齿机	1/10	最大工件直径
	6	0	花键轴铣床	1/10	最大铣削直径
	7	0	碟形砂轮磨齿机	1/10	最大工件直径
	7	1	锥形砂轮磨齿机	1/10	最大工件直径
	7	2	蜗杆砂轮磨齿机	1/10	最大工件直径
	8	0	车齿机	1/10	最大工件直径
	9	3	齿轮倒角机	1/10	最大工件直径
	9	9	齿轮噪声检查机	1/10	最大工件直径
螺纹加工机床	3	0	套丝机	1	最大套螺纹直径
	4	8	卧式攻丝机	1/10	最大攻螺纹直径
	6	0	丝杠铣床	1/10	最大铣削直径
	6	2	短螺纹铣床	1/10	最大铣削直径
	7	4	丝杠磨床	1/10	最大工件直径
	7	5	万能螺纹磨床	1/10	最大工件直径
	8	6	丝杠车床	1/100	最大工件长度
	8	9	多头螺纹车床	1/10	最大车削直径
铣床	2	0	龙门铣床	1/100	工作台面宽度
	3	0	圆台铣床	1/100	工作台面宽度
	4	3	平面仿形铣床	1/10	最大铣削宽度
	4	4	立体仿形铣床	1/10	最大铣削宽度
	5	0	立式升降台铣床	1/10	工作台面宽度
	6	0	卧式升降台铣床	1/10	工作台面宽度
	6	1	万能升降台铣床	1/10	工作台面宽度
	7	1	床身铣床	1/100	工作台面宽度

（续）

类	组	系	机床名称	主参数的折算系数	主参数
铣床	8	1	万能工具铣床	1/10	工作台面宽度
	9	2	键槽铣床	1	最大键槽宽度
刨插床	1	0	悬臂刨床	1/100	最大刨削宽度
	2	0	龙门刨床	1/100	最大刨削宽度
	2	2	龙门铣磨刨床	1/100	最大刨削宽度
	5	0	插床	1/10	最大插削长度
	6	0	牛头刨床	1/10	最大刨削长度
	8	8	模具刨床	1/10	最大刨削长度
拉床	3	1	卧式外拉床	1/10	额定拉力
	4	3	连续拉床	1/10	额定拉力
	5	1	立式内拉床	1/10	额定拉力
	6	1	卧式内拉床	1/10	额定拉力
	7	1	立式外拉床	1/10	额定拉力
	9	1	气缸体平面拉床	1/10	额定拉力
特种加工机床	1	1	超声波穿孔机	1/10	最大功率
	2	5	电解车刀刃磨床	1	最大车刀宽度
	7	1	电火花成形机	1/10	工作台面宽度
	7	7	电火花线切割机	1/10	工作台横向行程
锯床	5	1	立式带锯床	1/10	最大锯削厚度
	6	0	卧式圆锯床	1/100	最大圆锯片直径
	7	1	夹板卧式弓锯床	1/10	最大锯削直径
其他机床	1	6	管接头螺纹车床	1/10	最大加工直径
	2	1	木螺钉螺纹加工机	1	最大工件直径
	4	0	圆刻线机	1/100	最大加工长度
	4	1	长刻线机	1/100	最大加工长度

附录 B　CA6140 型卧式车床的主要技术参数

项目		参数
床身上最大工件回转直径		400mm
刀架上最大工件回转直径		210mm
最大工件长度（4 种）		750mm、1000mm、1500mm、2000 mm
主轴中心高度		205mm
主轴内孔直径		48mm
主轴孔前端锥孔的锥度		莫氏 6 号
主轴转速	正转（24 级）	10 ~ 1400r/min
	反转（12 级）	14 ~ 1580r/min
车削螺纹范围		
米制螺纹	44 种	1 ~ 192 mm
寸制螺纹	20 种	2 ~ 24 牙/in[㊀]
模数螺纹	39 种	0. 25 ~ 48mm
径节螺纹	37 种	1 ~ 96 牙/in
主电动机		7. 5kW、1450r/min
快速电动机		0. 25kW、2800r/min
进给量	纵向及横向各 64 级	
	纵向进给量	0. 028 ~ 6. 33 mm/r
	横向进给量	0. 014 ~ 3. 16 mm/r
尾座顶尖套锥孔锥度		莫氏 5 号
机床工作精度		
圆度		0. 002 ~ 0. 005mm
精车端面平面度		0. 005 ~ 0. 01mm
表面粗糙度		*Ra*3. 2 ~ 0. 8μm

㊀ 1in = 25. 4cm。

附录C　X5032型铣床的主要技术参数

工作台工作面积（宽×长）	320mm×1250mm
立铣头最大回转角度	±45°
工作台最大行程	
纵向（手动/机动）	800mm/790mm
横向（手动/机动）	300mm/295mm
垂向（升降）（手动/机动）	400mm/390mm
主轴端面至工作台面间距离	
最大	430mm
最小	60mm
主轴锥孔锥度	7∶24
床身垂直导轨面至工作台中心的距离	
最大	470mm
最小	215mm
主轴轴线至垂直导轨面间距离	350mm
主轴轴向移动距离	70mm
主轴转速（18级）	30～1500r/min
工作台进给速度	
纵向（18级）	23.5～1180mm/min
横向（18级）	23.5～1180mm/min
垂向（18级）	8～394mm/min
主电动机功率	7.5kW
主电动机转速	1450r/mm
电动机总功率	9.125kW
机床工作精度	
加工表面的平面度	0.02mm
加工表面的平行度	0.02mm
加工表面的垂直度	0.02mm/100mm
加工表面的表面粗糙度值	*Ra*1.6μm

附录D 车床模型零件图汇总

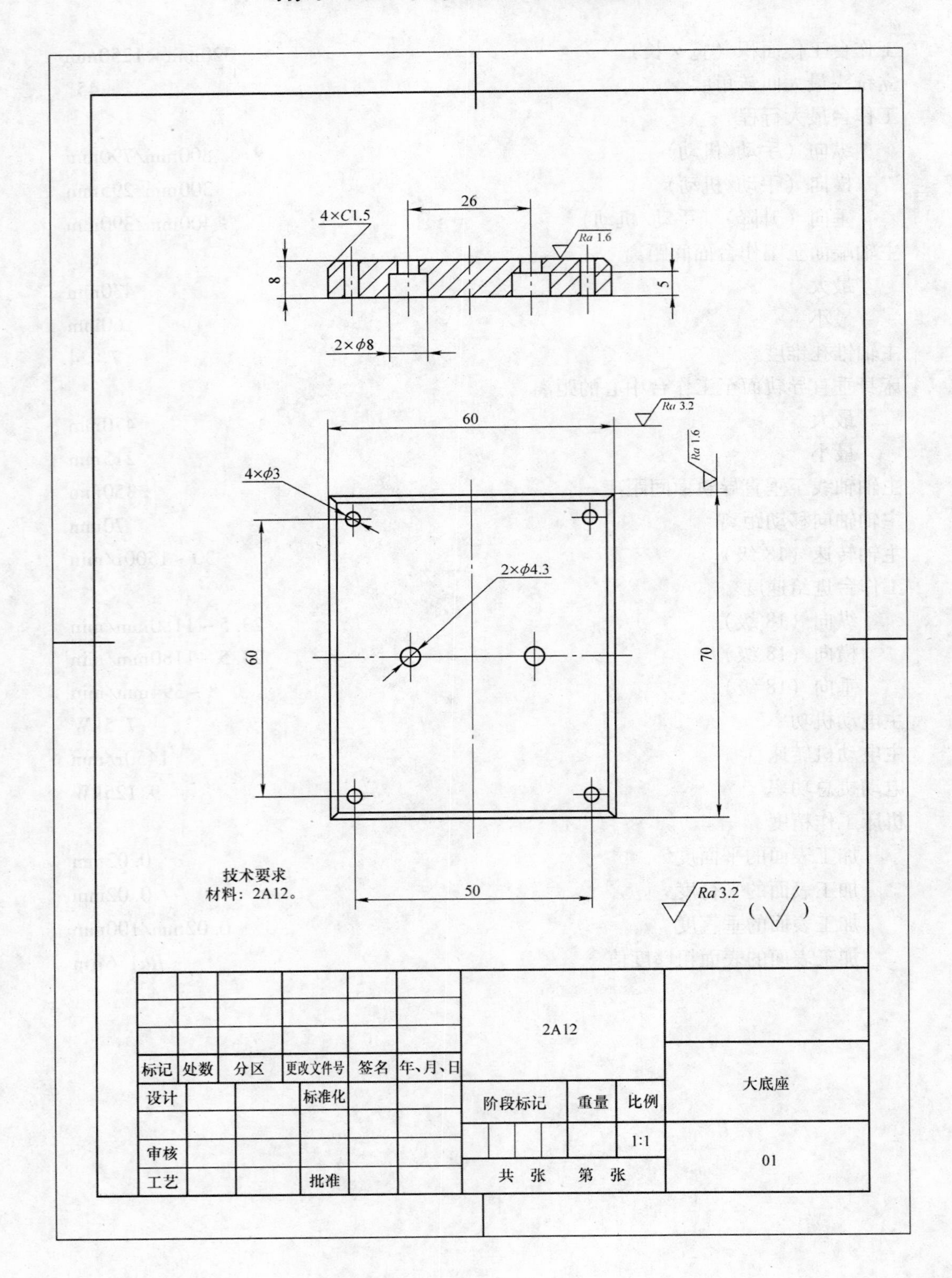

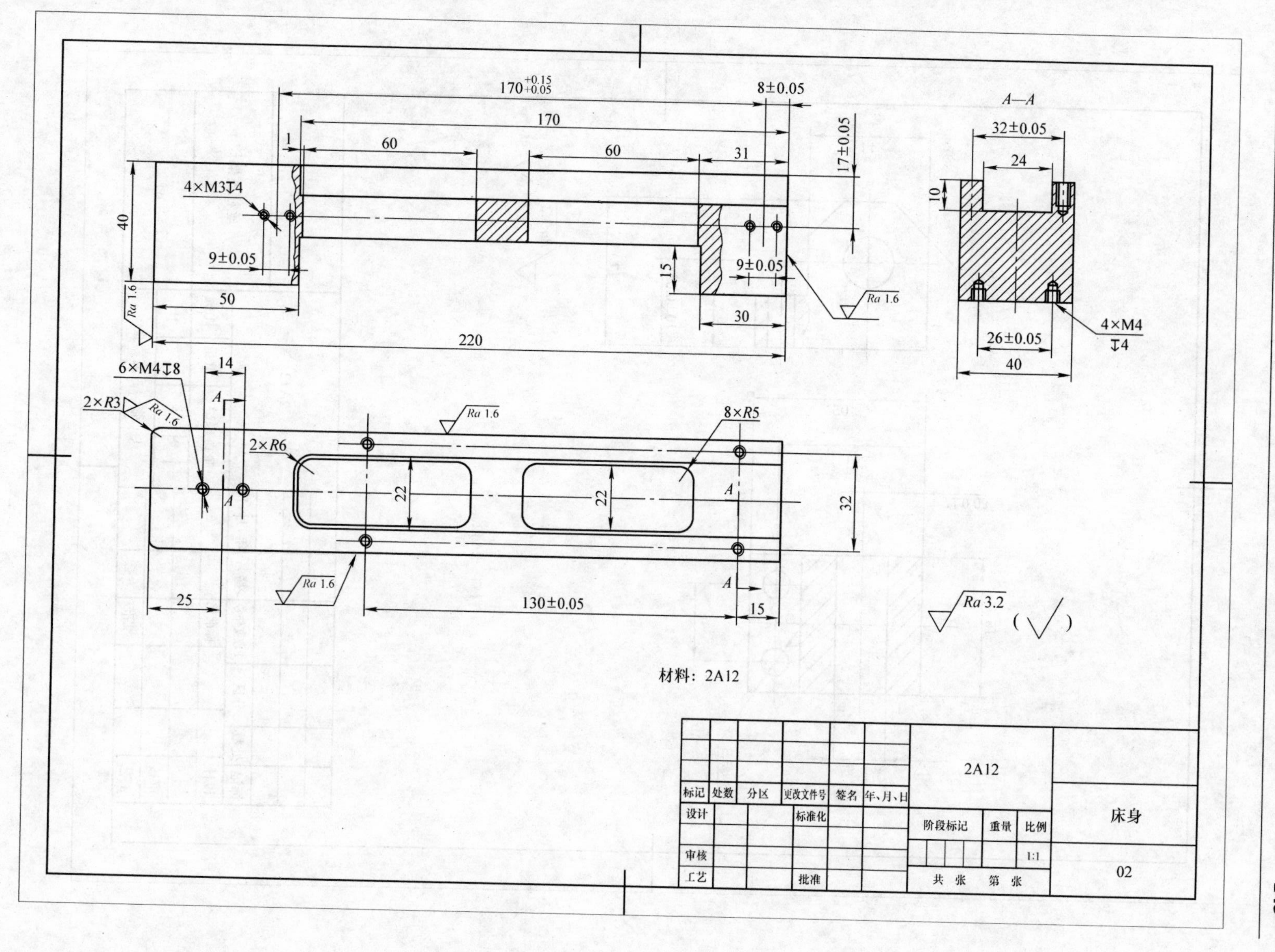
A—A
4×M3↧4
4×M4
↧4
6×M4↧8
2×R3
2×R6
8×R5
Ra 1.6
Ra 3.2
材料：2A12
2A12
床身
02
标记
处数
分区
更改文件号
签名
年、月、日
设计
标准化
审核
工艺
批准
阶段标记
重量
比例
1:1
共　张
第　张

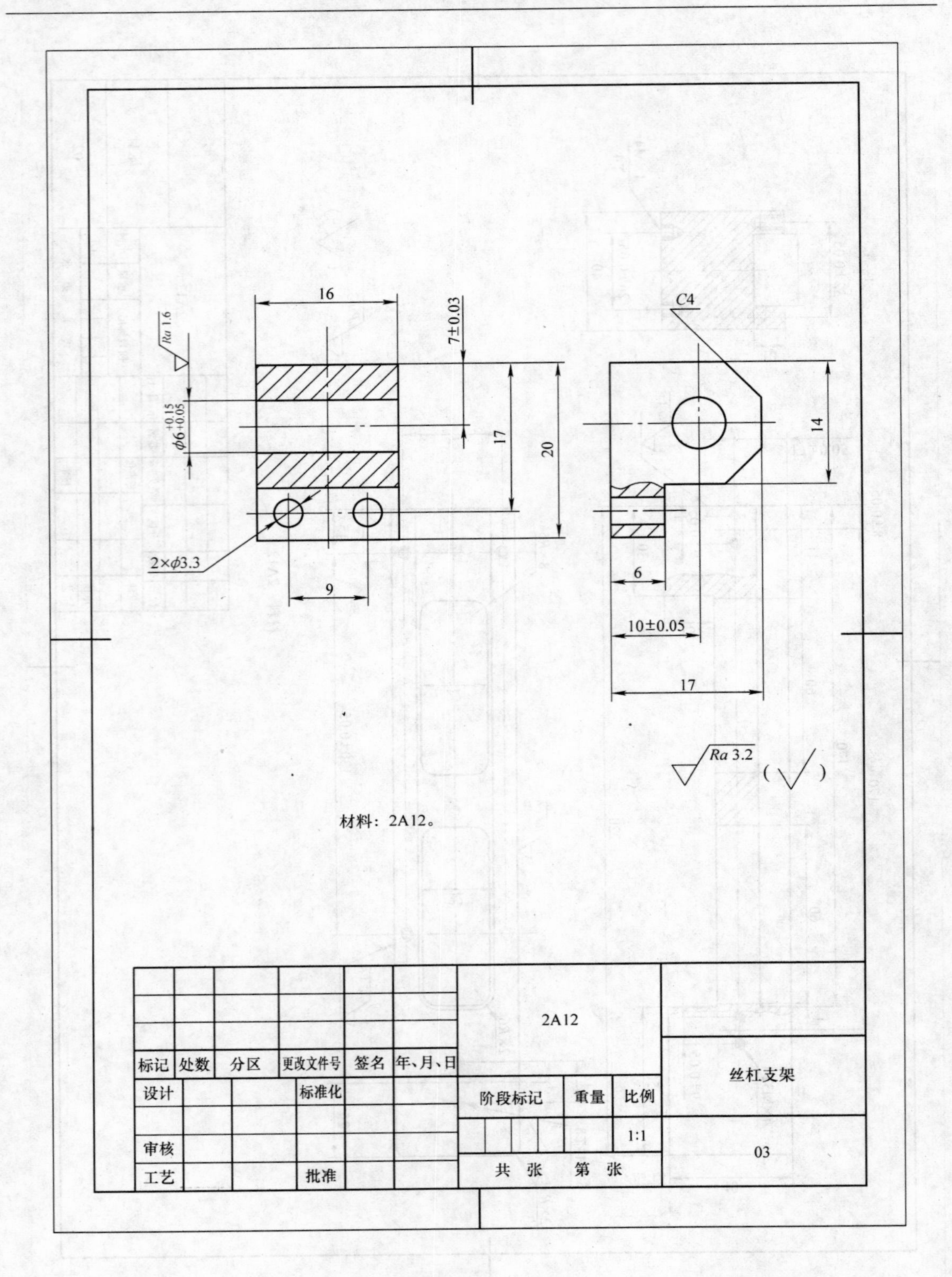
16
7±0.03
Ra 1.6
$\phi 6^{+0.15}_{+0.05}$
17
20
2×φ3.3
9
C4
14
6
10±0.05
17
Ra 3.2
(√)
材料：2A12。
2A12
丝杠支架
标记
处数
分区
更改文件号
签名
年、月、日
设计
标准化
阶段标记
重量
比例
审核
1:1
03
工艺
批准
共 张 第 张

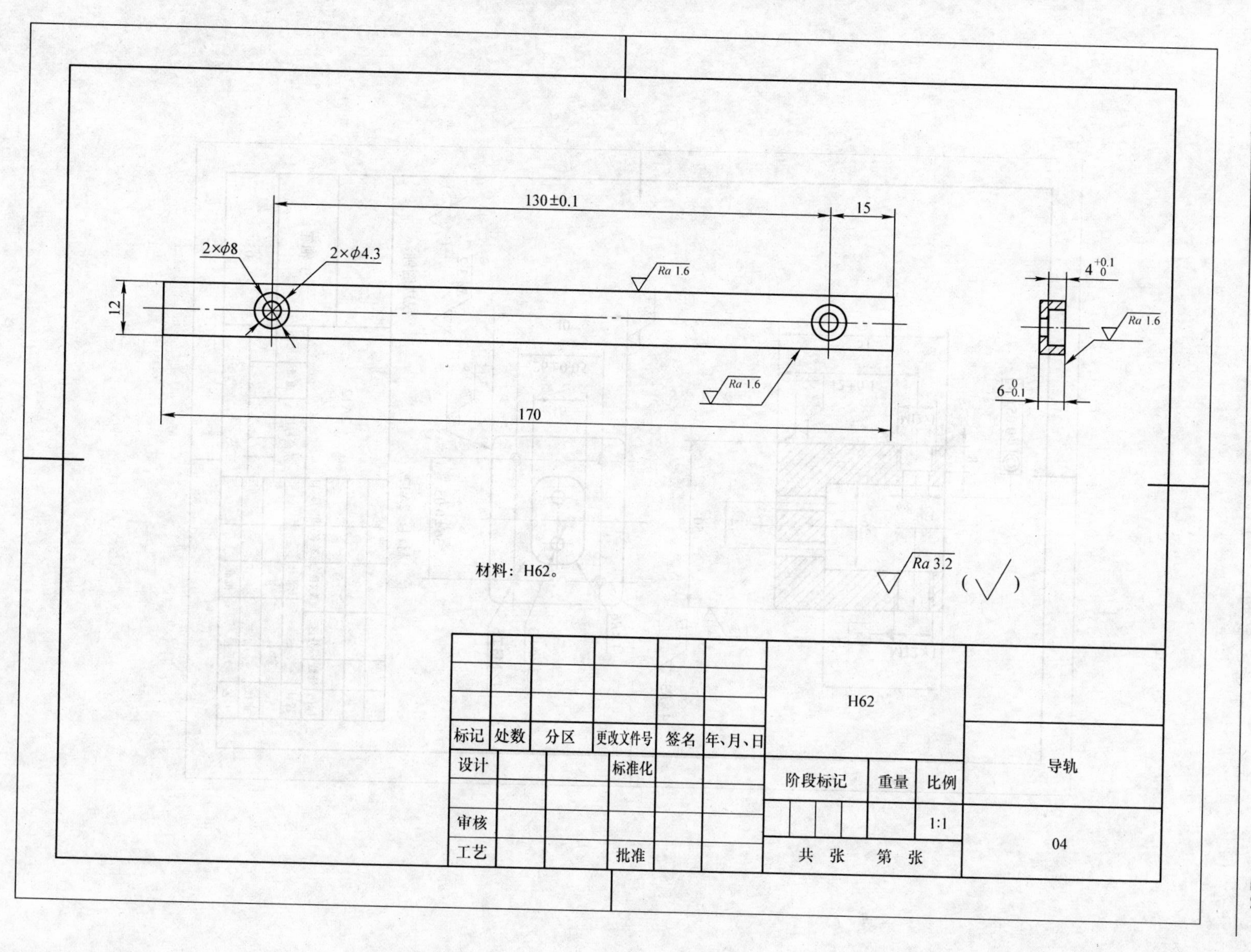

130±0.1
15
2×φ8
2×φ4.3
Ra 1.6
12
4 +0.1 0
Ra 1.6
Ra 1.6
6 0 −0.1
170
材料：H62。
Ra 3.2
(√)
H62
标记
处数
分区
更改文件号
签名
年、月、日
设计
标准化
阶段标记
重量
比例
导轨
审核
1:1
工艺
批准
共　张
第　张
04

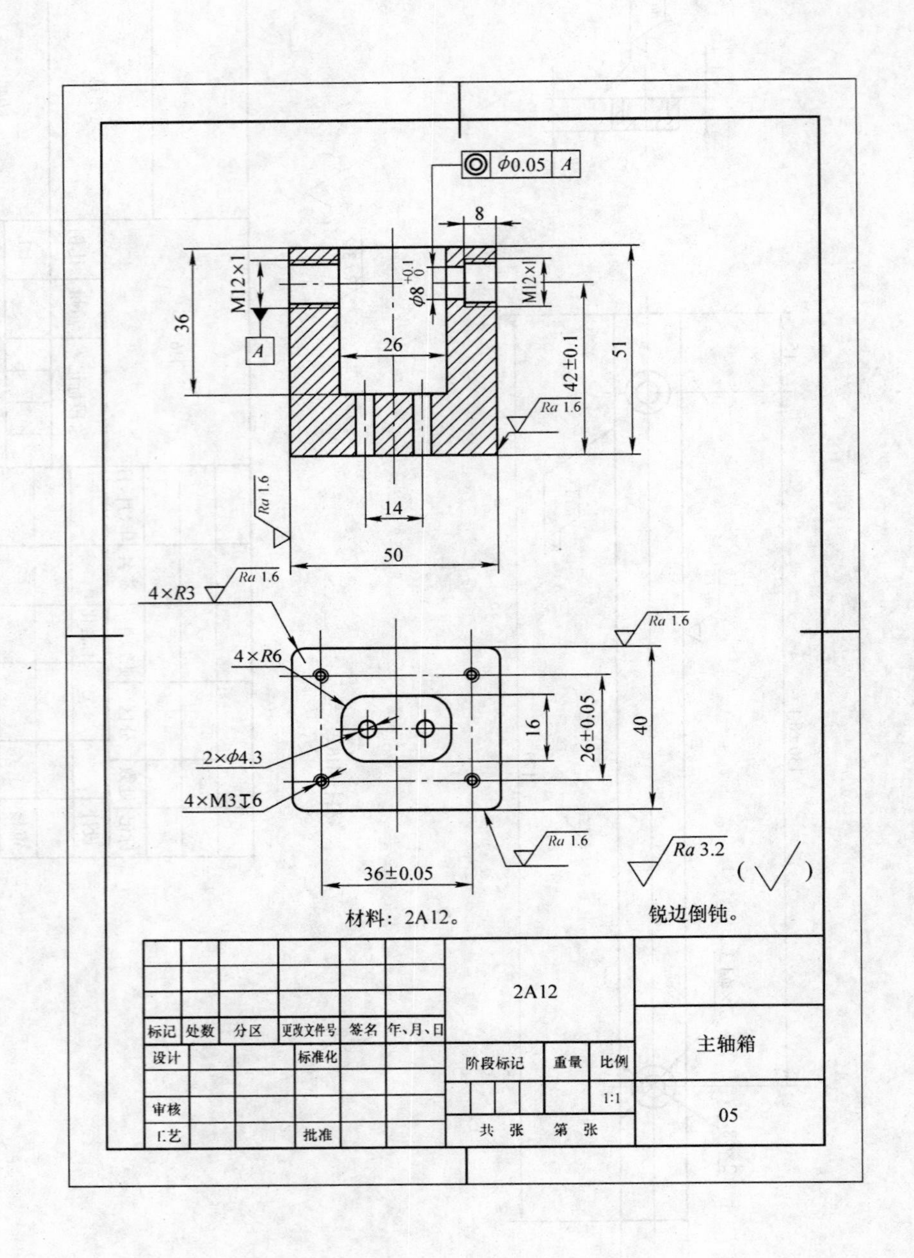

⊚ φ0.05 A
8
M12×1
36
A
φ8 +0.1 0
M12×1
26
42±0.1
51
Ra 1.6
Ra 1.6
14
50
4×R3
Ra 1.6
Ra 1.6
4×R6
16
26±0.05
40
2×φ4.3
4×M3↧6
Ra 1.6
Ra 3.2
(√)
36±0.05
材料：2A12。
锐边倒钝。
2A12
标记 处数 分区 更改文件号 签名 年、月、日
设计 标准化
阶段标记 重量 比例
1:1
审核
工艺 批准
共 张 第 张
主轴箱
05

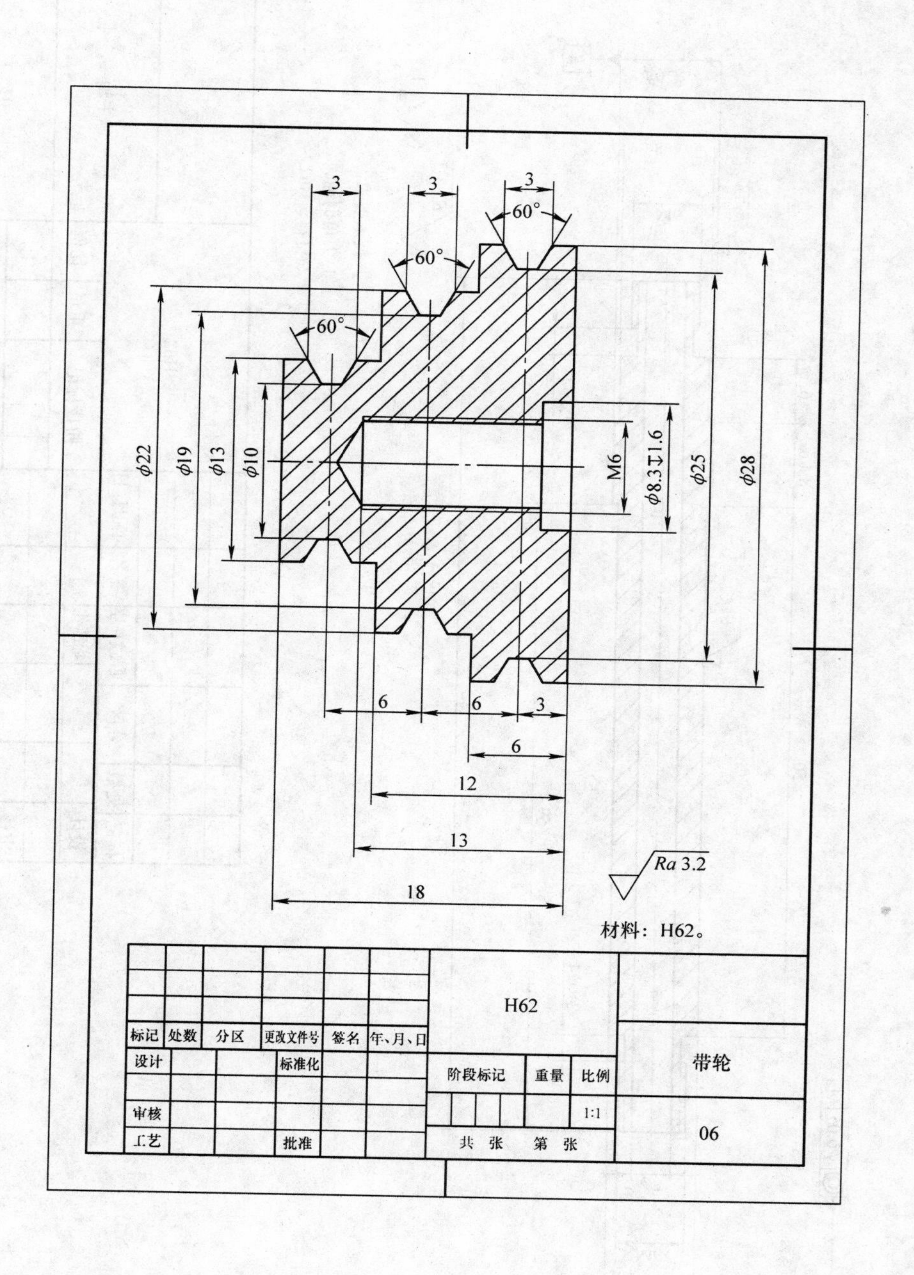
3
3
3
60°
60°
60°
φ22
φ19
φ13
φ10
M6
φ8.3↧1.6
φ25
φ28
6
6
3
6
12
13
18
Ra 3.2
材料：H62。
H62
标记
处数
分区
更改文件号
签名
年、月、日
设计
标准化
阶段标记
重量
比例
带轮
审核
1:1
工艺
批准
共　张　第　张
06

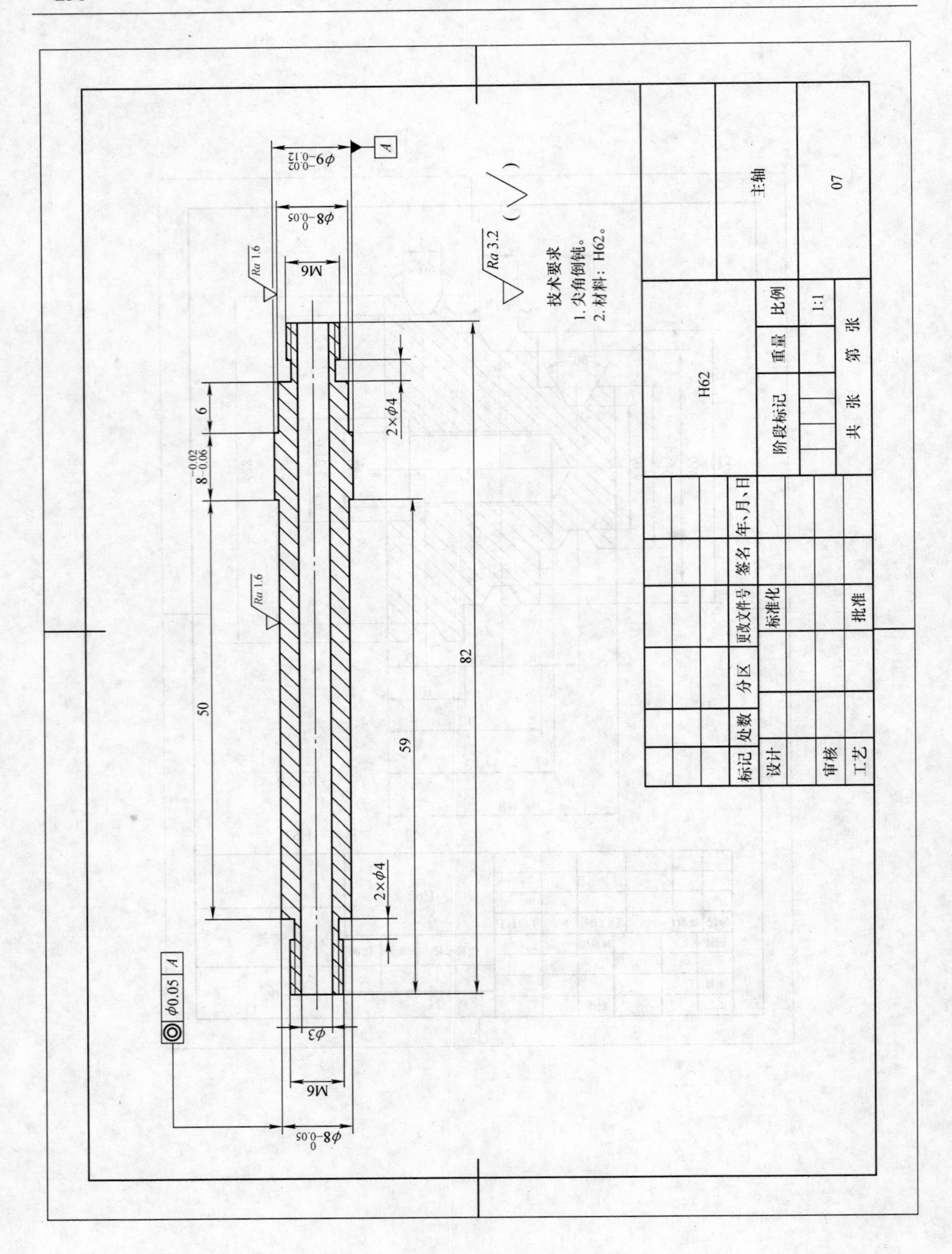

$\phi 9^{-0.02}_{-0.12}$
A
$\phi 8^{\ 0}_{-0.05}$
M6
Ra 1.6
Ra 3.2
(√)
技术要求
1. 尖角倒钝。
2. 材料：H62。
6
$8^{-0.02}_{-0.06}$
2×φ4
82
50
59
Ra 1.6
2×φ4
φ0.05 A
φ3
M6
$\phi 8^{\ 0}_{-0.05}$
H62
主轴
07
阶段标记
重量
比例
1:1
共 张
第 张
标记
处数
分区
更改文件号
签名
年、月、日
设计
标准化
审核
工艺
批准

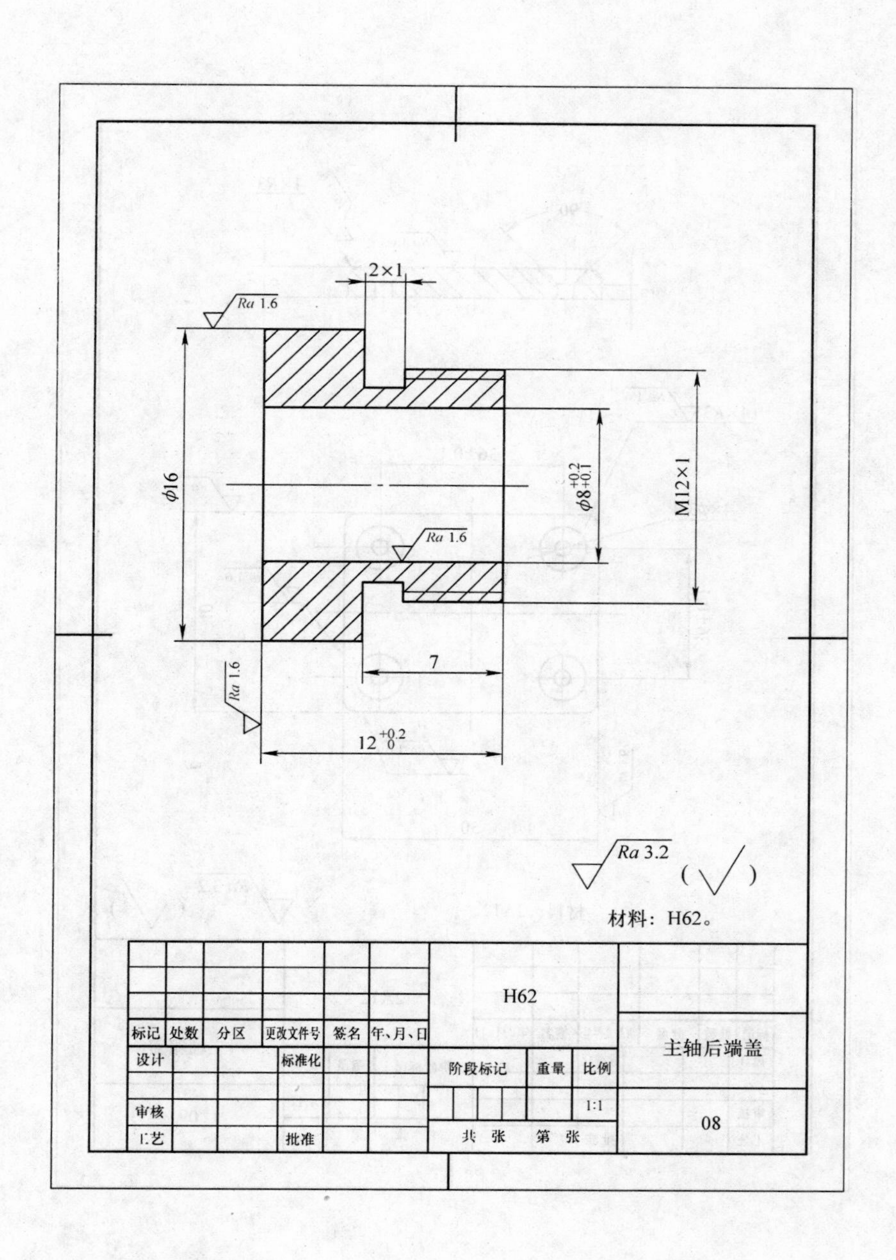
2×1
Ra 1.6
φ16
φ8+0.2 +0.1
M12×1
Ra 1.6
7
Ra 1.6
12+0.2 0
Ra 3.2
材料：H62。
标记
处数
分区
更改文件号
签名
年、月、日
H62
设计
标准化
阶段标记
重量
比例
主轴后端盖
审核
1:1
08
工艺
批准
共　张
第　张

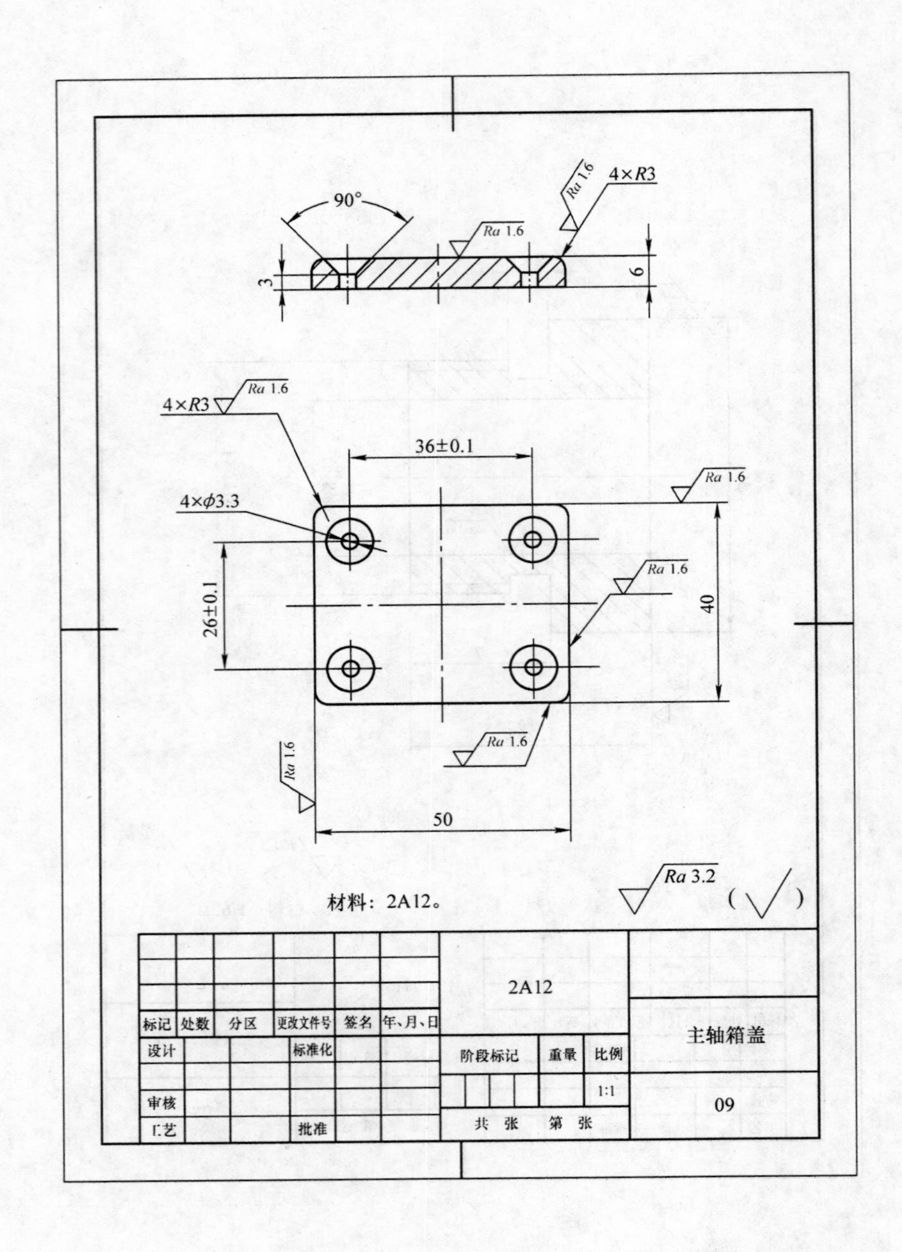
90°
Ra 1.6
Ra 1.6
4×R3
3
6
4×R3
Ra 1.6
36±0.1
4×ϕ3.3
Ra 1.6
Ra 1.6
26±0.1
40
Ra 1.6
Ra 1.6
50
材料：2A12。
Ra 3.2
2A12
标记 处数 分区 更改文件号 签名 年、月、日
设计 标准化
阶段标记 重量 比例
1:1
审核
工艺 批准
共 张 第 张
主轴箱盖
09

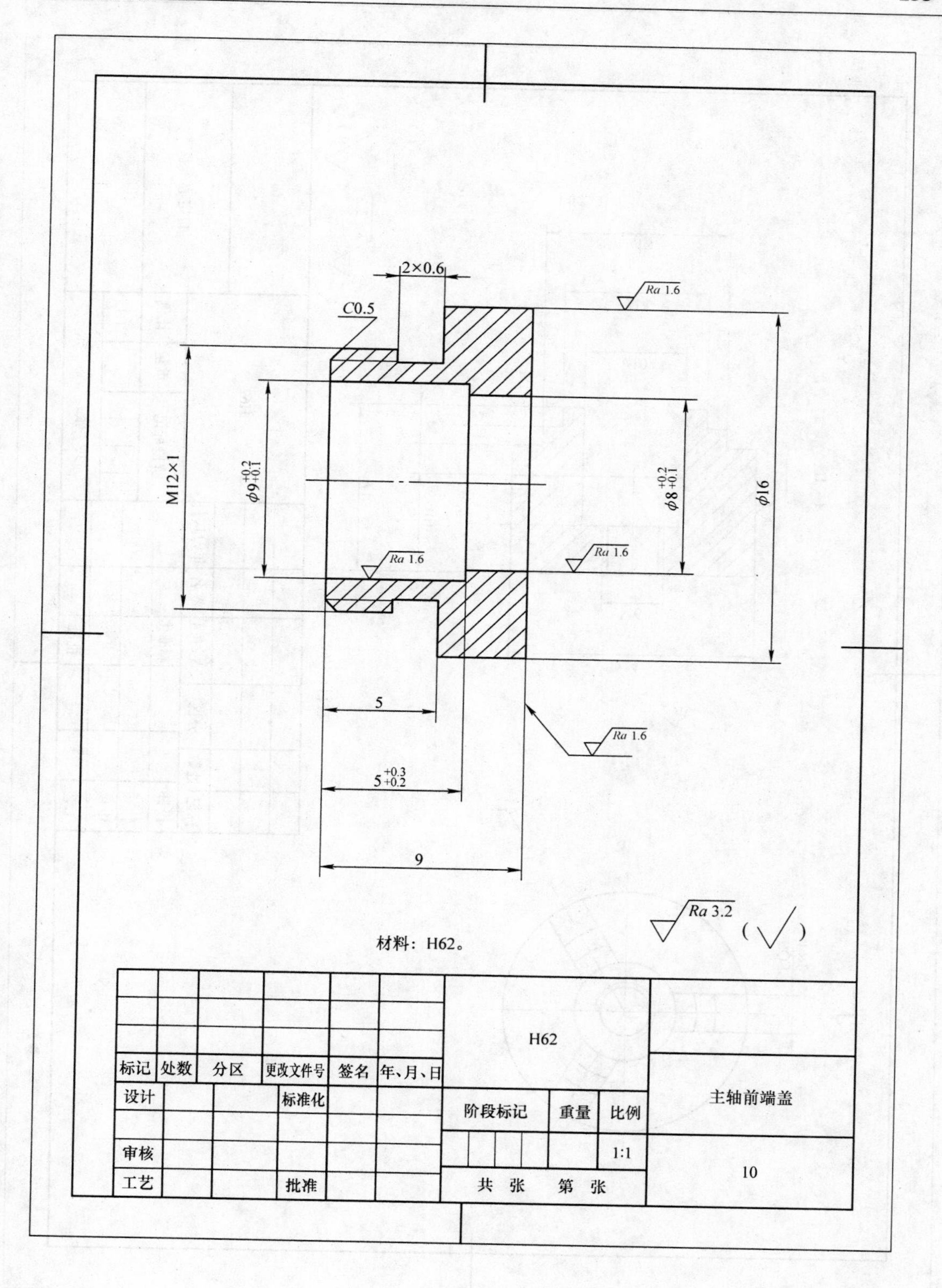
2×0.6
C0.5
Ra 1.6
M12×1
φ9+0.2 +0.1
φ8+0.2 +0.1
φ16
Ra 1.6
Ra 1.6
5
5+0.3 +0.2
Ra 1.6
9
Ra 3.2
材料：H62。
H62
标记 处数 分区 更改文件号 签名 年、月、日
设计 标准化
阶段标记 重量 比例
审核 1:1
工艺 批准
共 张 第 张
主轴前端盖
10

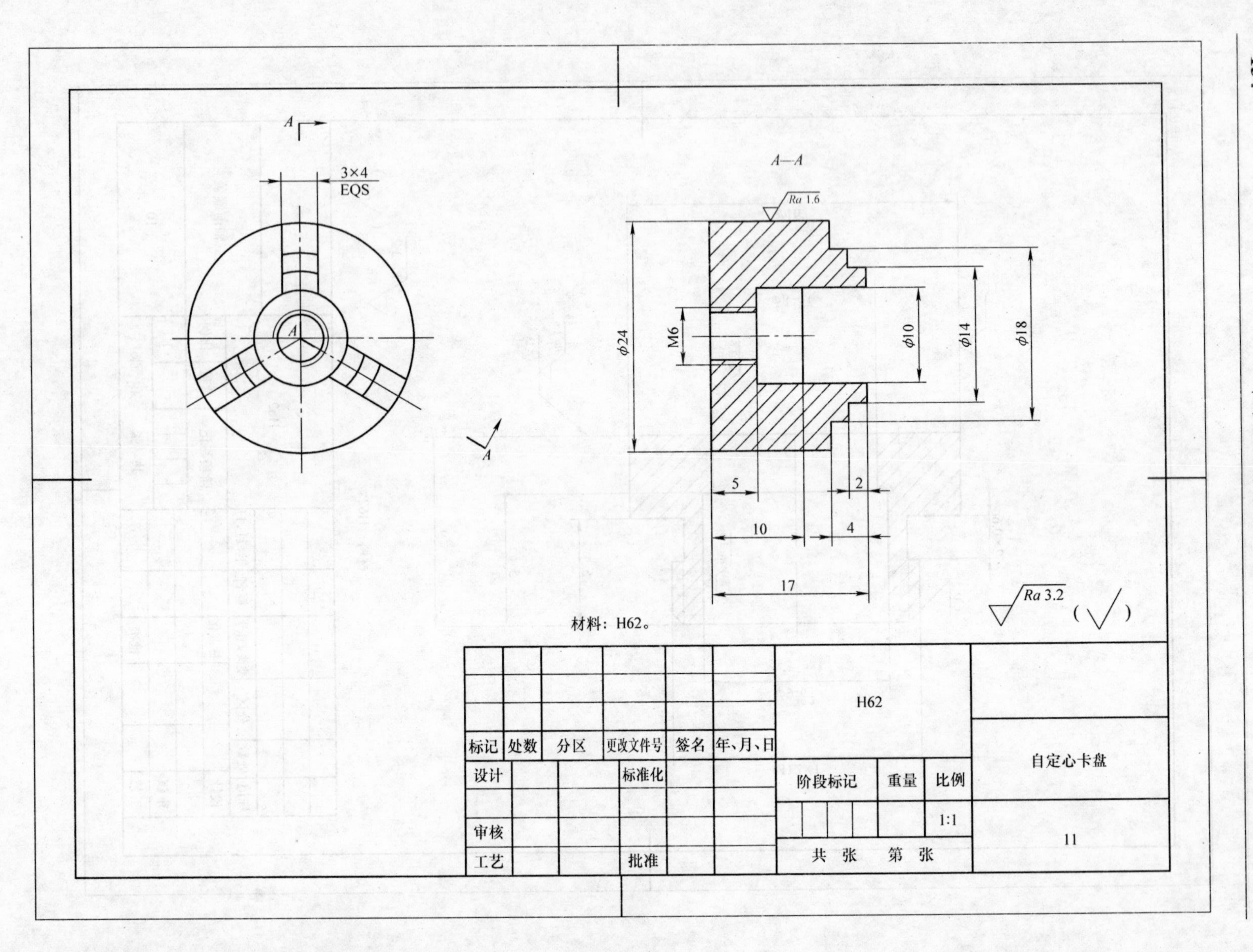
A
3×4
EQS
A
A
A—A
Ra 1.6
φ24
M6
φ10
φ14
φ18
5
2
10
4
17
Ra 3.2
(√)
材料：H62。
H62
标记
处数
分区
更改文件号
签名
年、月、日
设计
标准化
阶段标记
重量
比例
1:1
审核
工艺
批准
共　张
第　张
自定心卡盘
11

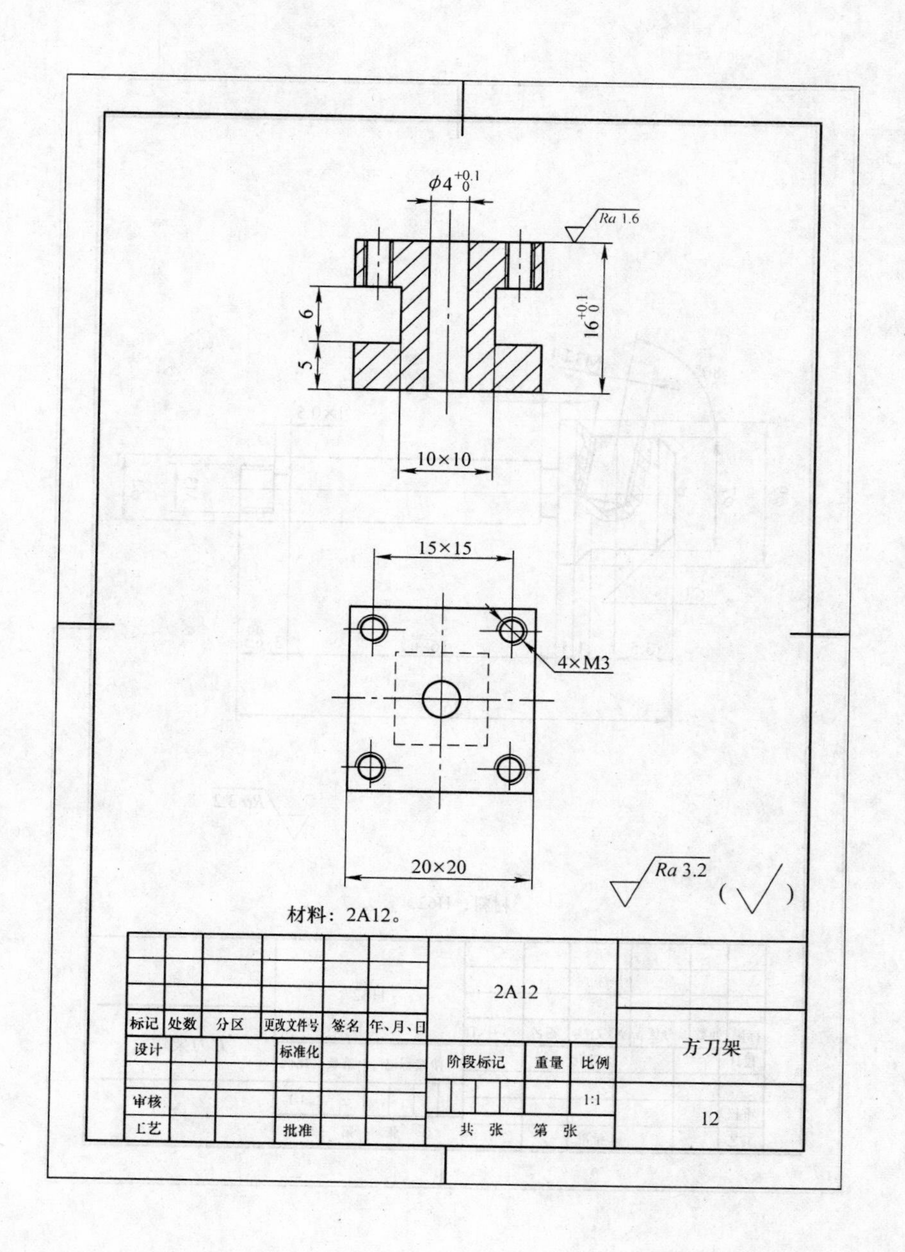
$\phi 4^{+0.1}_{0}$
Ra 1.6
6
5
$16^{+0.1}_{0}$
10×10
15×15
4×M3
20×20
Ra 3.2
(√)
材料：2A12。
2A12
标记
处数
分区
更改文件号
签名
年、月、日
设计
标准化
阶段标记
重量
比例
审核
1:1
工艺
批准
共　张
第　张
方刀架
12

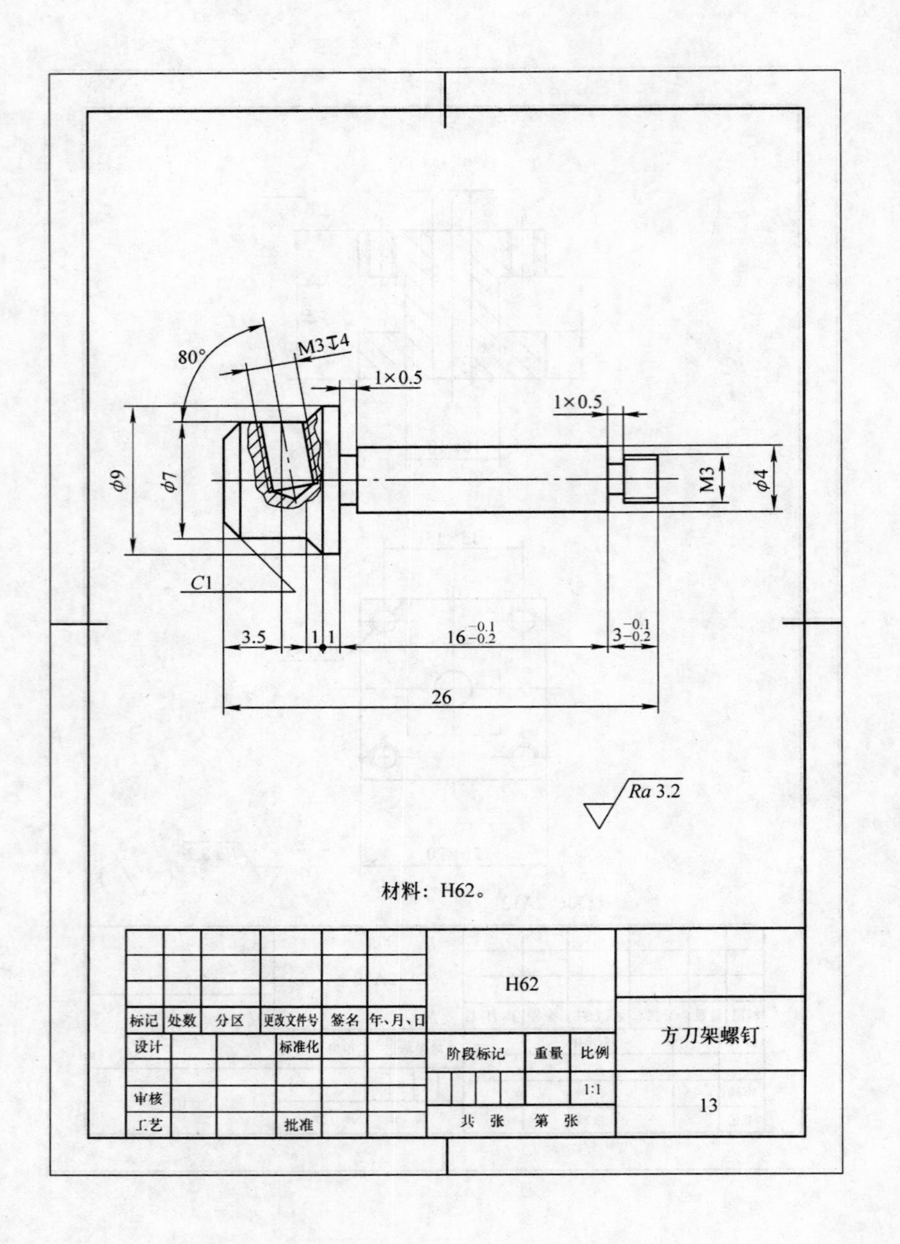
80°
M3↧4
1×0.5
1×0.5
φ9
φ7
M3
φ4
C1
3.5
1
1
$16^{-0.1}_{-0.2}$
$3^{-0.1}_{-0.2}$
26
Ra 3.2
材料：H62。
H62
标记
处数
分区
更改文件号
签名
年、月、日
设计
标准化
阶段标记
重量
比例
1:1
审核
工艺
批准
共 张
第 张
方刀架螺钉
13

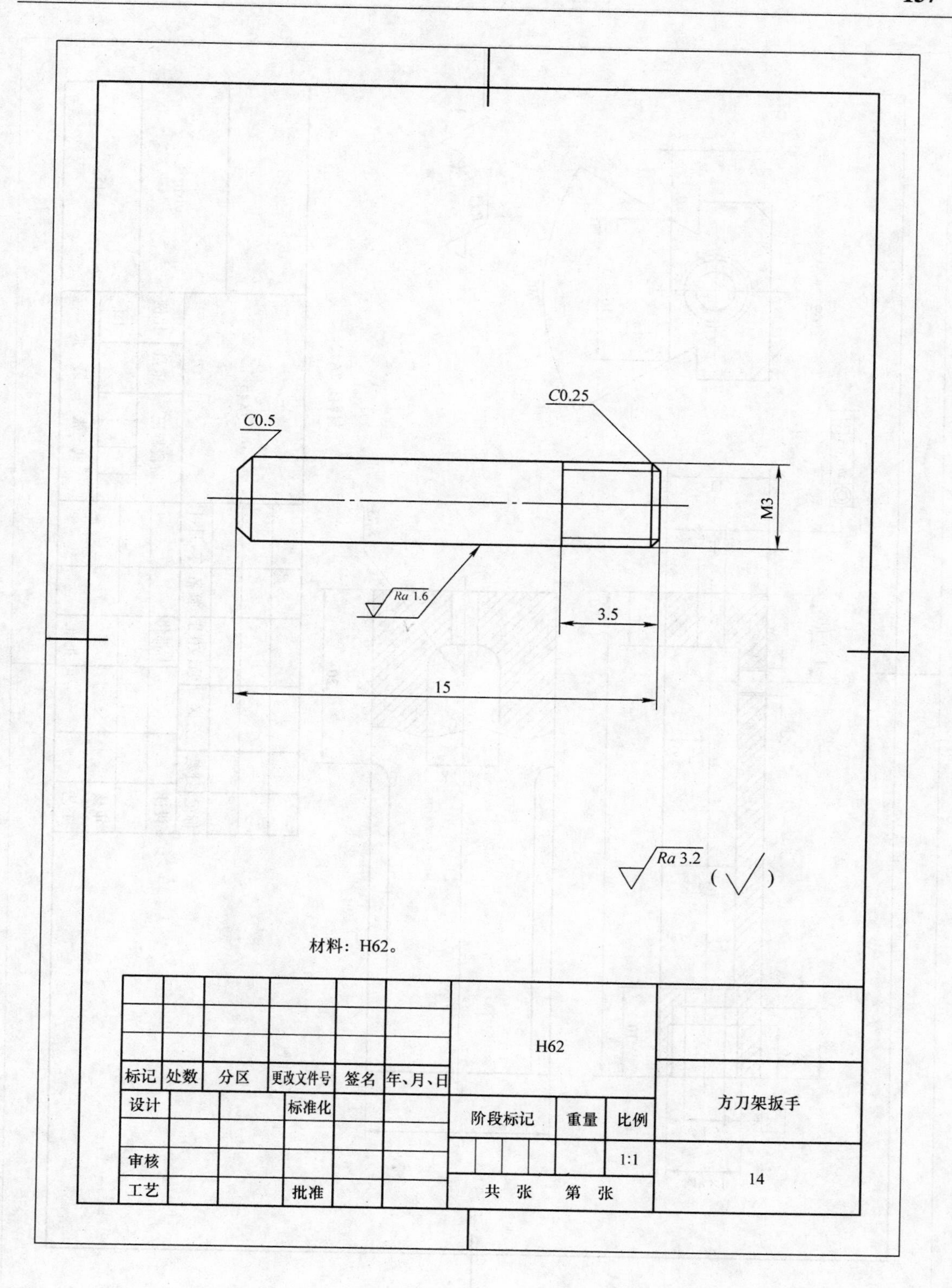
C0.5
C0.25
M3
Ra 1.6
3.5
15
Ra 3.2
材料：H62。
H62
标记
处数
分区
更改文件号
签名
年、月、日
设计
标准化
审核
工艺
批准
阶段标记
重量
比例
1:1
共　张　第　张
方刀架扳手
14

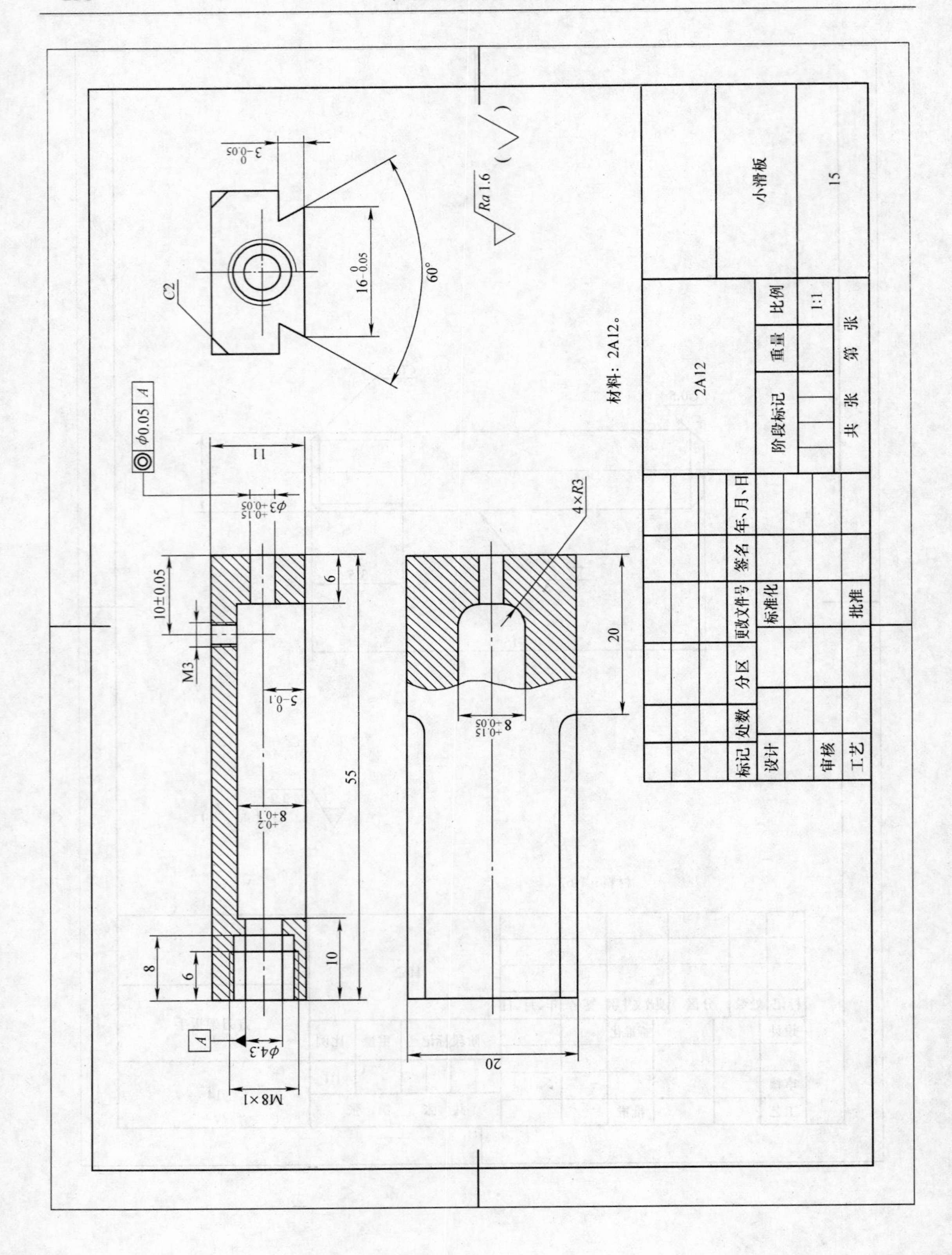
小滑板
15
材料：2A12。
2A12
阶段标记
重量
比例
1:1
共 张
第 张
标记
处数
分区
更改文件号
签名
年、月、日
设计
标准化
审核
工艺
批准
Ra 1.6
60°
C2
4×R3
55
20
11
10±0.05
M3
M8×1
φ4.3
φ0.05 A
A

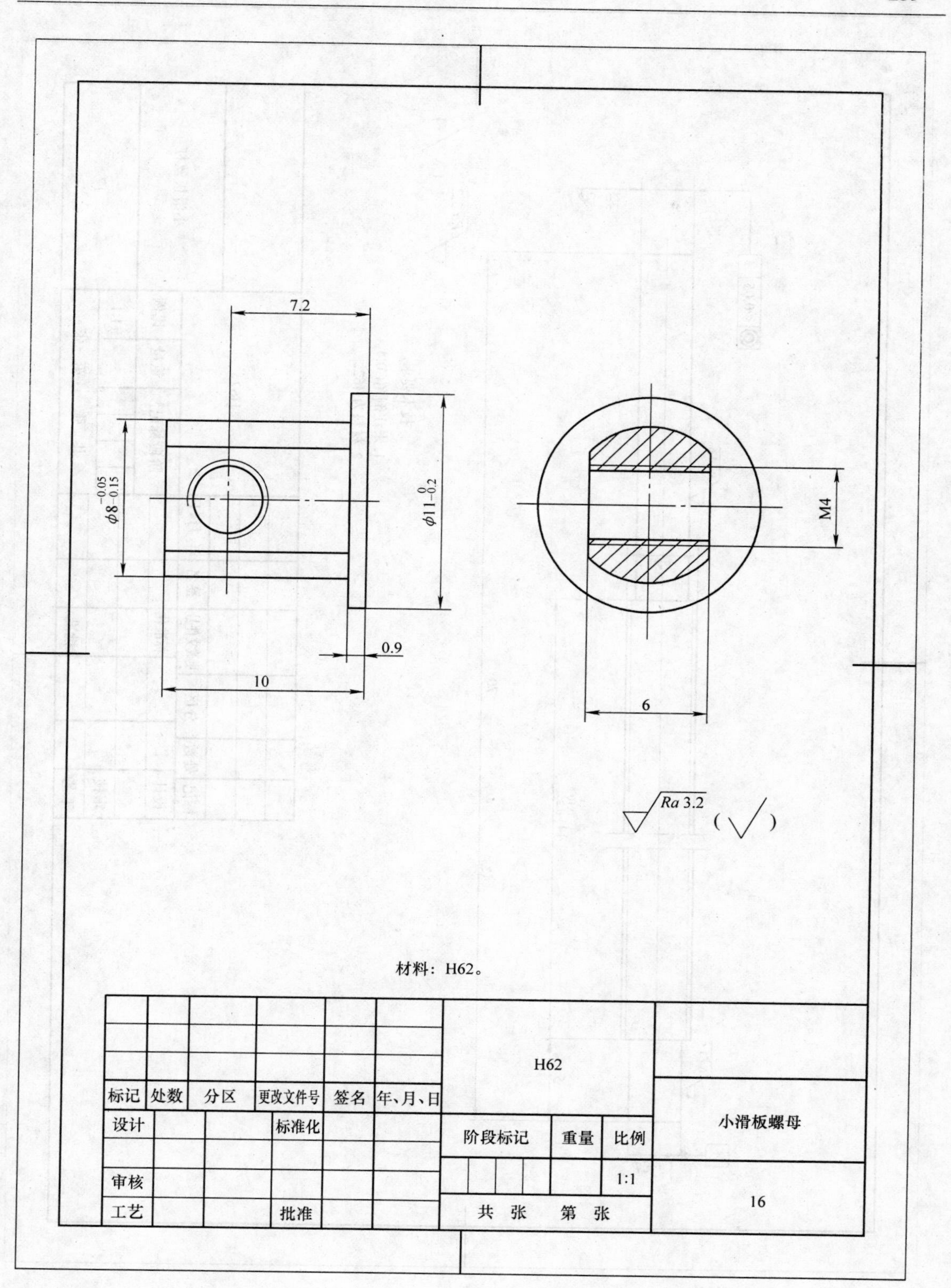
7.2
$\phi 8^{-0.05}_{-0.15}$
$\phi 11^{0}_{-0.2}$
0.9
10
M4
6
Ra 3.2
(√)
材料：H62。
H62
标记
处数
分区
更改文件号
签名
年、月、日
设计
标准化
阶段标记
重量
比例
审核
1:1
工艺
批准
共 张
第 张
小滑板螺母
16

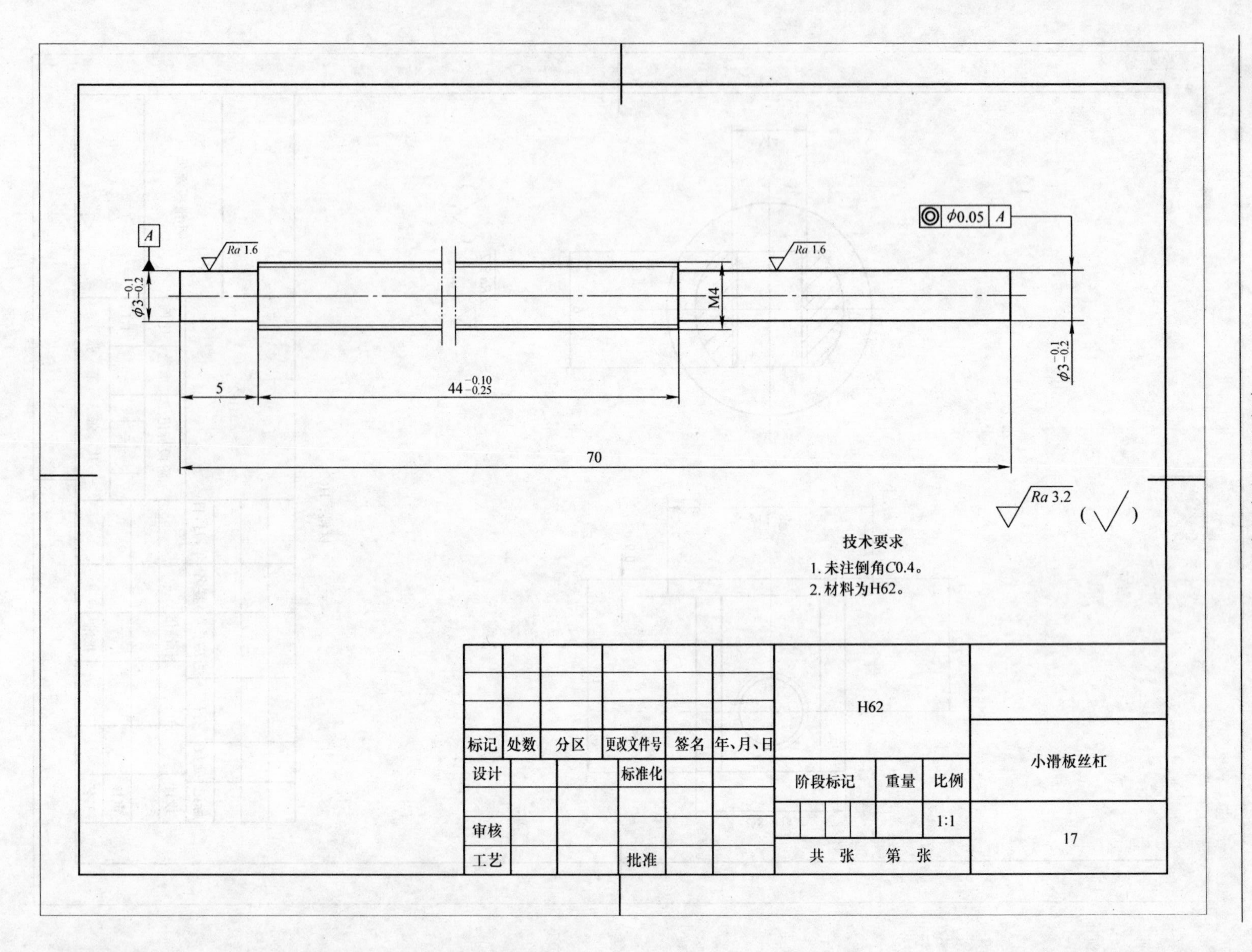
A
Ra 1.6
Ra 1.6
φ0.05 A
$\phi3_{-0.2}^{-0.1}$
M4
$\phi3_{-0.2}^{-0.1}$
5
$44_{-0.25}^{-0.10}$
70
Ra 3.2 (√)
技术要求
1. 未注倒角C0.4。
2. 材料为H62。
H62
标记 处数 分区 更改文件号 签名 年、月、日
设计 标准化
审核
工艺 批准
阶段标记 重量 比例
1:1
共 张 第 张
小滑板丝杠
17

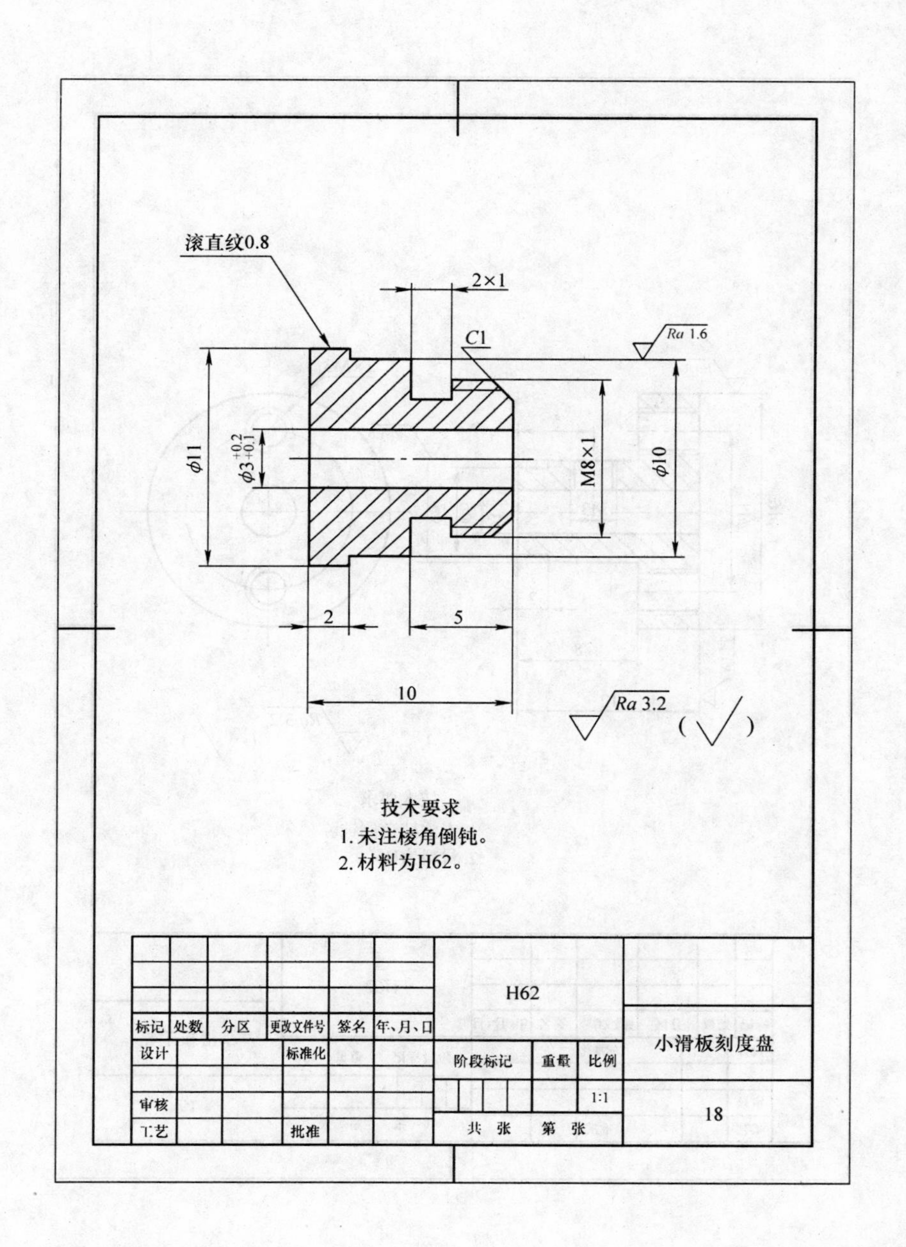
滚直纹0.8
2×1
C1
Ra 1.6
φ11
φ3+0.2 +0.1
M8×1
φ10
2
5
10
Ra 3.2
(√)
技术要求
1. 未注棱角倒钝。
2. 材料为H62。
H62
标记 处数 分区 更改文件号 签名 年、月、日
设计 标准化
阶段标记 重量 比例
1:1
审核
工艺 批准
共 张 第 张
小滑板刻度盘
18

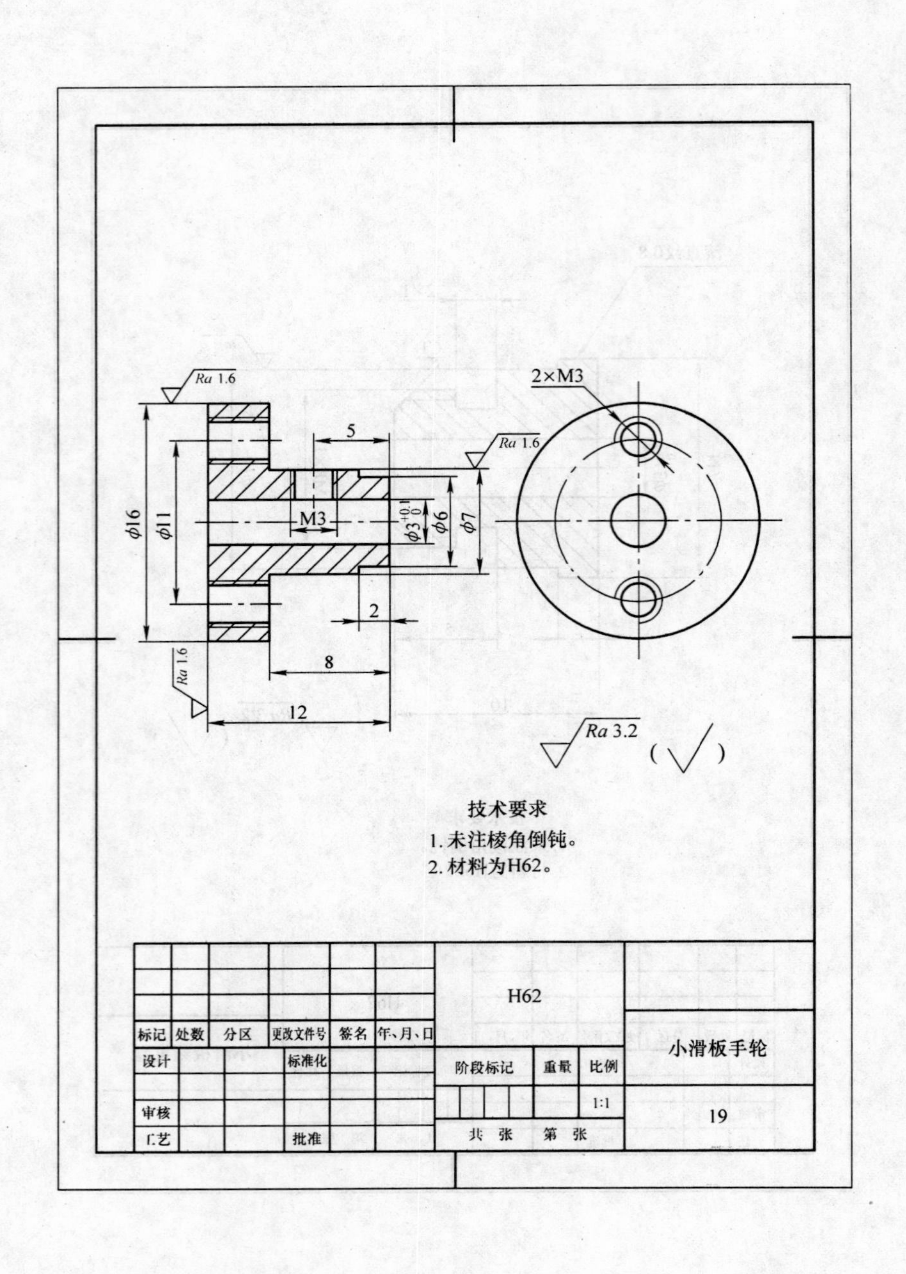
Ra 1.6
2×M3
5
Ra 1.6
φ16
φ11
M3
φ3 +0.1 0
φ6
φ7
2
8
Ra 1.6
12
Ra 3.2
(√)
技术要求
1.未注棱角倒钝。
2.材料为H62。
H62
标记 处数 分区 更改文件号 签名 年、月、日
设计 标准化
阶段标记 重量 比例
1:1
审核
工艺 批准
共 张 第 张
小滑板手轮
19

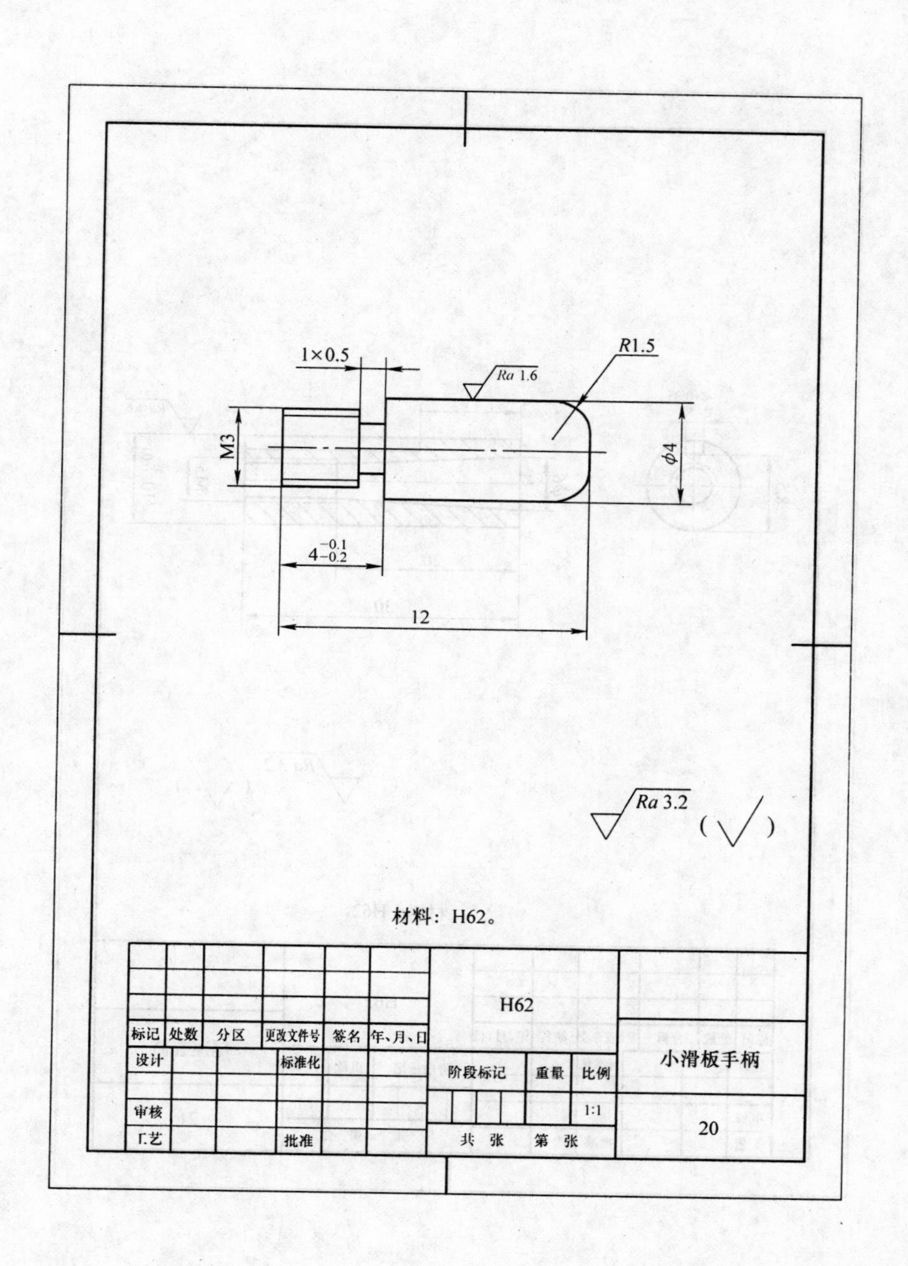
1×0.5
Ra 1.6
R1.5
M3
ϕ4
4 −0.1 −0.2
12
Ra 3.2
(√)
材料：H62。
H62
标记
处数
分区
更改文件号
签名
年、月、日
设计
标准化
阶段标记
重量
比例
小滑板手柄
审核
1:1
20
工艺
批准
共　张
第　张

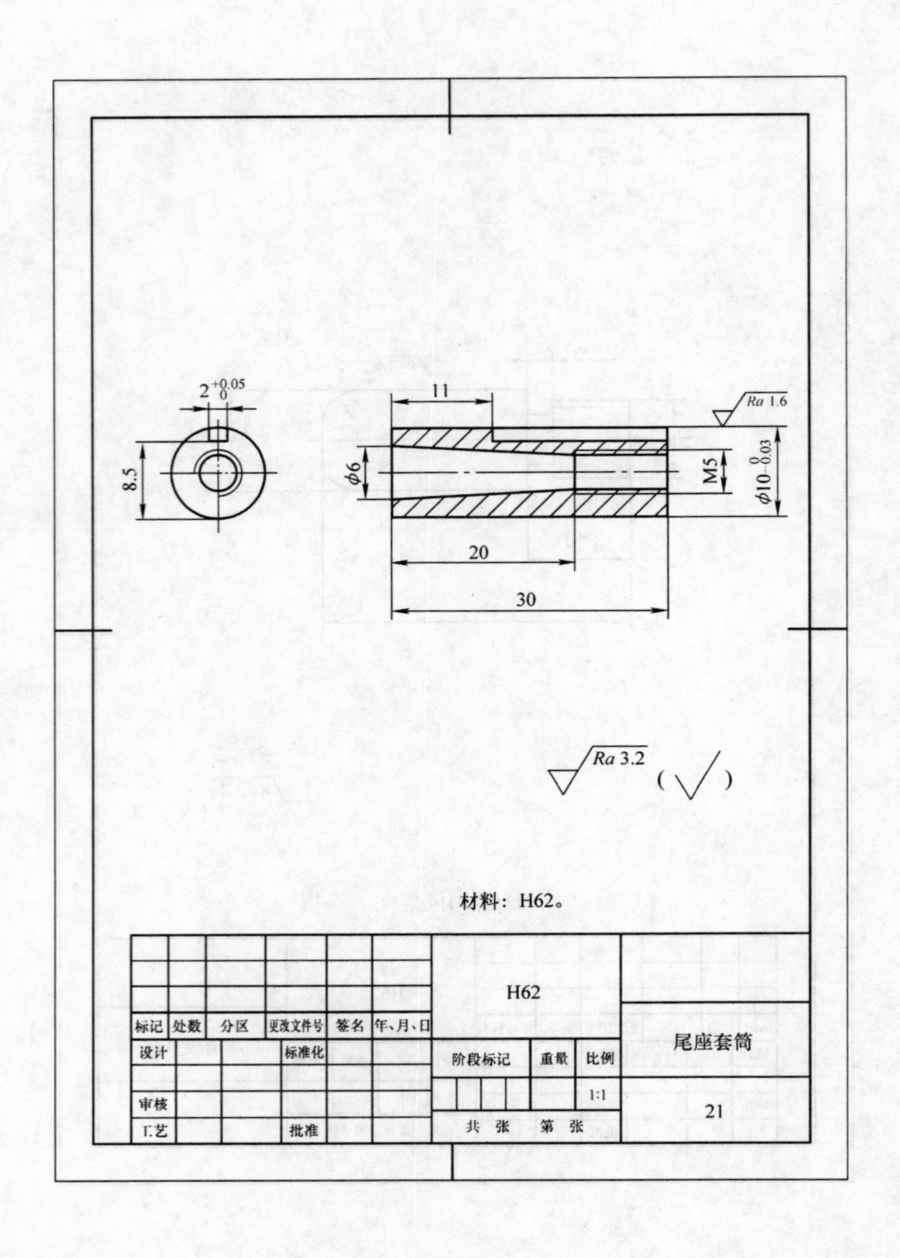

$2^{+0.05}_{0}$
11
Ra 1.6
8.5
$\phi 6$
M5
$\phi 10^{0}_{-0.03}$
20
30
Ra 3.2
(√)
材料：H62。
H62
标记 处数 分区 更改文件号 签名 年、月、日
设计 标准化
阶段标记 重量 比例
审核
1:1
工艺 批准
共 张 第 张
尾座套筒
21

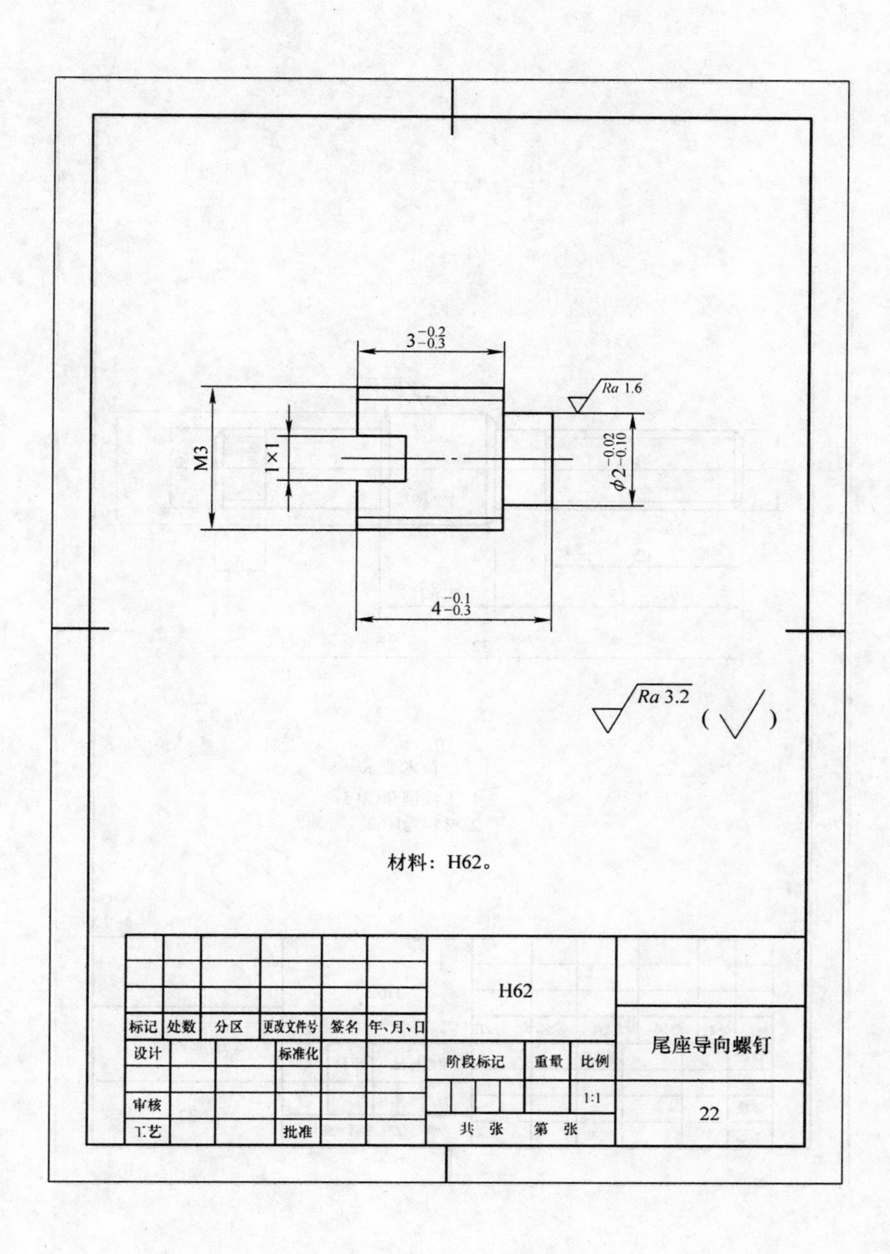
3 −0.2 −0.3
Ra 1.6
M3
1×1
φ2 −0.02 −0.10
4 −0.1 −0.3
Ra 3.2
(√)
材料：H62。
H62
标记 处数 分区 更改文件号 签名 年、月、日
设计 标准化
阶段标记 重量 比例
1:1
审核
工艺 批准
共 张 第 张
尾座导向螺钉
22

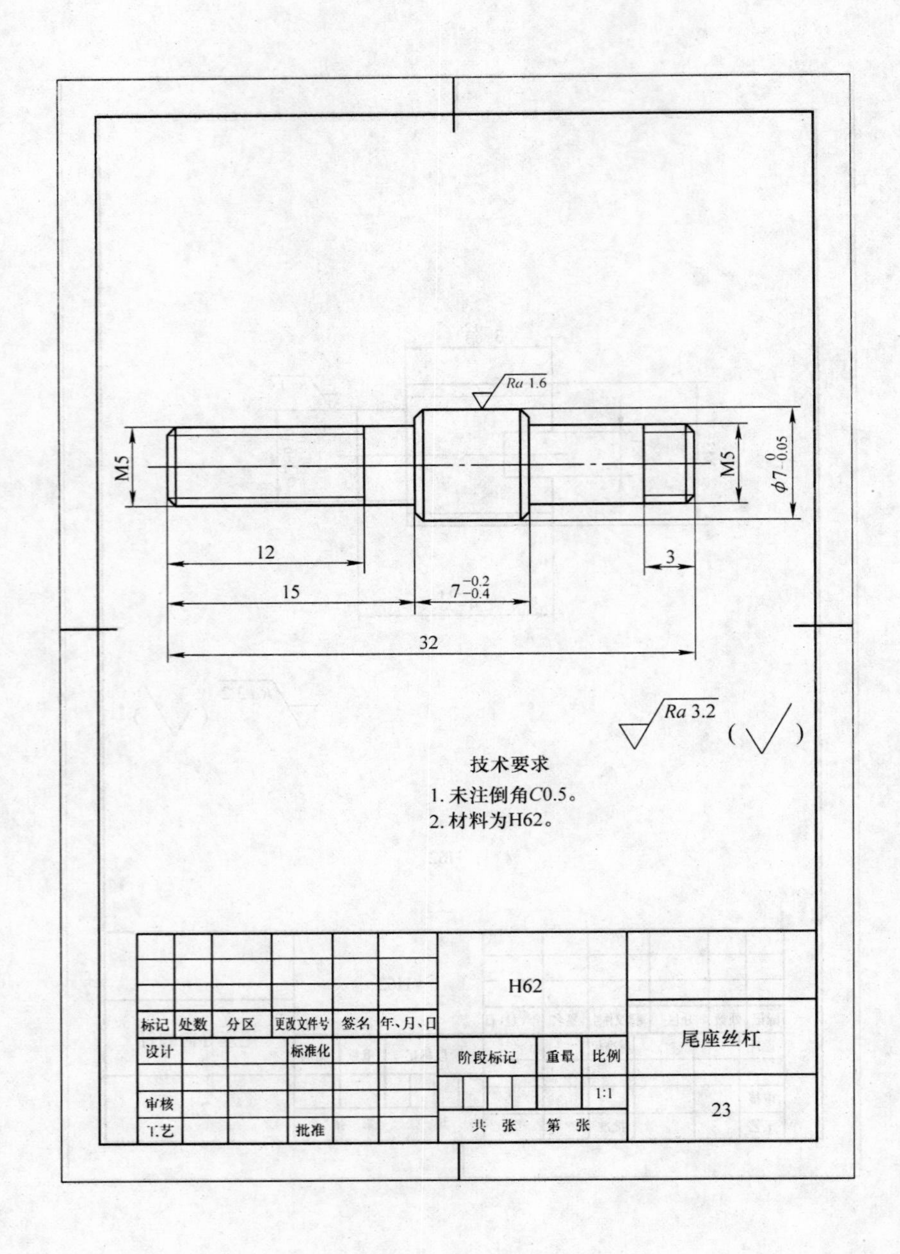

Ra 1.6
M5
M5
$\phi 7_{-0.05}^{0}$
12
3
15
$7_{-0.4}^{-0.2}$
32
Ra 3.2
技术要求
1. 未注倒角C0.5。
2. 材料为H62。
H62
标记 处数 分区 更改文件号 签名 年、月、日
设计 标准化
阶段标记 重量 比例
1:1
审核
工艺 批准
共 张 第 张
尾座丝杠
23

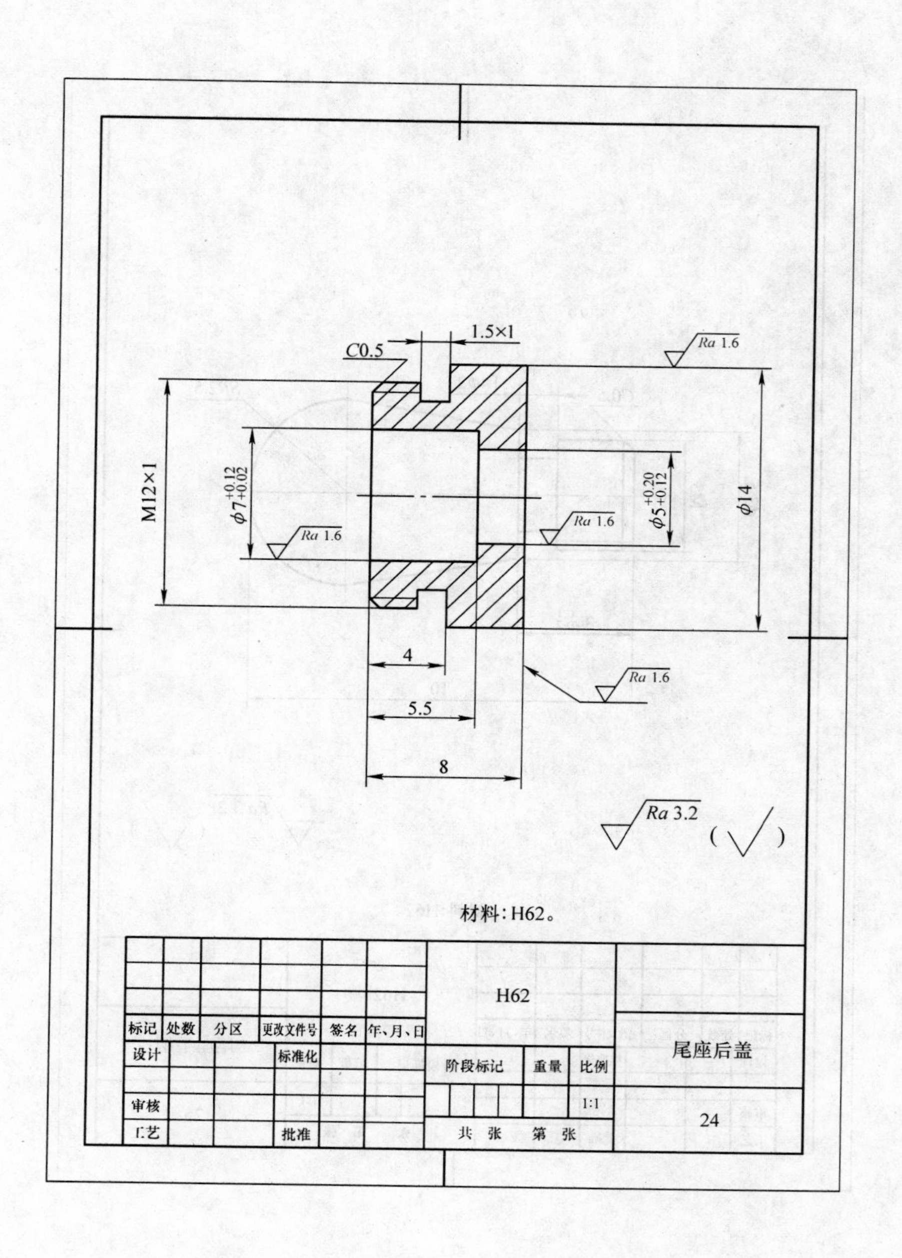
1.5×1
C0.5
Ra 1.6
M12×1
ϕ7+0.12 +0.02
Ra 1.6
Ra 1.6
ϕ5+0.20 +0.12
ϕ14
4
Ra 1.6
5.5
8
Ra 3.2
材料：H62。
H62
标记 处数 分区 更改文件号 签名 年、月、日
设计 标准化
阶段标记 重量 比例
1:1
审核
工艺 批准
共 张 第 张
尾座后盖
24

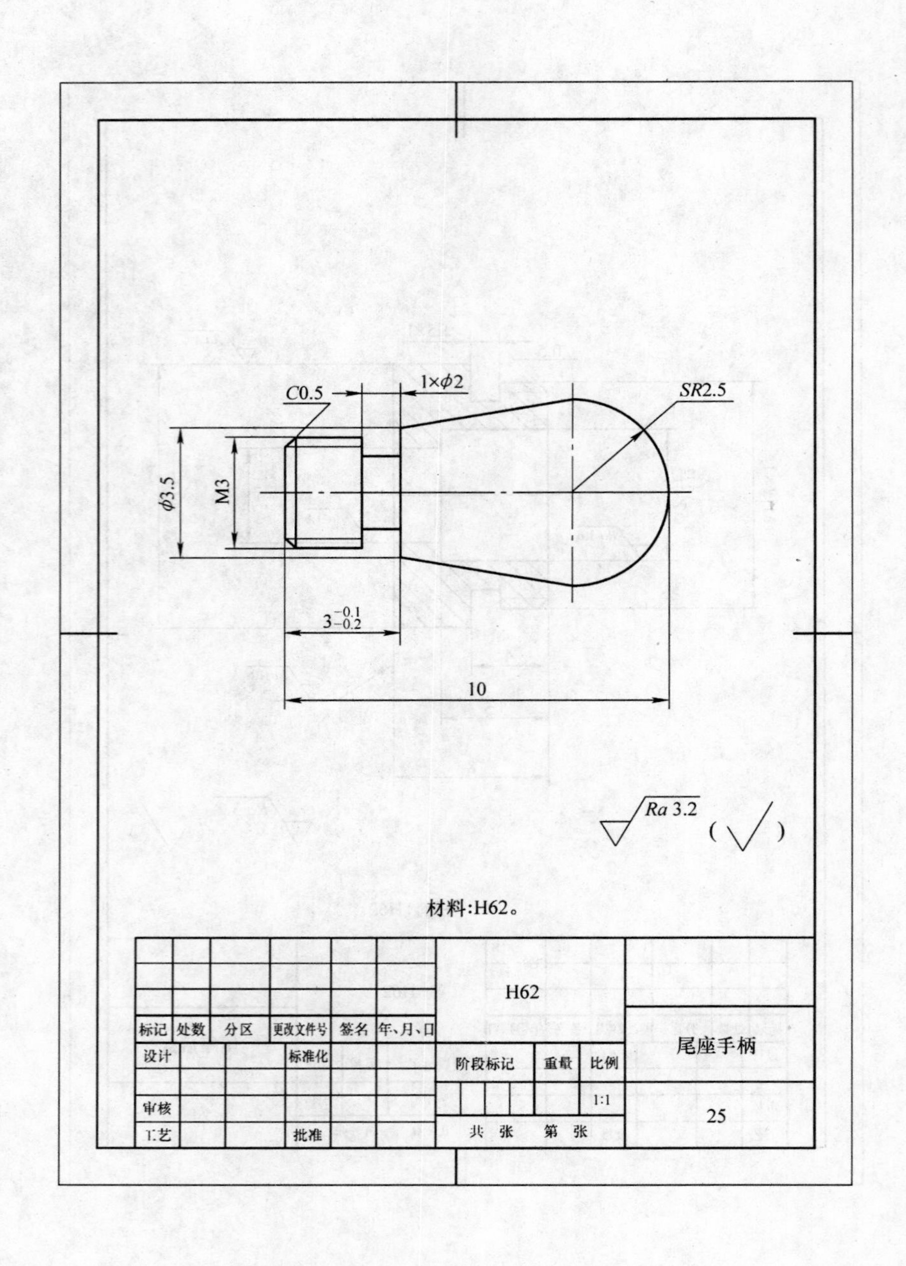
C0.5
1×φ2
SR2.5
φ3.5
M3
3-0.1 -0.2
10
Ra 3.2
材料:H62。
标记 处数 分区 更改文件号 签名 年、月、日
设计 标准化
审核
工艺 批准
H62
阶段标记 重量 比例
1:1
共 张 第 张
尾座手柄
25

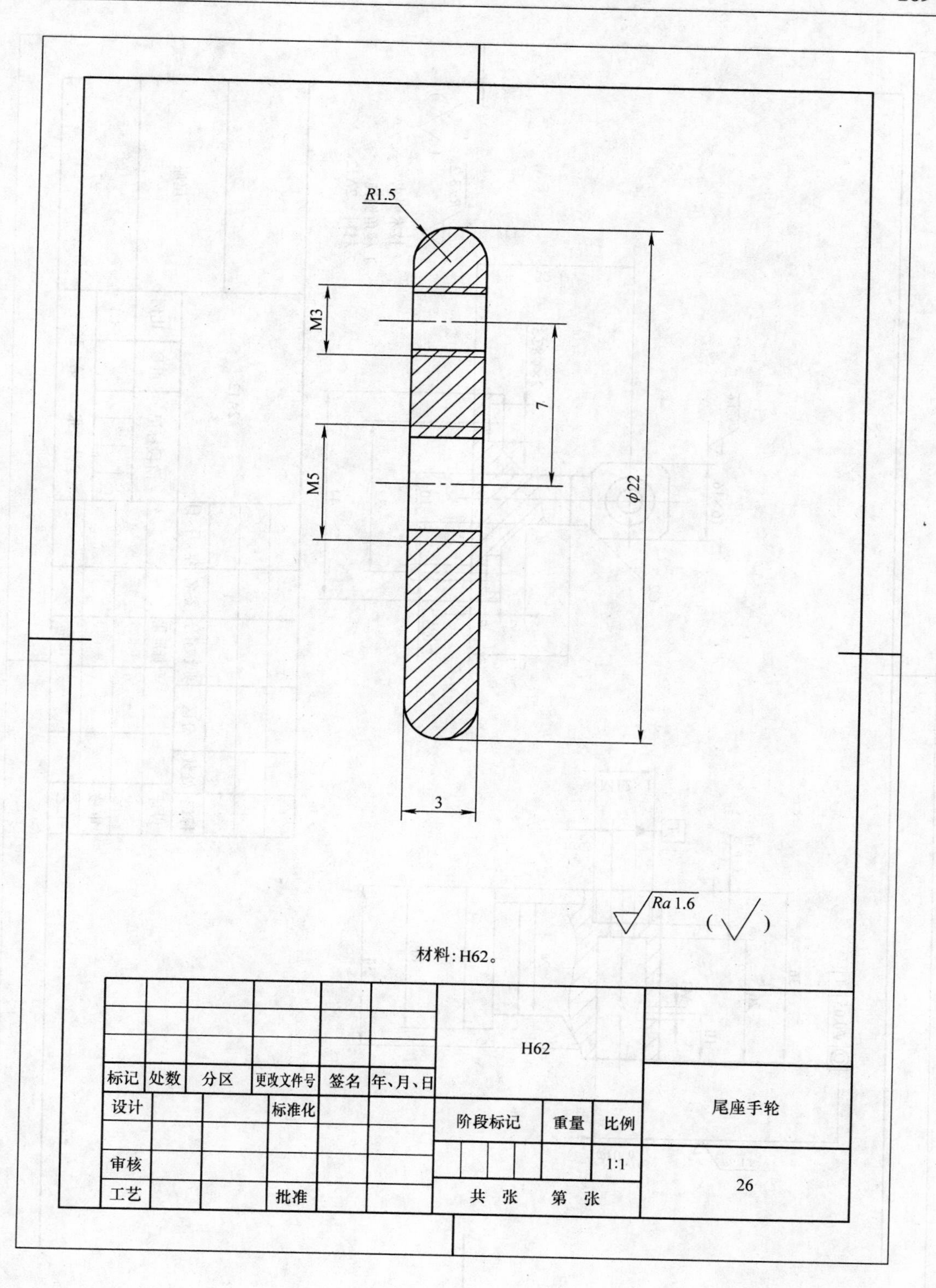
R1.5
M3
7
M5
φ22
3
Ra 1.6
(√)
材料:H62。
H62
标记
处数
分区
更改文件号
签名
年、月、日
设计
标准化
阶段标记
重量
比例
审核
1:1
工艺
批准
共 张 第 张
尾座手轮
26

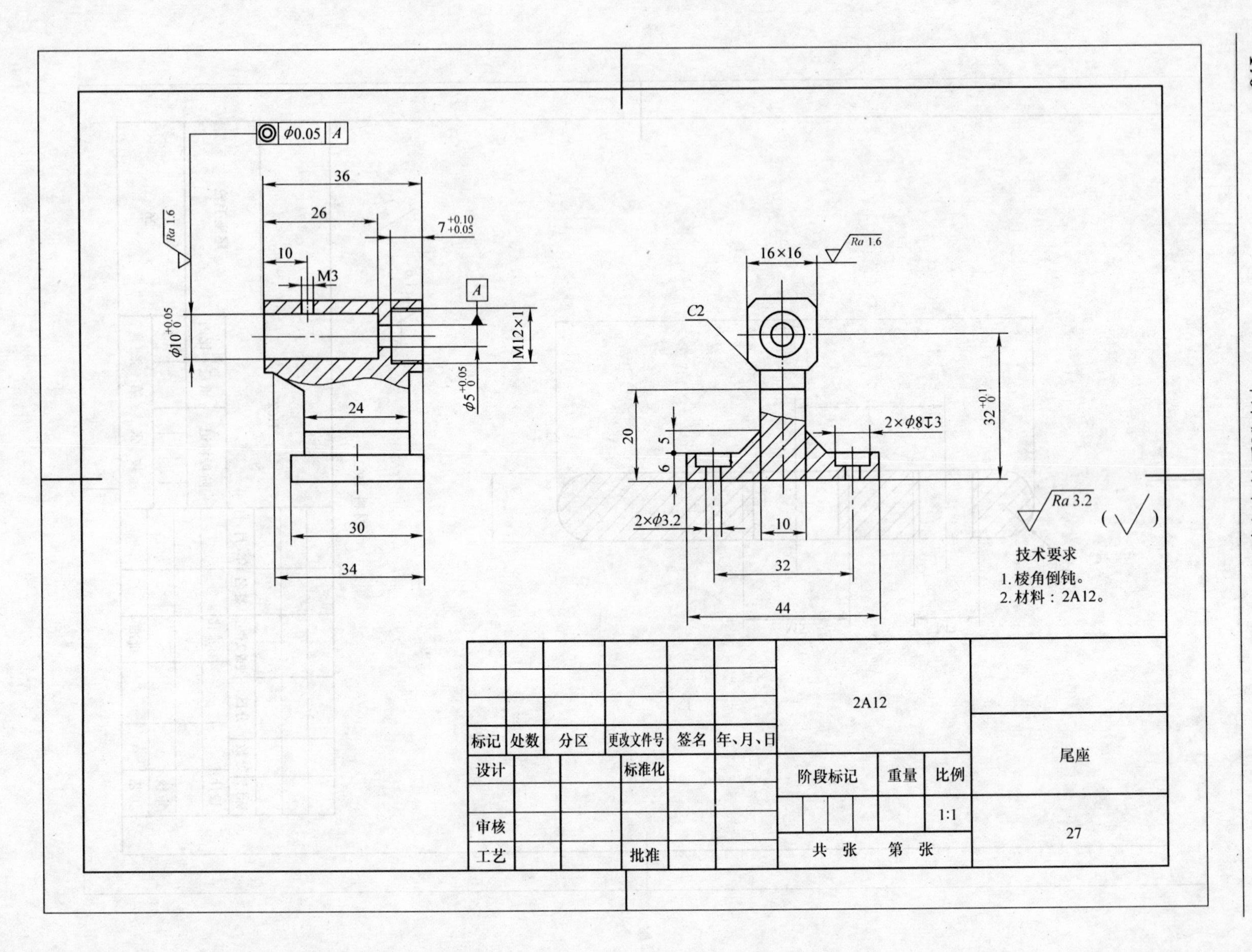

φ0.05 A
36
26
7 +0.10 +0.05
Ra 1.6
10
M3
A
φ10 +0.05 0
M12×1
φ5 +0.05 0
24
30
34
16×16
Ra 1.6
C2
32 +0.1 0
20
5
6
2×φ8↧3
2×φ3.2
10
32
44
Ra 3.2
技术要求
1.棱角倒钝。
2.材料：2A12。
2A12
尾座
标记
处数
分区
更改文件号
签名
年、月、日
设计
标准化
阶段标记
重量
比例
1:1
审核
工艺
批准
共 张
第 张
27

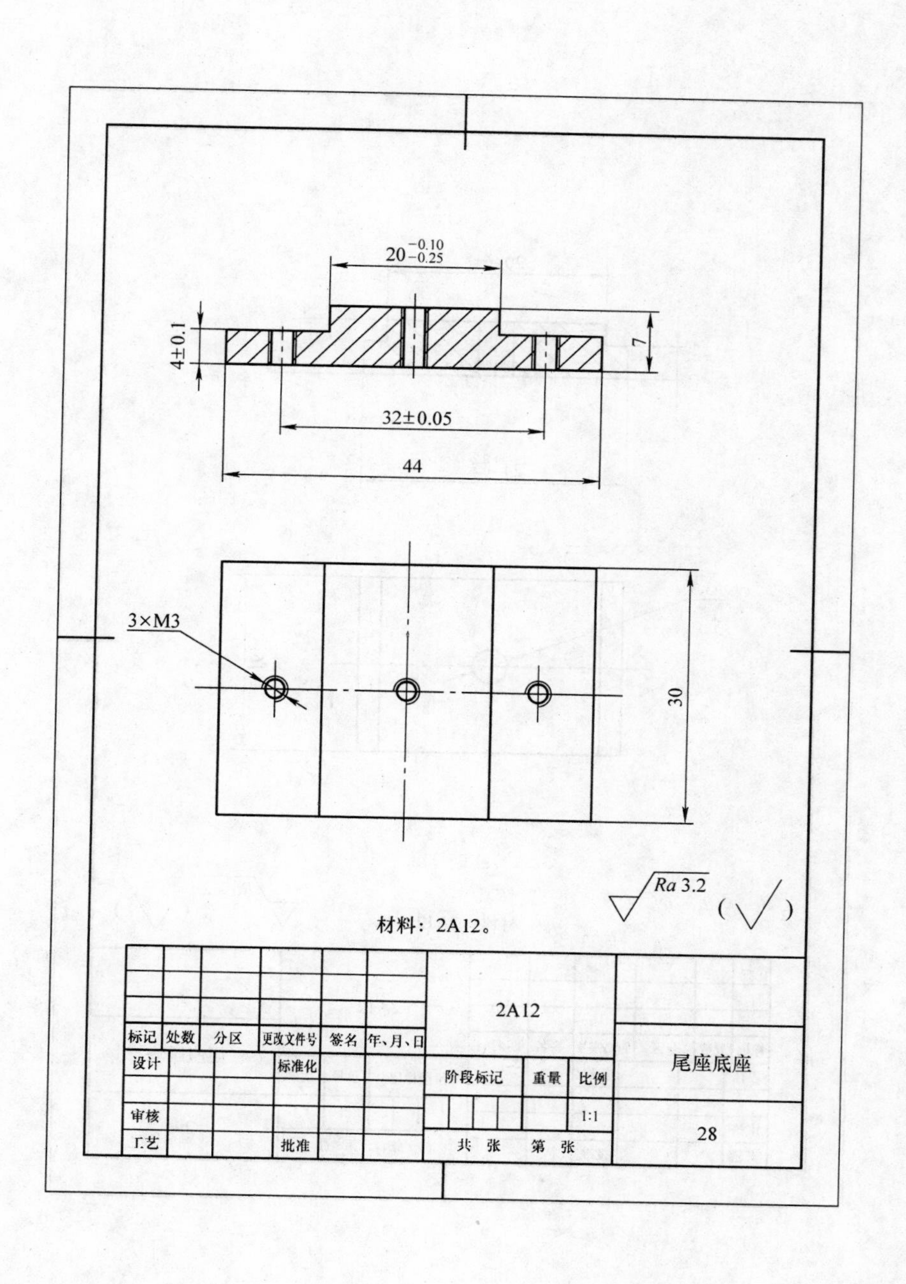

$20^{-0.10}_{-0.25}$
4±0.1
7
32±0.05
44
3×M3
30
Ra 3.2
材料：2A12。
标记
处数
分区
更改文件号
签名
年、月、日
设计
标准化
审核
工艺
批准
2A12
阶段标记
重量
比例
1:1
共 张
第 张
尾座底座
28

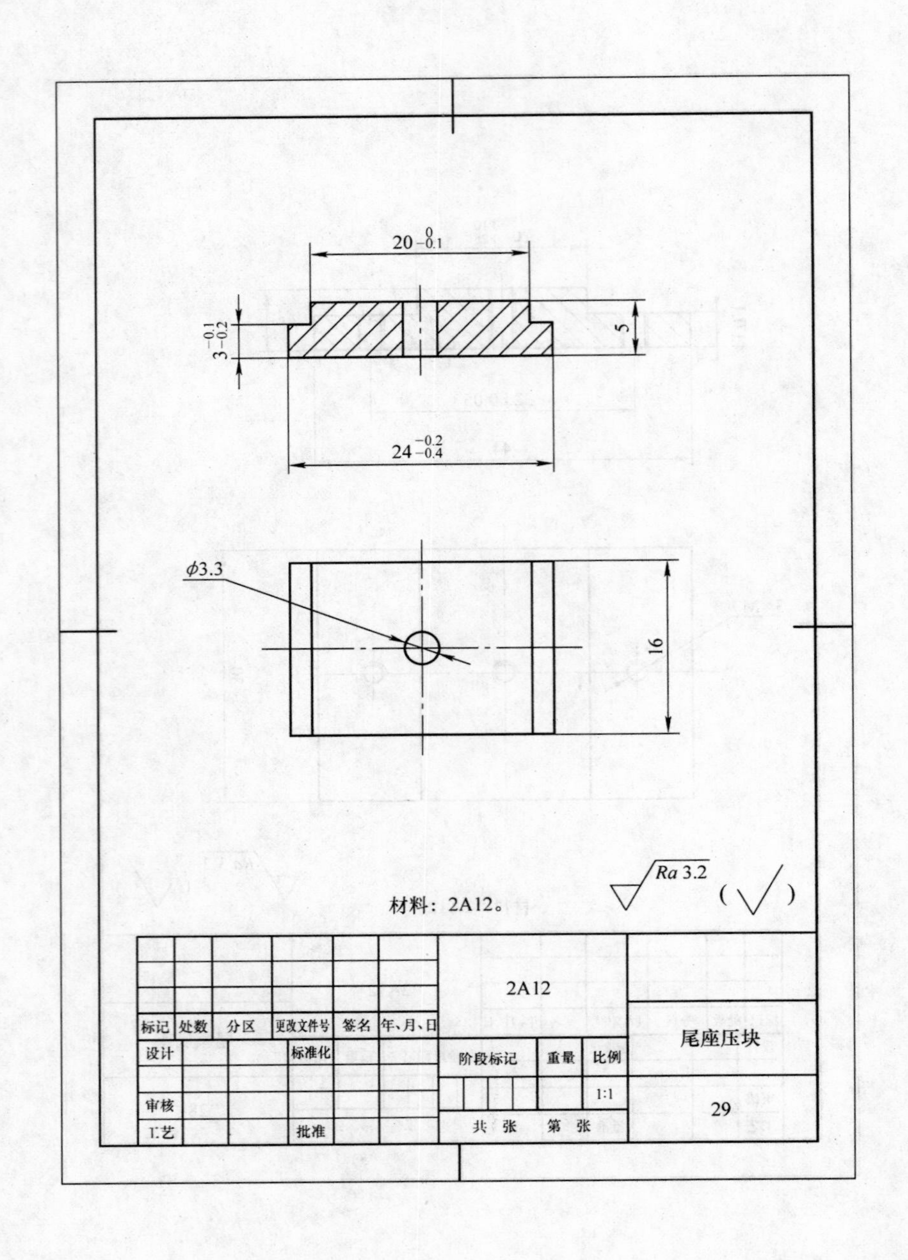

$20^{\ 0}_{-0.1}$
$3^{-0.1}_{-0.2}$
5
$24^{-0.2}_{-0.4}$
ϕ3.3
16
Ra 3.2
(√)
材料：2A12。
2A12
标记 处数 分区 更改文件号 签名 年、月、日
设计 标准化
阶段标记 重量 比例
1:1
审核
工艺 批准
共 张 第 张
尾座压块
29

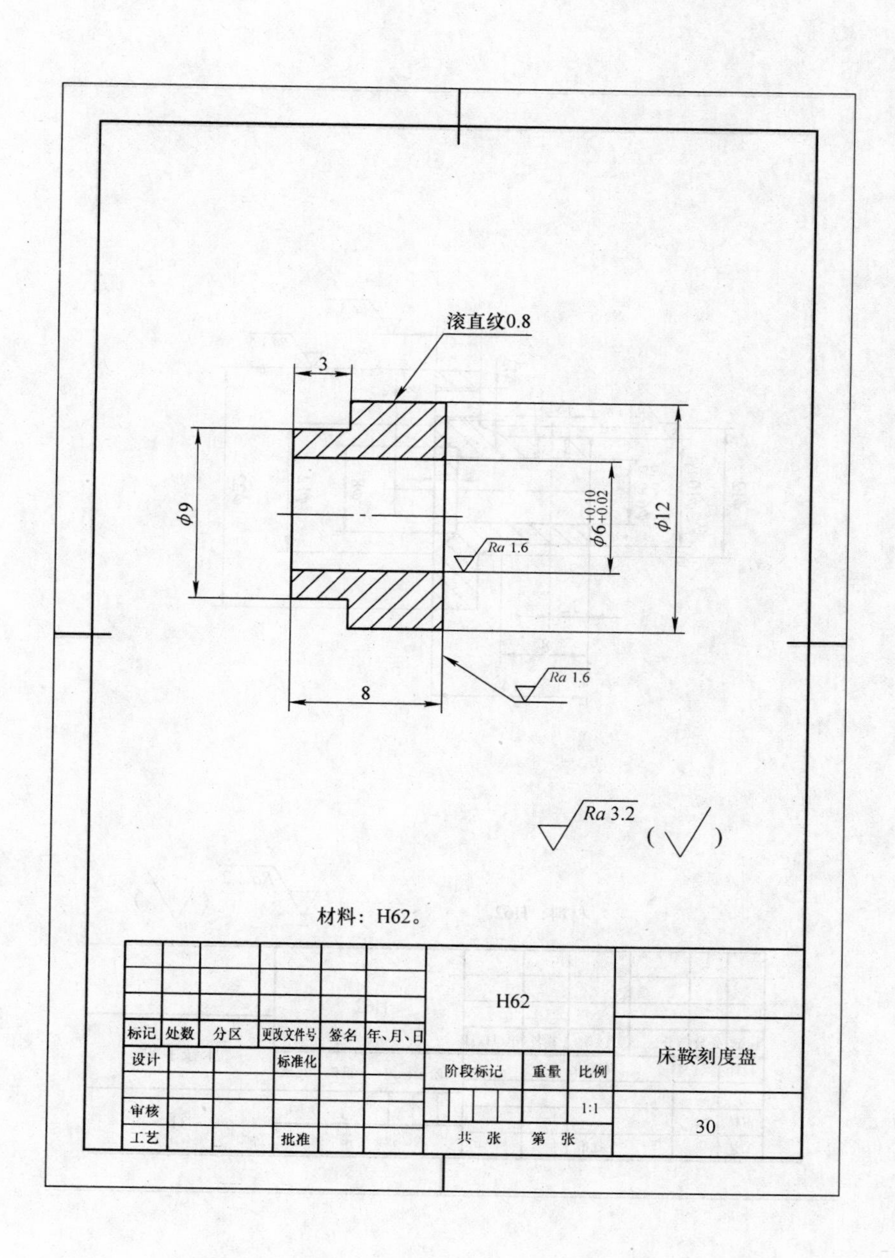
滚直纹0.8
3
φ9
$\phi 6^{+0.10}_{+0.02}$
φ12
Ra 1.6
Ra 1.6
8
Ra 3.2
材料：H62。
标记
处数
分区
更改文件号
签名
年、月、日
设计
标准化
审核
工艺
批准
H62
阶段标记
重量
比例
1:1
共　张　第　张
床鞍刻度盘
30

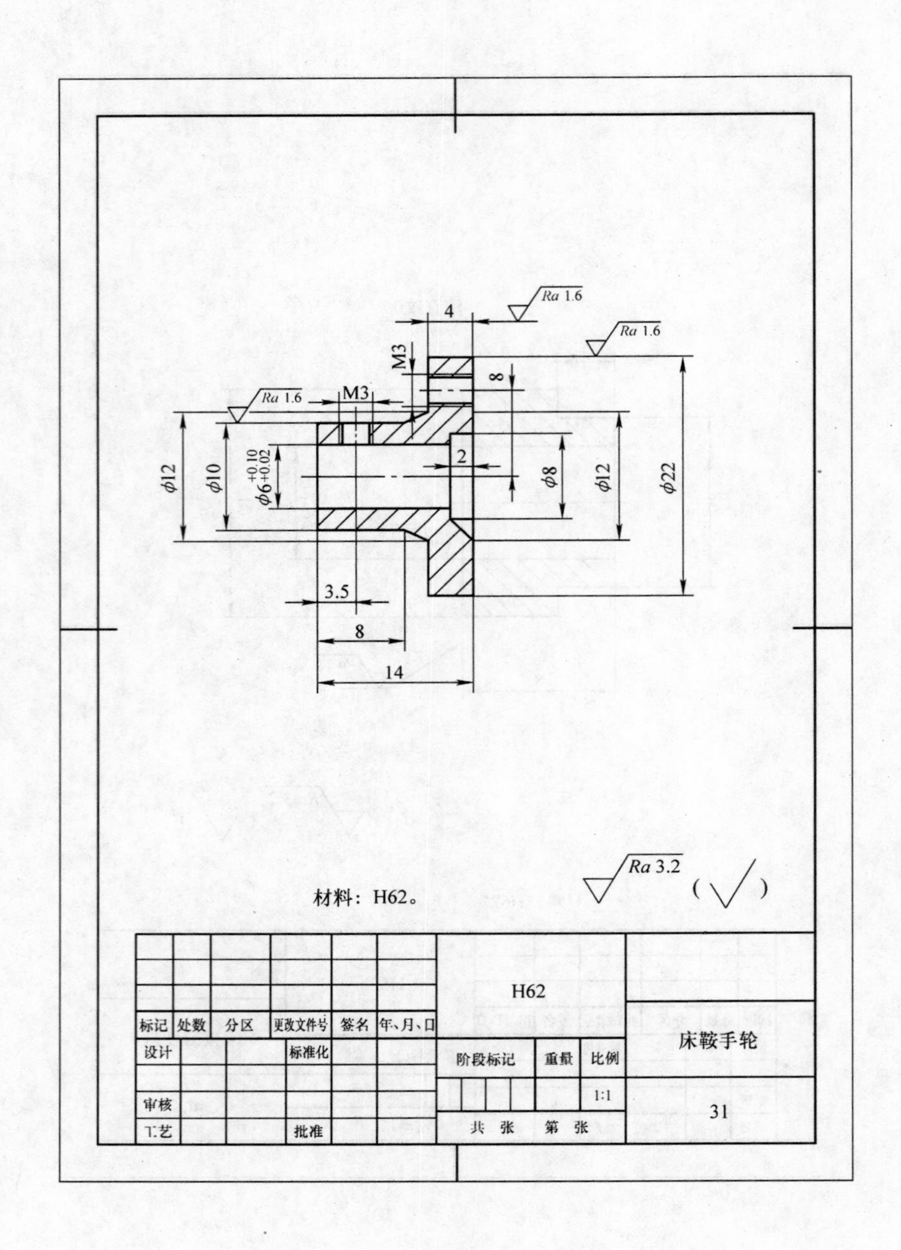
Ra 1.6
4
Ra 1.6
M3
8
Ra 1.6
M3
2
ϕ12
ϕ10
ϕ6+0.10 +0.02
ϕ8
ϕ12
ϕ22
3.5
8
14
材料：H62。
Ra 3.2
(√)
H62
标记
处数
分区
更改文件号
签名
年、月、日
设计
标准化
阶段标记
重量
比例
床鞍手轮
审核
1:1
31
工艺
批准
共 张
第 张

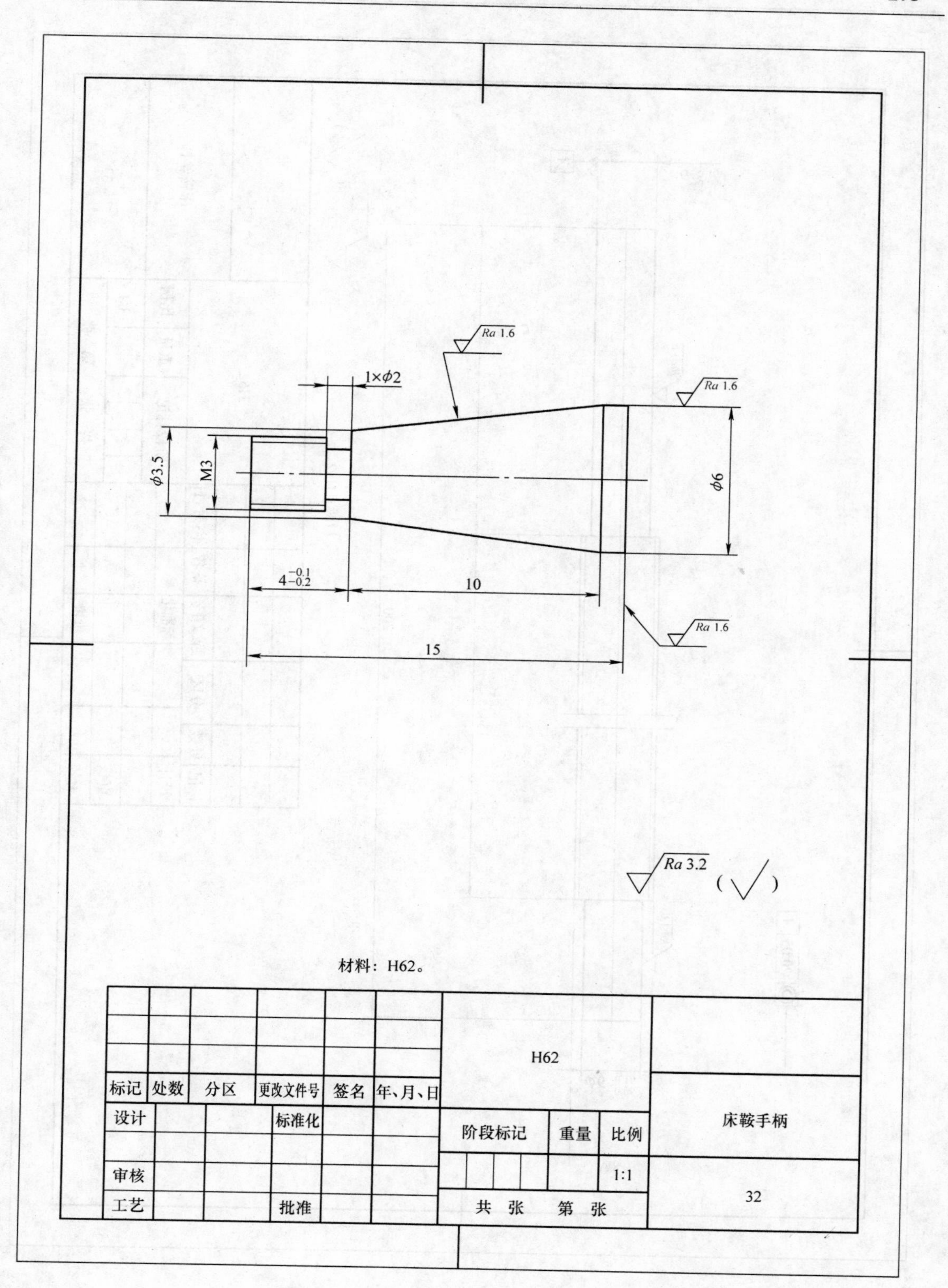
Ra 1.6
1×ϕ2
Ra 1.6
ϕ3.5
M3
ϕ6
4 −0.1 −0.2
10
Ra 1.6
15
Ra 3.2
(√)
材料：H62。
H62
标记
处数
分区
更改文件号
签名
年、月、日
设计
标准化
阶段标记
重量
比例
床鞍手柄
审核
1:1
32
工艺
批准
共　张　第　张

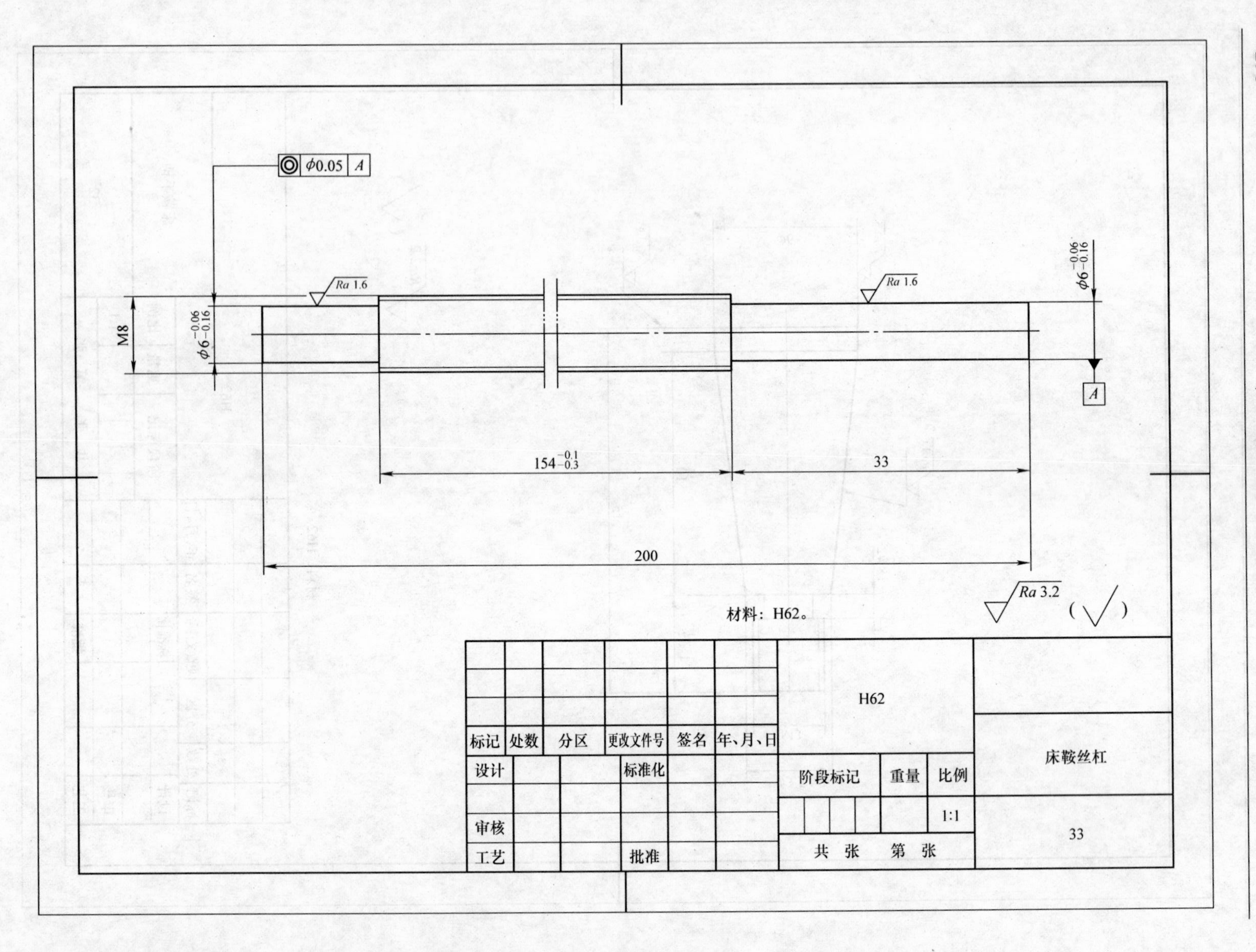

◎ φ0.05 A
Ra 1.6
Ra 1.6
M8
$\phi 6^{-0.06}_{-0.16}$
$\phi 6^{-0.06}_{-0.16}$
A
$154^{-0.1}_{-0.3}$
33
200
Ra 3.2
(√)
材料：H62。
H62
标记 处数 分区 更改文件号 签名 年、月、日
设计 标准化
审核
工艺 批准
阶段标记 重量 比例
1:1
共 张 第 张
床鞍丝杠
33

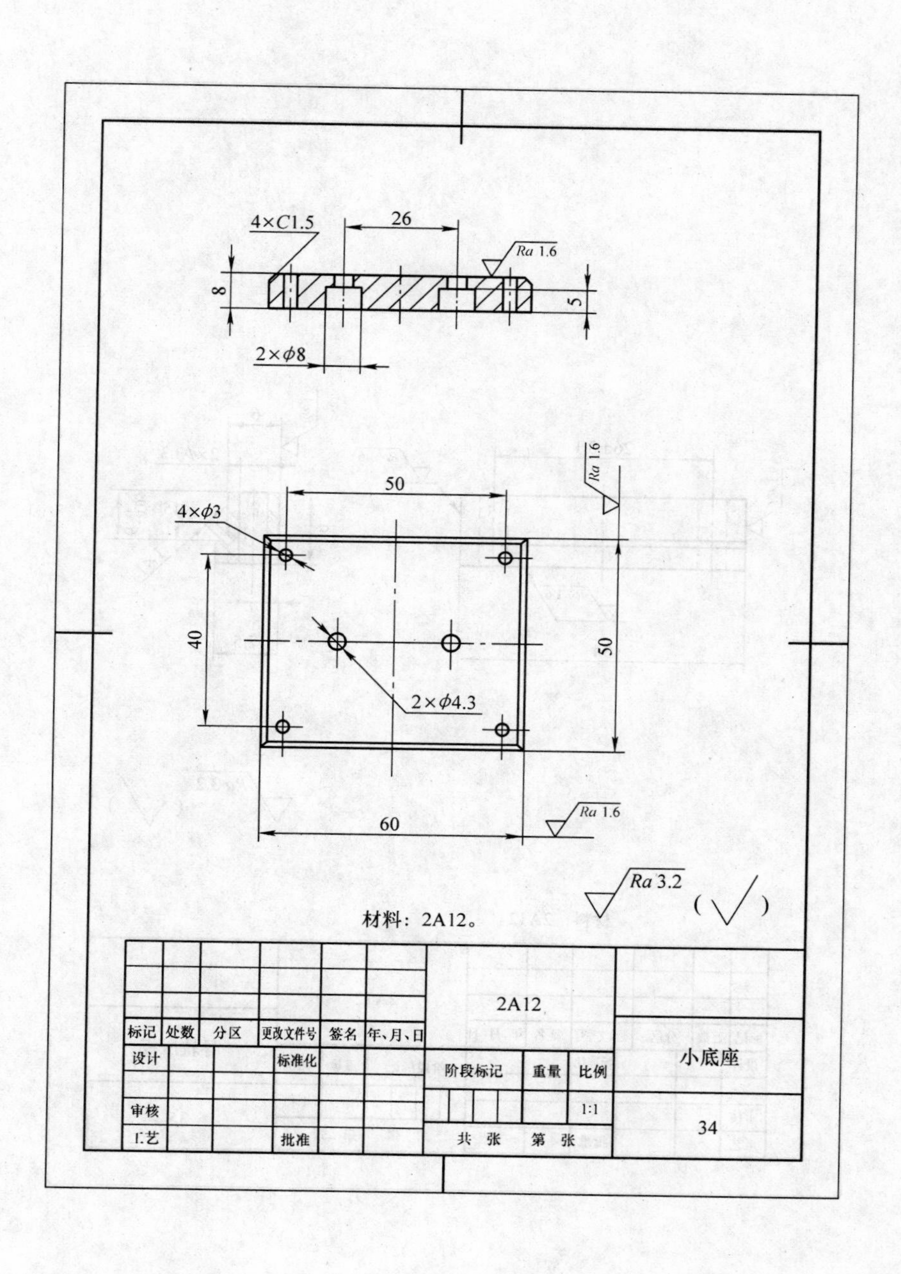
4×C1.5
26
Ra 1.6
8
5
2×ϕ8
50
Ra 1.6
4×ϕ3
40
50
2×ϕ4.3
60
Ra 1.6
Ra 3.2
材料：2A12。
标记
处数
分区
更改文件号
签名
年、月、日
设计
标准化
审核
工艺
批准
2A12
阶段标记
重量
比例
1:1
共　张　第　张
小底座
34

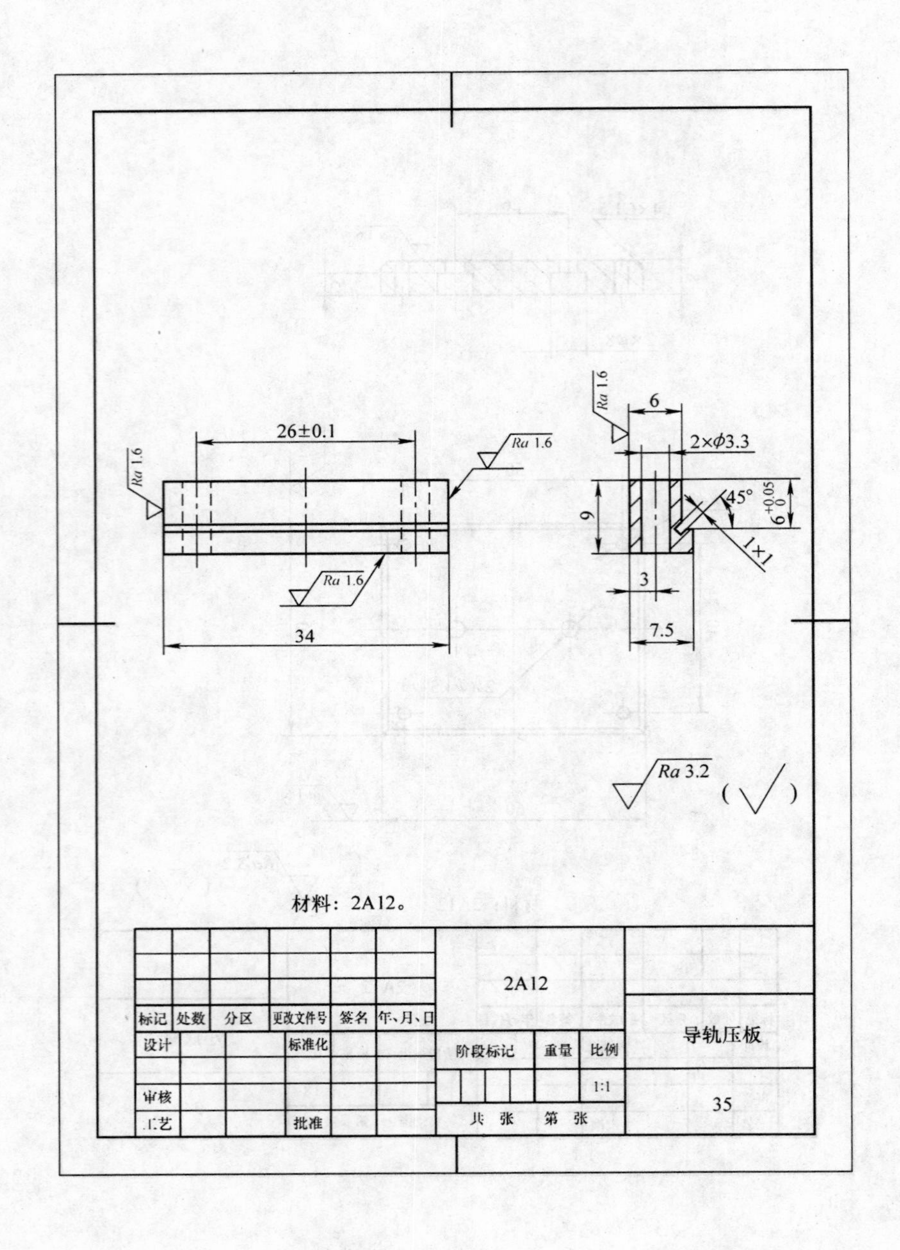
26±0.1
Ra 1.6
Ra 1.6
Ra 1.6
34
Ra 1.6
6
2×φ3.3
9
45°
$6^{+0.05}_{0}$
1×1
3
7.5
Ra 3.2
(√)
材料：2A12。
2A12
标记 处数 分区 更改文件号 签名 年、月、日
设计 标准化
阶段标记 重量 比例
导轨压板
1:1
审核
35
工艺 批准
共 张 第 张

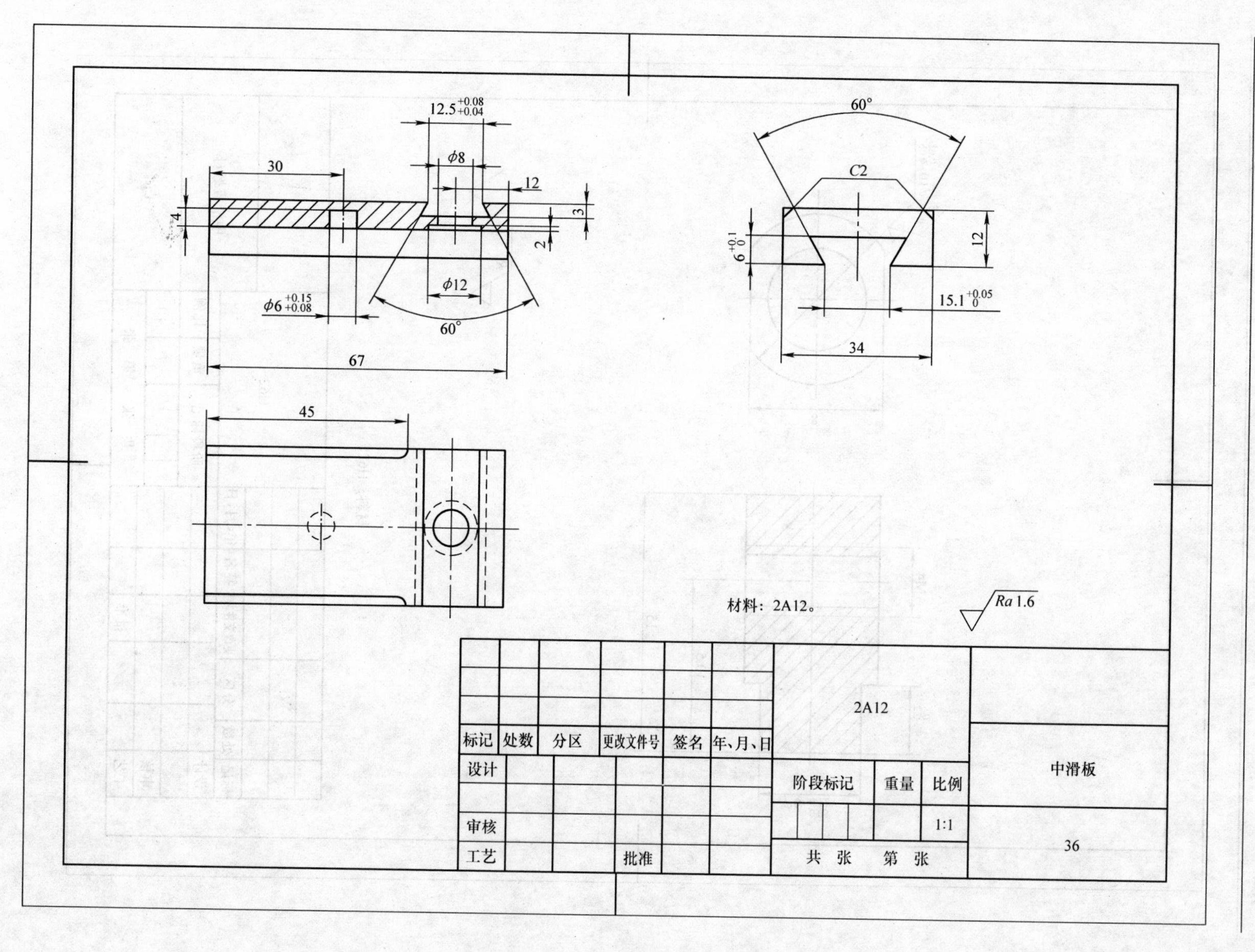
$12.5^{+0.08}_{+0.04}$
30
$\phi 8$
12
4
3
2
$\phi 12$
$\phi 6^{+0.15}_{+0.08}$
60°
67
45
60°
C2
$6^{+0.1}_{0}$
12
$15.1^{+0.05}_{0}$
34
材料：2A12。
Ra 1.6
2A12
标记
处数
分区
更改文件号
签名
年、月、日
设计
审核
工艺
批准
阶段标记
重量
比例
1:1
共 张
第 张
中滑板
36

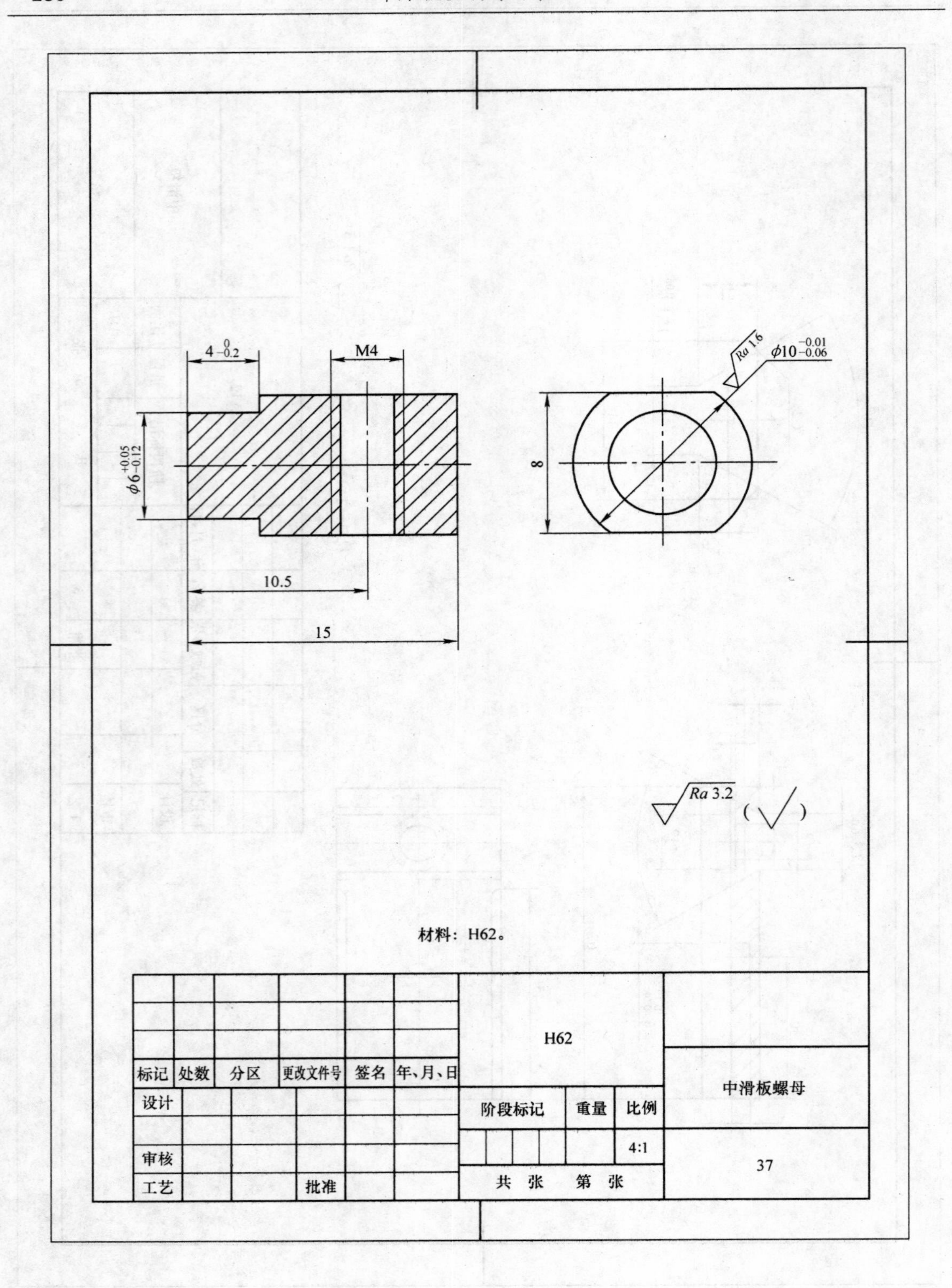

$4^{\ 0}_{-0.2}$
M4
$\phi 6^{+0.05}_{-0.12}$
10.5
15
Ra 1.6
$\phi 10^{-0.01}_{-0.06}$
8
Ra 3.2 (√)
材料：H62。
H62
标记 处数 分区 更改文件号 签名 年、月、日
设计
审核
工艺
批准
阶段标记 重量 比例
4:1
共 张 第 张
中滑板螺母
37

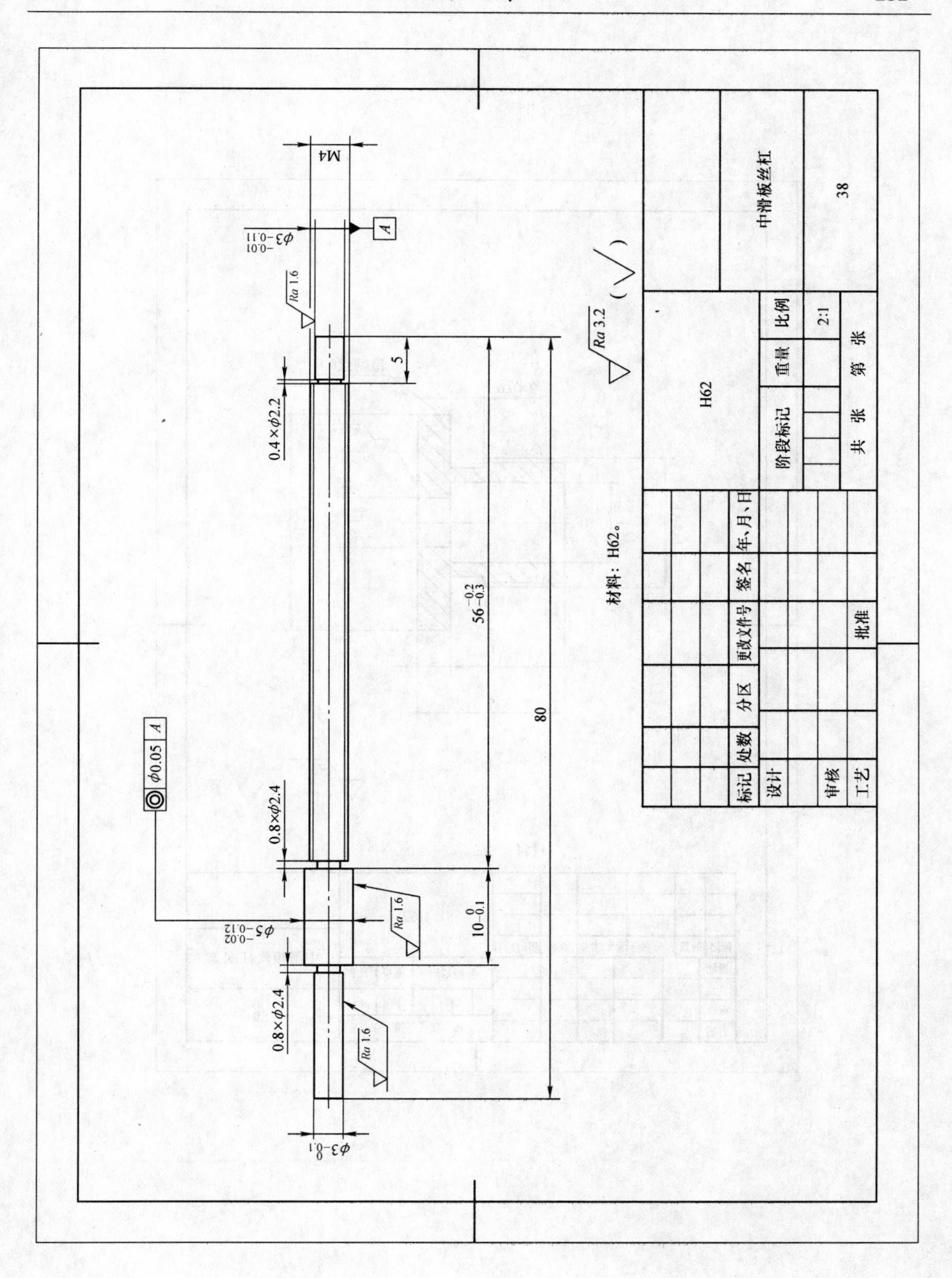
M4
$\phi3^{-0.01}_{-0.11}$
A
Ra 1.6
Ra 3.2
5
0.4×φ2.2
$56^{-0.2}_{-0.3}$
80
φ0.05 A
0.8×φ2.4
$10^{0}_{-0.1}$
$\phi5^{-0.02}_{-0.12}$
$\phi3^{0}_{-0.1}$
材料：H62。
中滑板丝杠
38
H62
阶段标记
重量
比例
2:1
共　张
第　张
标记
处数
分区
更改文件号
签名
年、月、日
设计
审核
工艺
批准

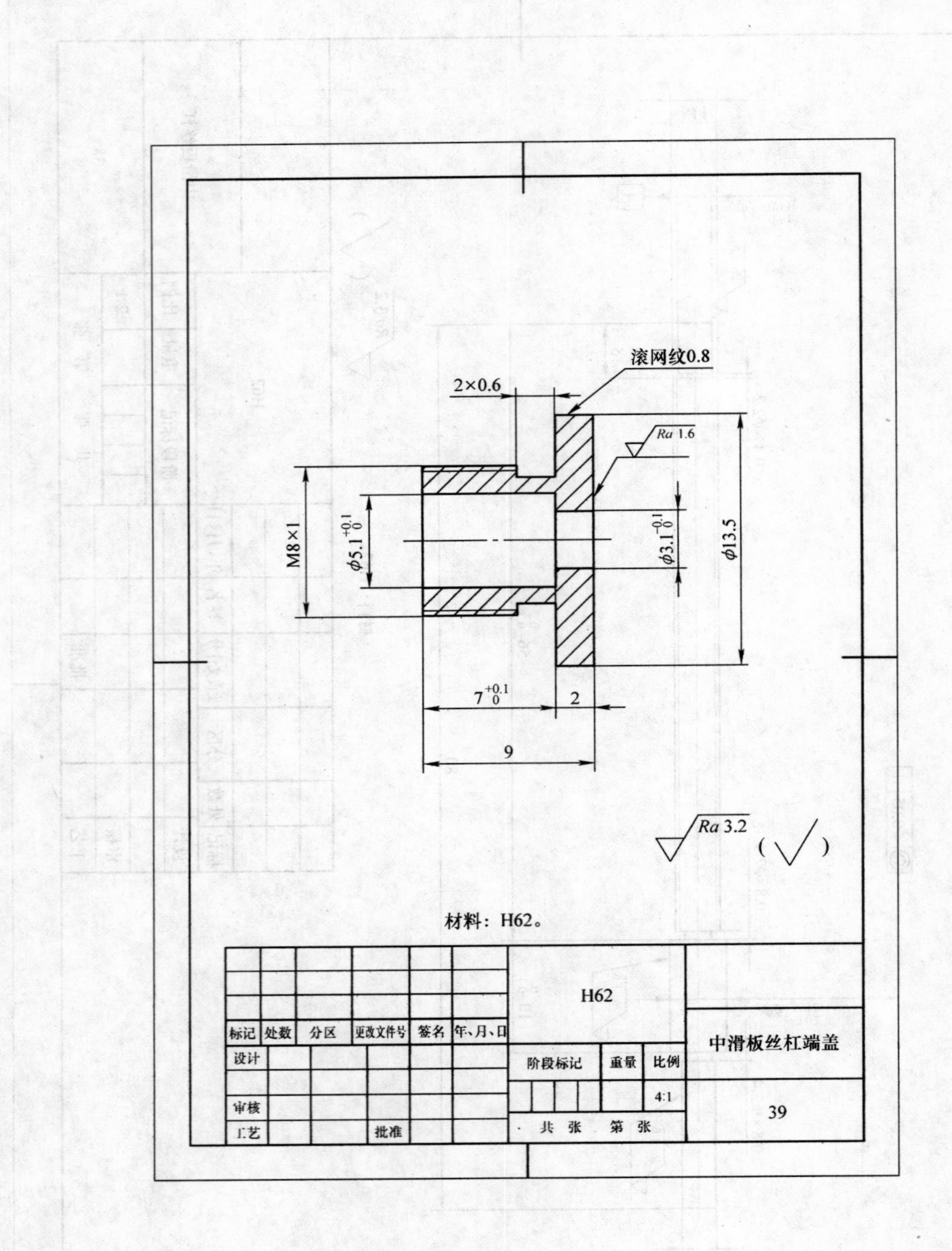
滚网纹0.8
2×0.6
Ra 1.6
M8×1
$\phi5.1^{+0.1}_{0}$
$\phi3.1^{-0.1}_{0}$
$\phi13.5$
$7^{+0.1}_{0}$
2
9
Ra 3.2
材料：H62。
H62
标记 处数 分区 更改文件号 签名 年、月、日
设计
审核
工艺
批准
阶段标记 重量 比例
4:1
共 张 第 张
中滑板丝杠端盖
39

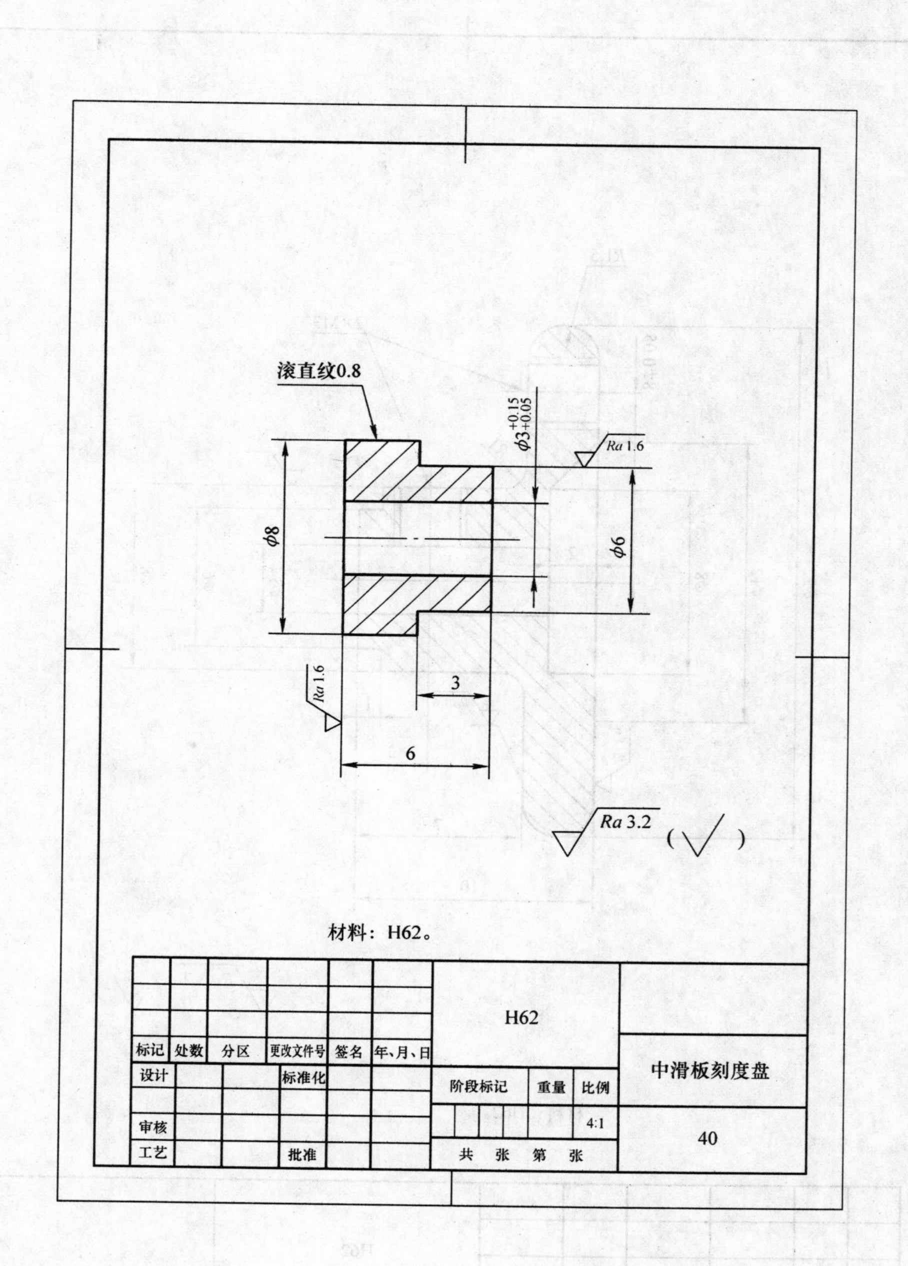

滚直纹0.8
$\phi 3^{+0.15}_{+0.05}$
Ra 1.6
$\phi 8$
$\phi 6$
Ra 1.6
3
6
Ra 3.2
材料：H62。
标记
处数
分区
更改文件号
签名
年、月、日
设计
标准化
审核
工艺
批准
H62
阶段标记
重量
比例
4:1
共　张　第　张
中滑板刻度盘
40

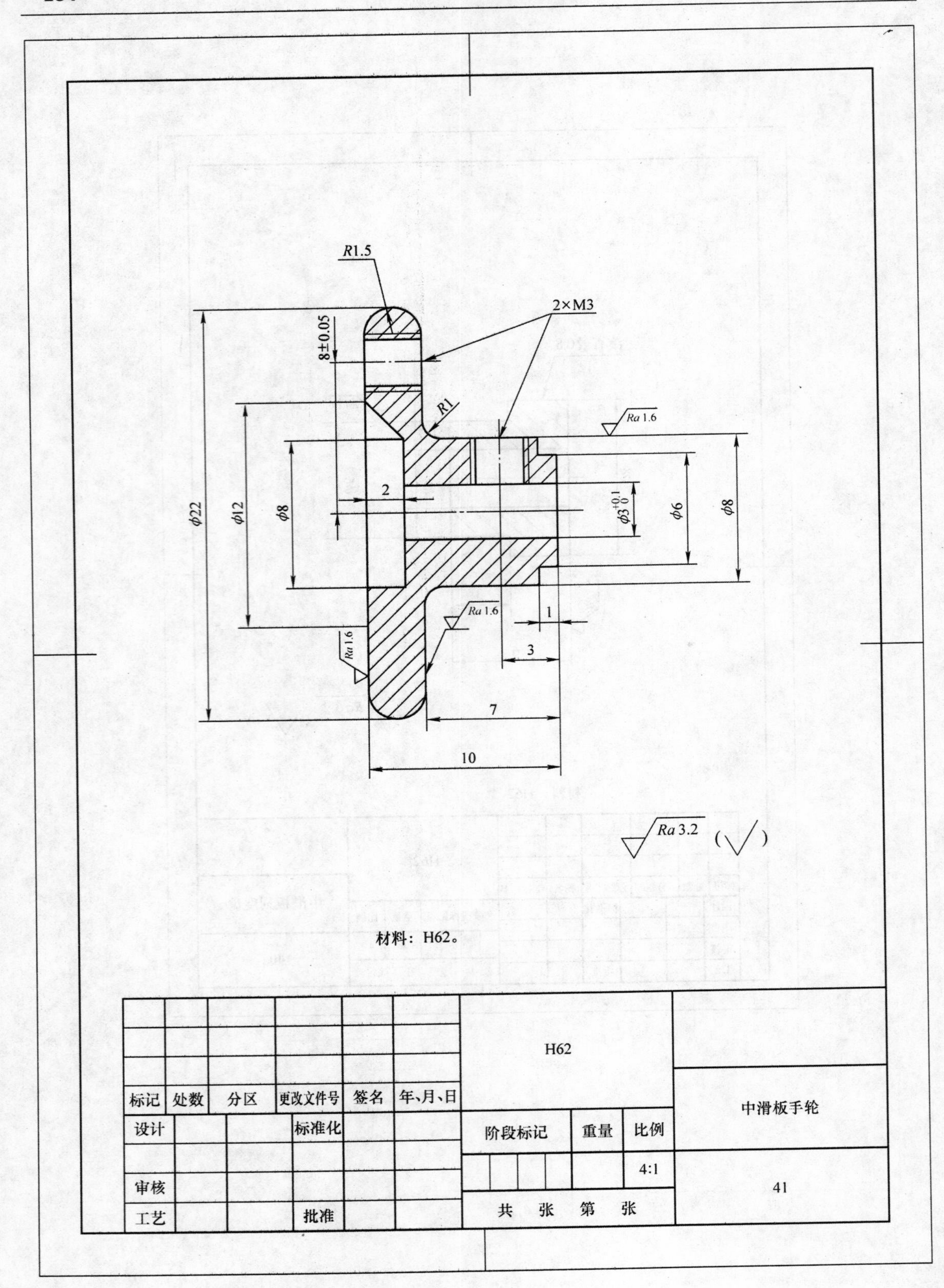
R1.5
2×M3
8±0.05
R1
Ra 1.6
φ22
φ12
φ8
2
φ3+0.1 0
φ6
φ8
Ra 1.6
Ra 1.6
1
3
7
10
Ra 3.2 (√)
材料：H62。
H62
标记 处数 分区 更改文件号 签名 年、月、日
设计 标准化
阶段标记 重量 比例
4:1
审核
工艺 批准
共 张 第 张
中滑板手轮
41

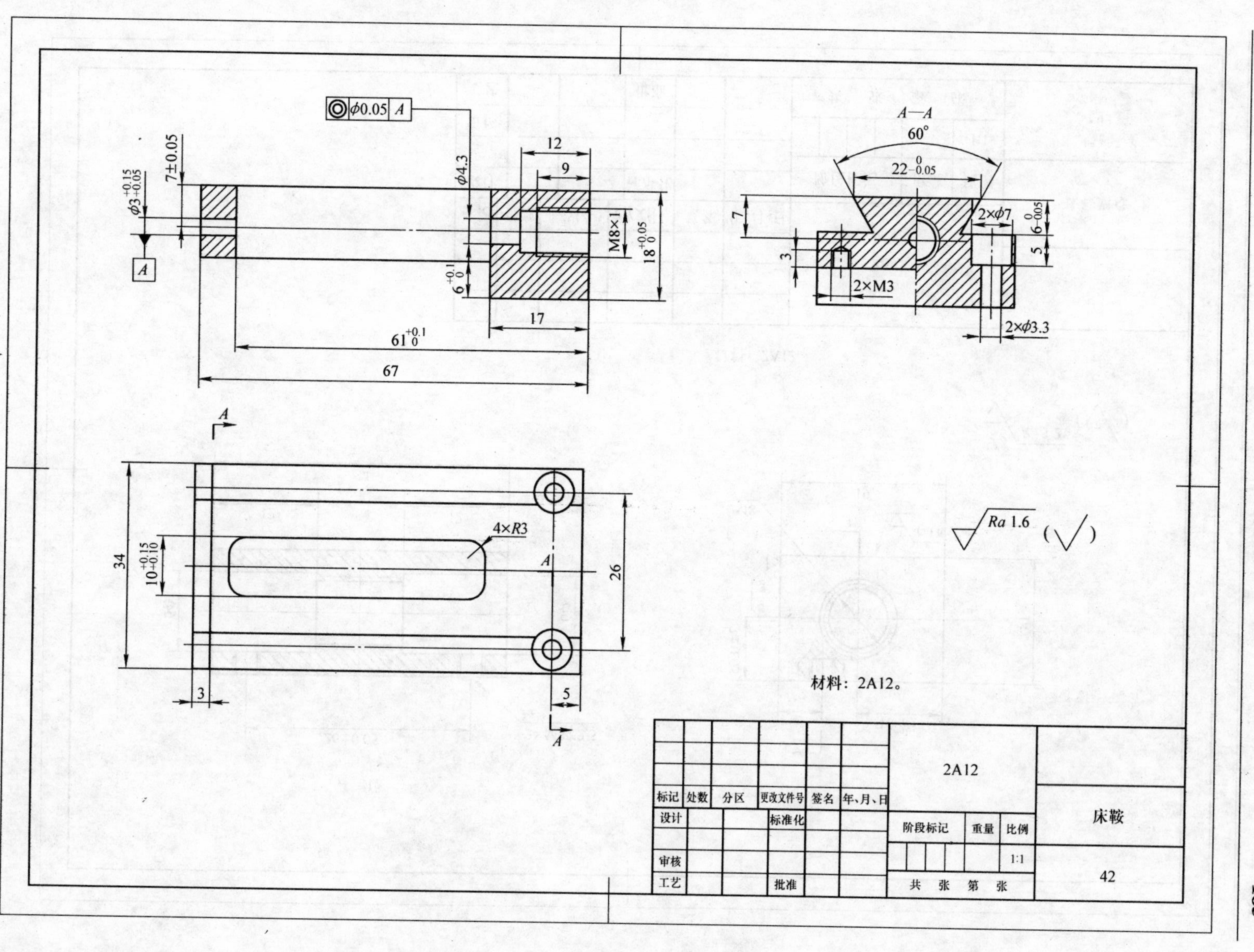
φ0.05 A
7±0.05
φ3 +0.15 +0.05
A
12
9
φ4.3
M8×1
18 +0.05 0
6 +0.1 0
17
61 +0.1 0
67
A—A
60°
22 0 −0.05
7
2×φ7
6 0 −0.05
5
3
2×M3
2×φ3.3
A
4×R3
34
10 +0.15 +0.10
26
3
5
Ra 1.6
(√)
材料：2A12。
2A12
床鞍
42
标记
处数
分区
更改文件号
签名
年、月、日
设计
标准化
阶段标记
重量
比例
1:1
审核
工艺
批准
共 张 第 张

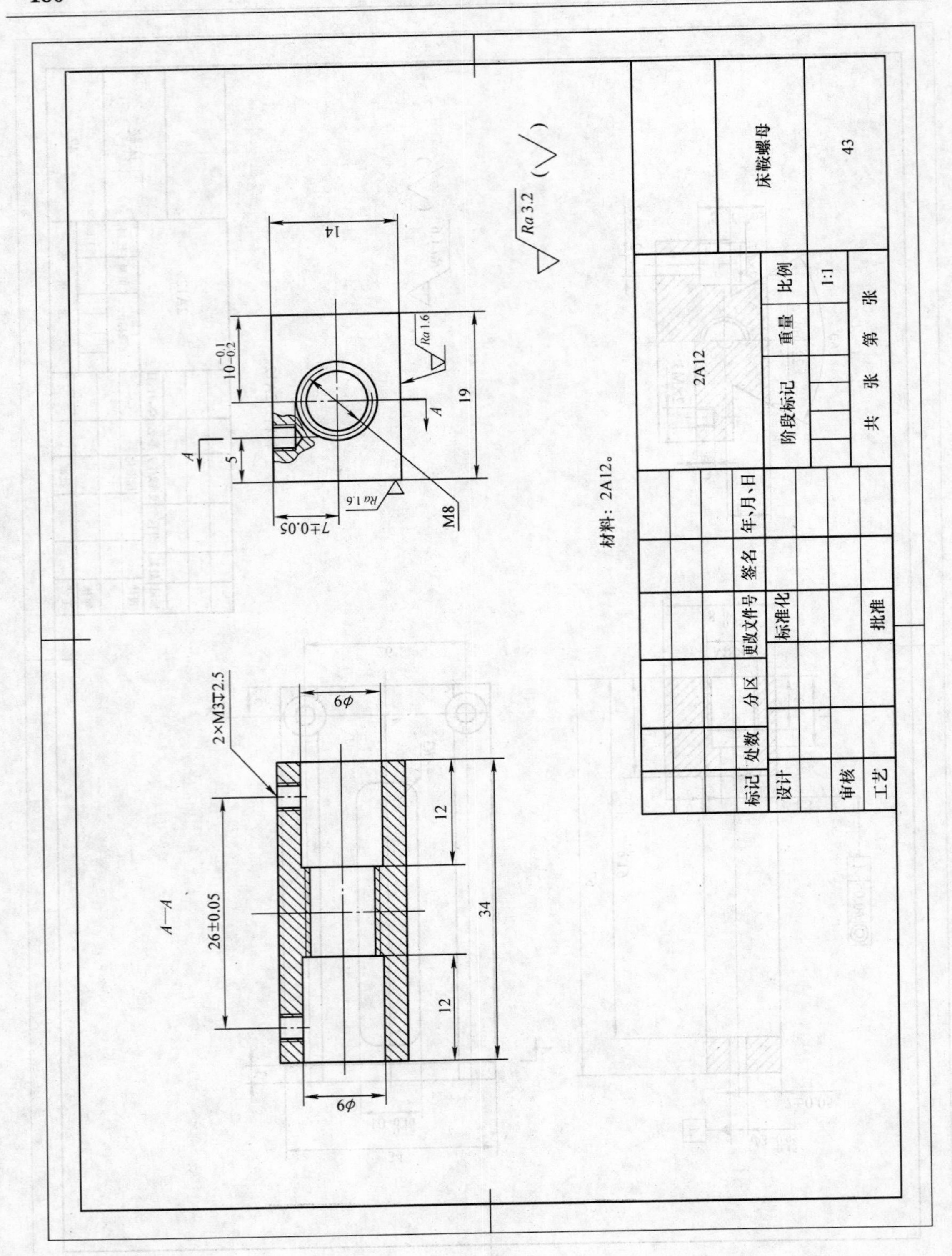
A—A
2×M3↧2.5
26±0.05
ϕ9
ϕ9
12
12
34
14
$10^{-0.1}_{-0.2}$
5
19
7±0.05
A
A
Ra 1.6
Ra 1.6
M8
Ra 3.2
材料：2A12。
2A12
床鞍螺母
43
标记
处数
分区
更改文件号
签名
年、月、日
设计
标准化
审核
工艺
批准
阶段标记
重量
比例
1:1
共
张
第
张

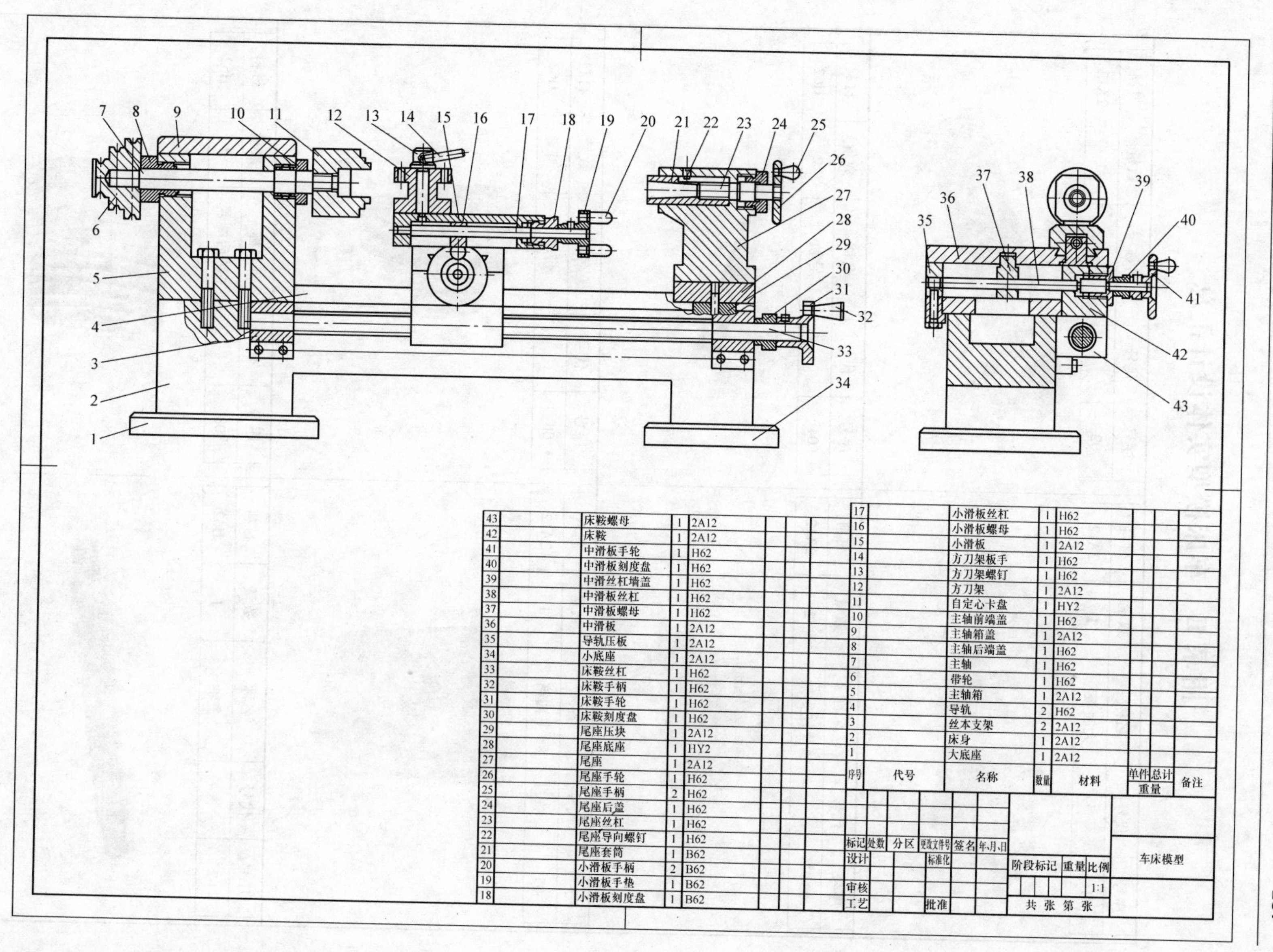

序号	代号	名称	数量	材料	单件重量	总计重量	备注
43		床鞍螺母	1	2A12			
42		床鞍	1	2A12			
41		中滑板手轮	1	H62			
40		中滑板刻度盘	1	H62			
39		中滑丝杠端盖	1	H62			
38		中滑板丝杠	1	H62			
37		中滑板螺母	1	H62			
36		中滑板	1	2A12			
35		导轨压板	1	2A12			
34		小底座	1	2A12			
33		床鞍丝杠	1	H62			
32		床鞍手柄	1	H62			
31		床鞍手轮	1	H62			
30		床鞍刻度盘	1	H62			
29		尾座压块	1	2A12			
28		尾座底座	1	HY2			
27		尾座	1	2A12			
26		尾座手轮	1	H62			
25		尾座手柄	2	H62			
24		尾座后盖	1	H62			
23		尾座丝杠	1	H62			
22		尾座导向螺钉	1	H62			
21		尾座套筒	1	B62			
20		小滑板手柄	2	B62			
19		小滑板手垫	1	B62			
18		小滑板刻度盘	1	B62			
17		小滑板丝杠	1	H62			
16		小滑板螺母	1	H62			
15		小滑板	1	2A12			
14		方刀架板手	1	H62			
13		方刀架螺钉	1	H62			
12		方刀架	1	2A12			
11		自定心卡盘	1	HY2			
10		主轴前端盖	1	H62			
9		主轴箱盖	1	2A12			
8		主轴后端盖	1	H62			
7		主轴	1	H62			
6		带轮	1	H62			
5		主轴箱	1	2A12			
4		导轨	2	H62			
3		丝本支架	2	2A12			
2		床身	1	2A12			
1		大底座	1	2A12			

标记	处数	分区	更改文件号	签名	年月日	阶段标记	重量	比例	车床模型
设计			标准化					1:1	
审核						共 张 第 张			
工艺			批准						

附录 E　车床模型实体设计汇总

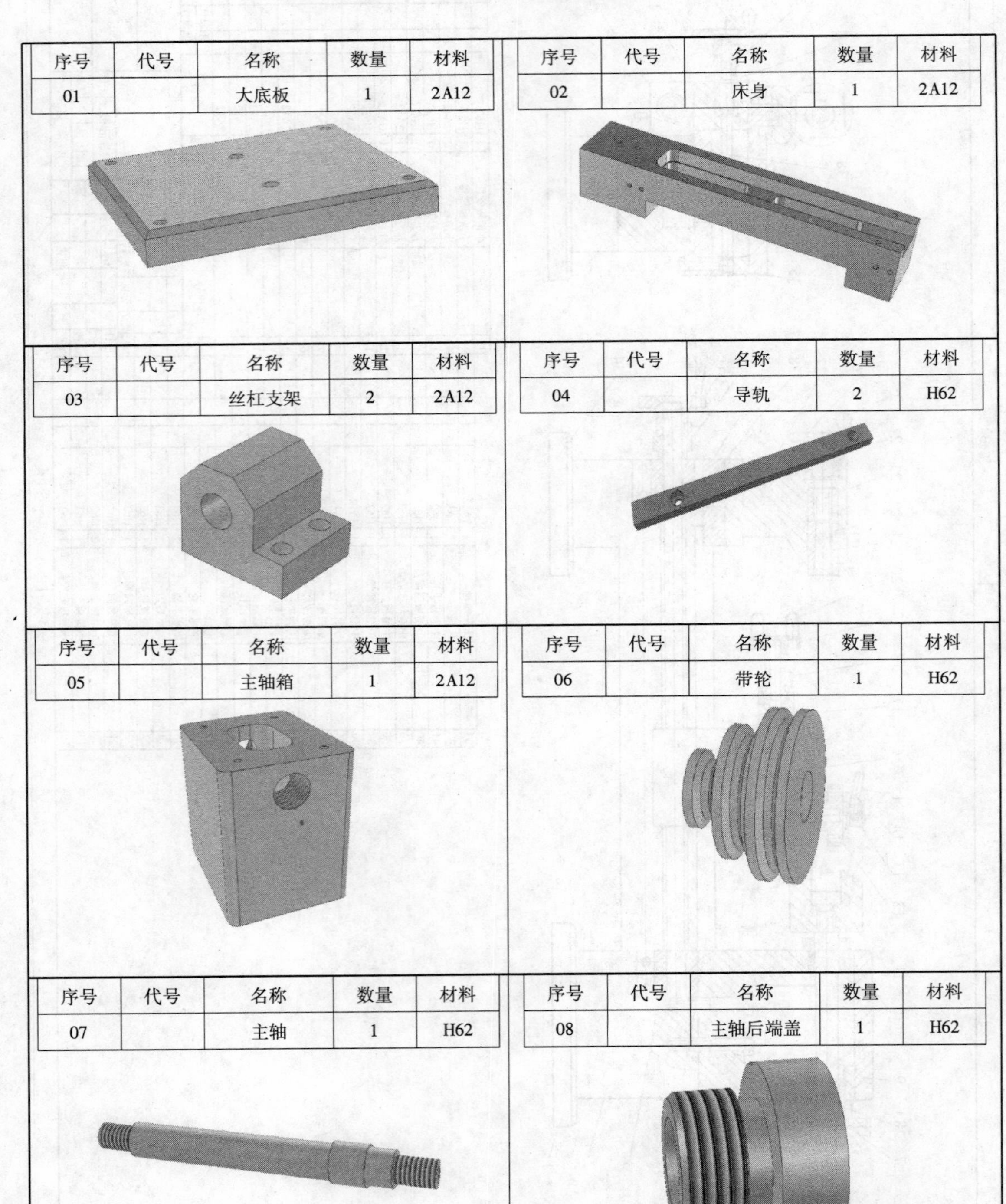

序号	代号	名称	数量	材料
01		大底板	1	2A12

序号	代号	名称	数量	材料
02		床身	1	2A12

序号	代号	名称	数量	材料
03		丝杠支架	2	2A12

序号	代号	名称	数量	材料
04		导轨	2	H62

序号	代号	名称	数量	材料
05		主轴箱	1	2A12

序号	代号	名称	数量	材料
06		带轮	1	H62

序号	代号	名称	数量	材料
07		主轴	1	H62

序号	代号	名称	数量	材料
08		主轴后端盖	1	H62

序号	代号	名称	数量	材料
09		主轴箱盖	1	2A12

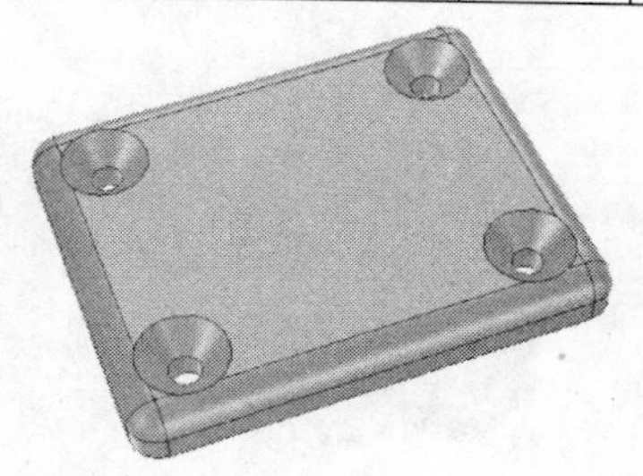

序号	代号	名称	数量	材料
10		主轴前端盘	1	H62

序号	代号	名称	数量	材料
11		自定心卡盘	1	H62

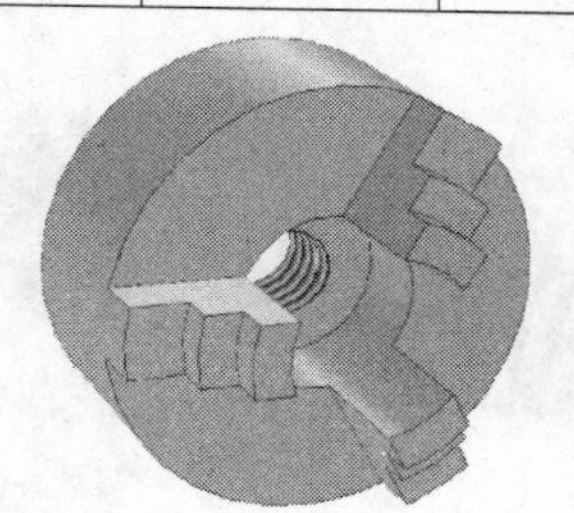

序号	代号	名称	数量	材料
12		方刀架	1	2A12

序号	代号	名称	数量	材料
13		方刀架螺钉	1	H62

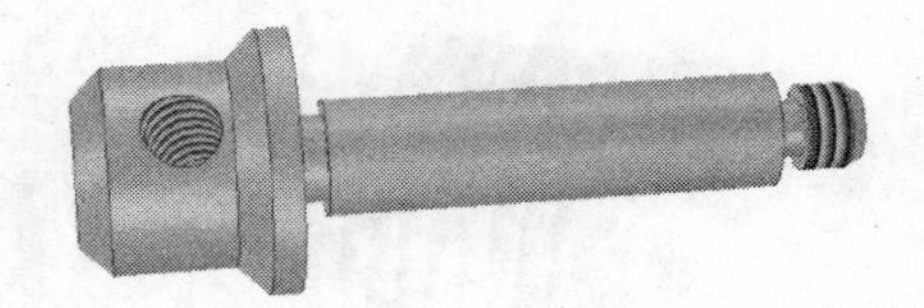

序号	代号	名称	数量	材料
14		方刀架扳手	1	H62

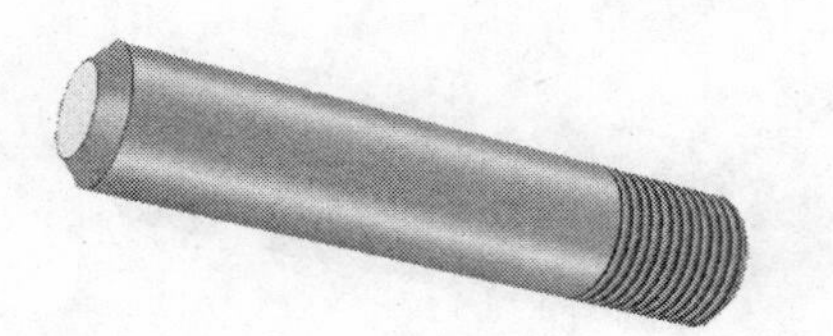

序号	代号	名称	数量	材料
15		小滑板	1	2A12

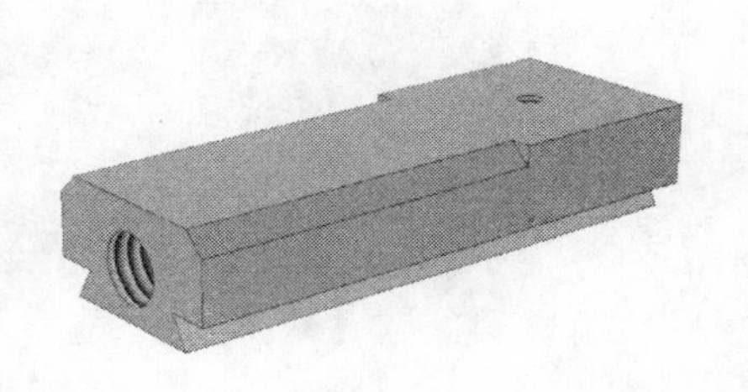

序号	代号	名称	数量	材料
16		小滑板螺母	1	H62

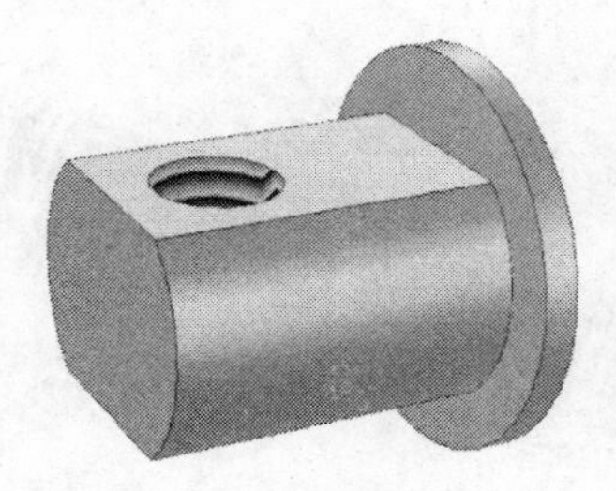

序号	代号	名称	数量	材料
17		小滑板丝杠	1	H62

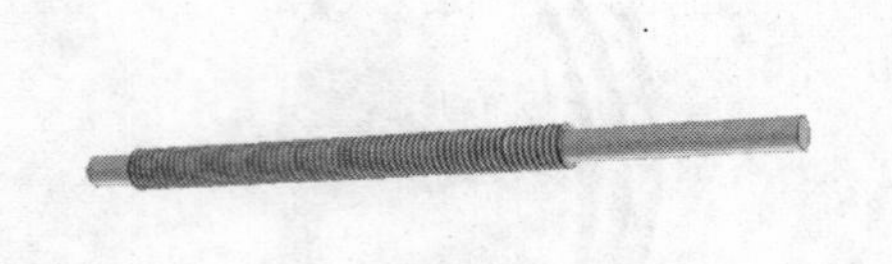

序号	代号	名称	数量	材料
18		小滑板刻度盘	1	H62

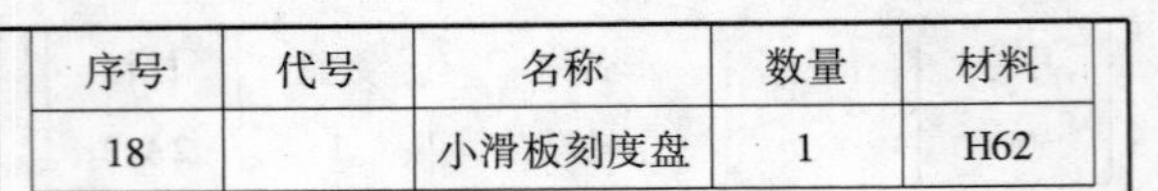

序号	代号	名称	数量	材料
19		小滑板手轮	1	H62

序号	代号	名称	数量	材料
20		小滑板手柄	2	H62

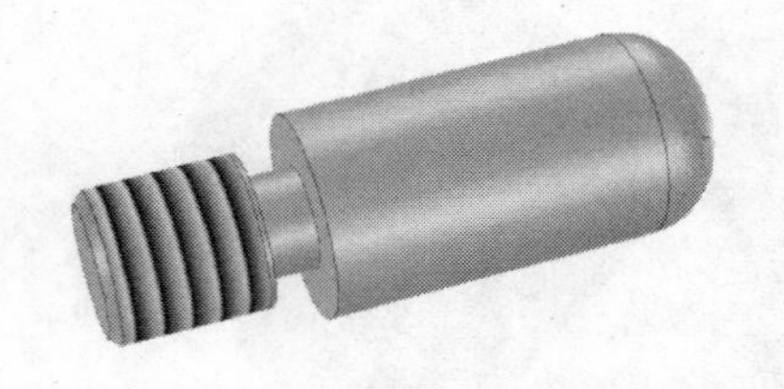

序号	代号	名称	数量	材料
21		尾座套筒	1	H62

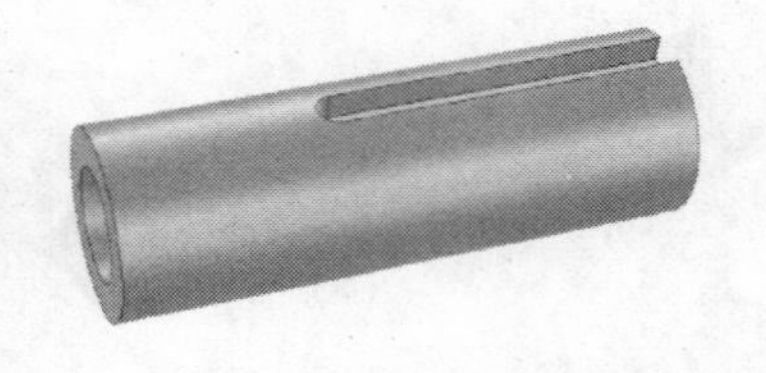

序号	代号	名称	数量	材料
22		尾座导向螺钉	1	H62

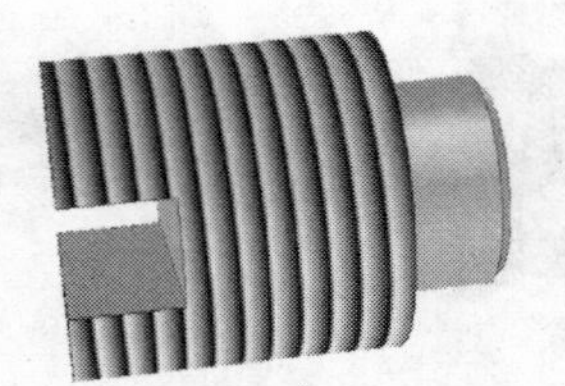

序号	代号	名称	数量	材料
23		尾座丝杠	1	H62

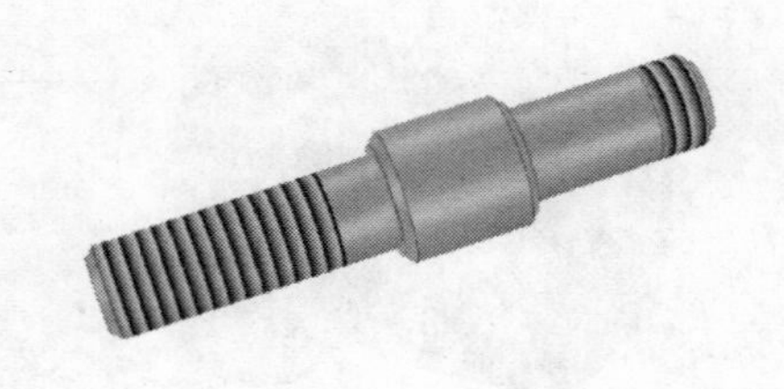

序号	代号	名称	数量	材料
24		尾座后盖	1	H62

序号	代号	名称	数量	材料
25		尾座手柄	1	H62

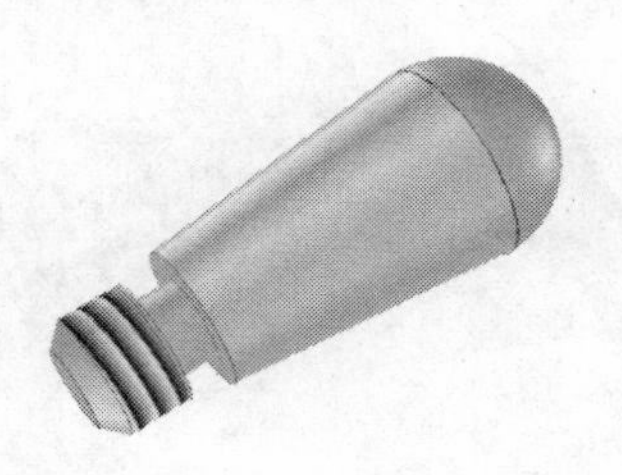

序号	代号	名称	数量	材料
26		尾座手轮	1	H62

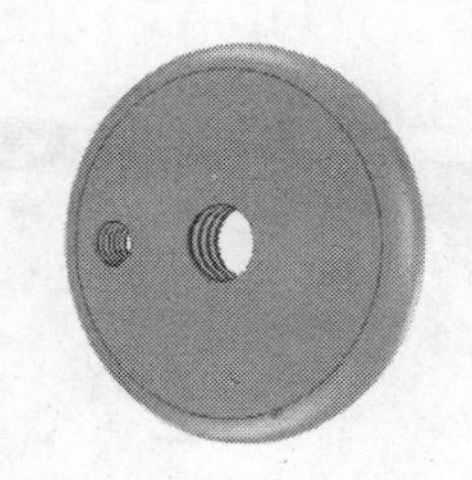

序号	代号	名称	数量	材料
27		尾座	1	2A12

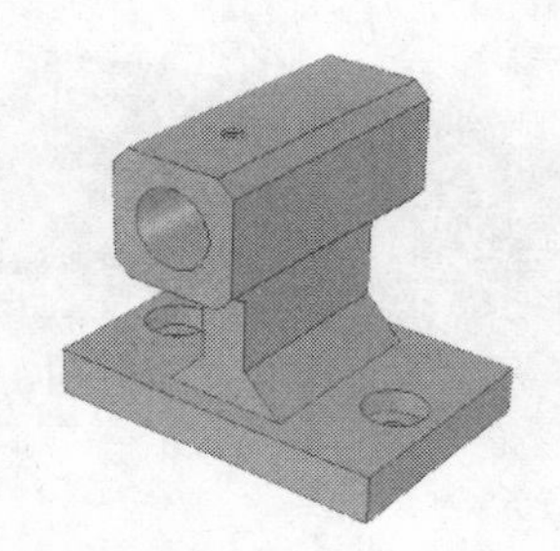

序号	代号	名称	数量	材料
28		尾座底座	1	H62

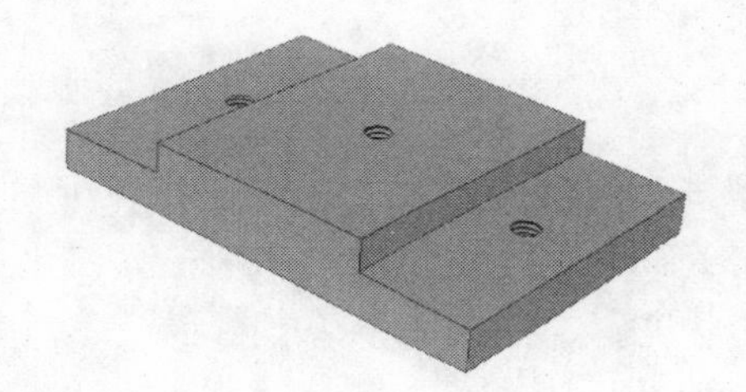

序号	代号	名称	数量	材料
29		尾座压块	1	2A12

序号	代号	名称	数量	材料
30		床鞍度盘	1	H62

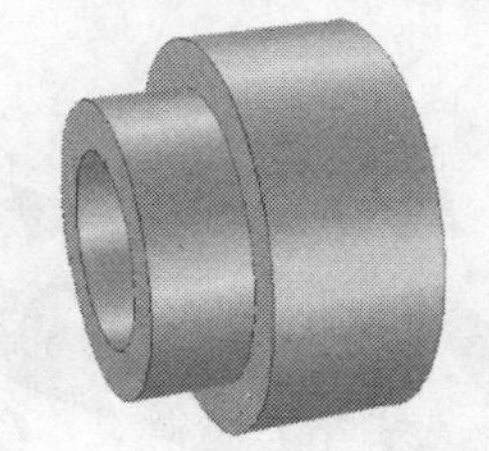

序号	代号	名称	数量	材料
31		床鞍手轮	1	H62

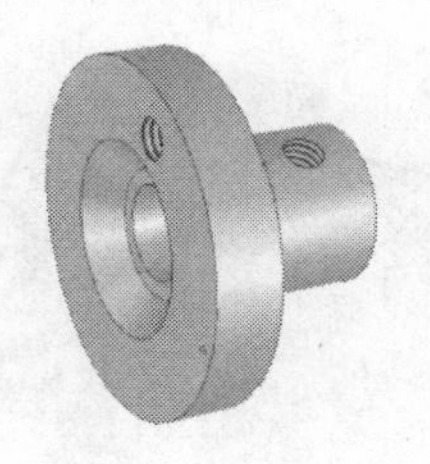

序号	代号	名称	数量	材料
32		床鞍手柄	1	H62

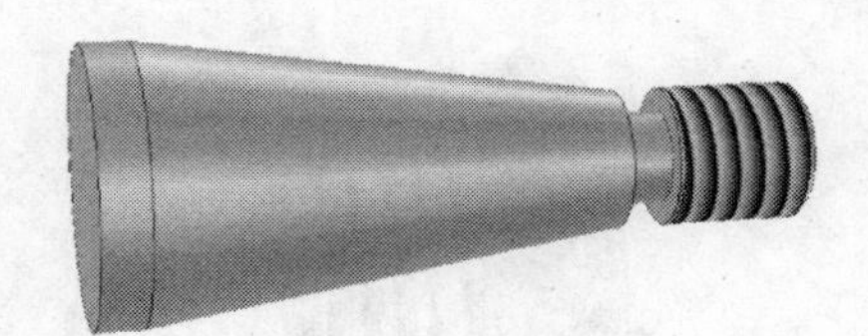

序号	代号	名称	数量	材料
33		床鞍丝杠	1	H62

序号	代号	名称	数量	材料
34		小底座	1	2A12

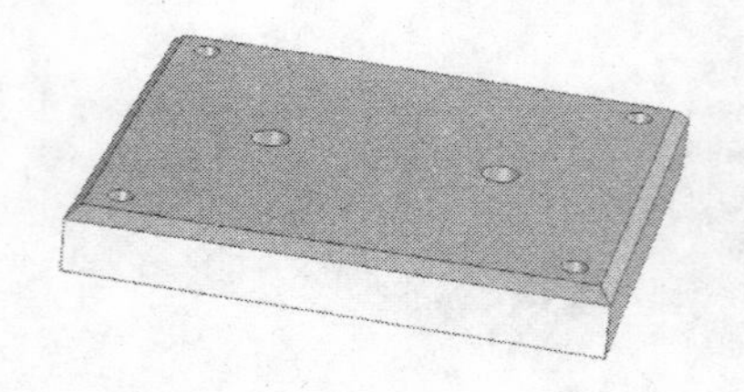

序号	代号	名称	数量	材料
35		导轨压板	1	2A12

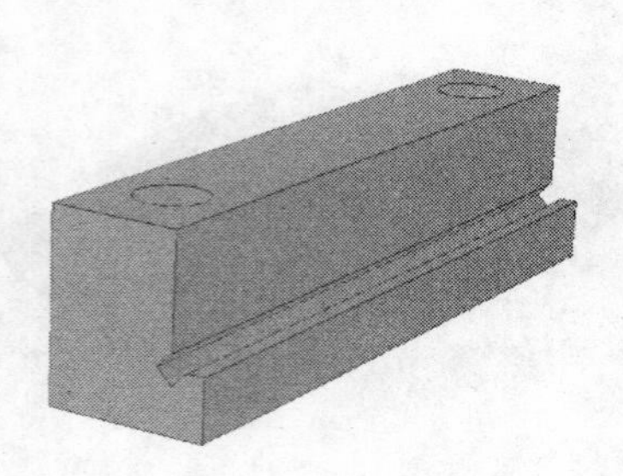

序号	代号	名称	数量	材料
36		中滑板	1	2A12

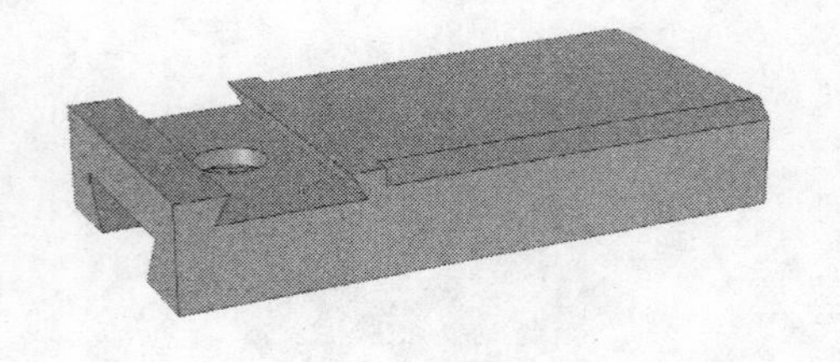

序号	代号	名称	数量	材料
37		中滑板螺母	1	H62

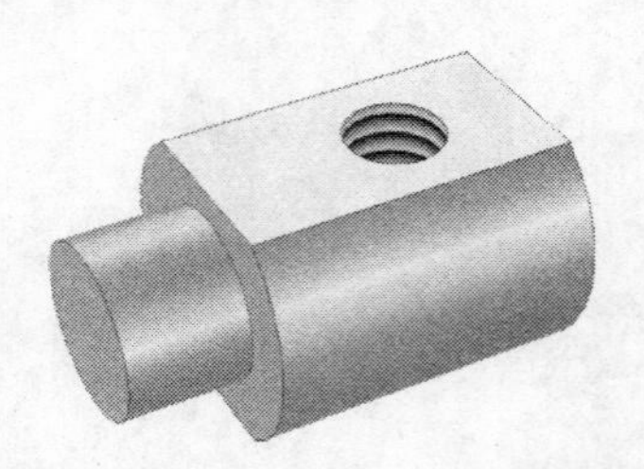

序号	代号	名称	数量	材料
38		中滑板丝杠	1	H62

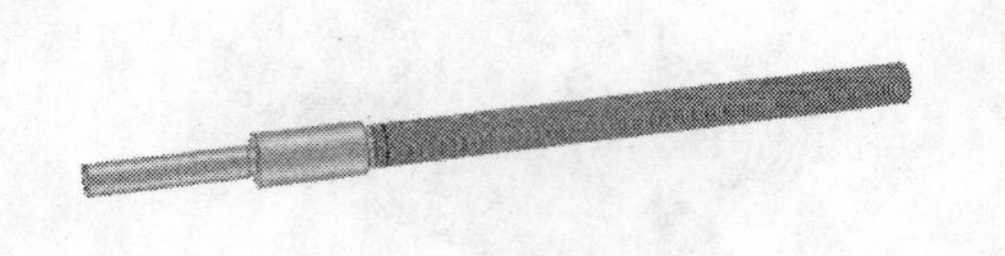

序号	代号	名称	数量	材料
39		中滑板丝杠端盘	1	H62

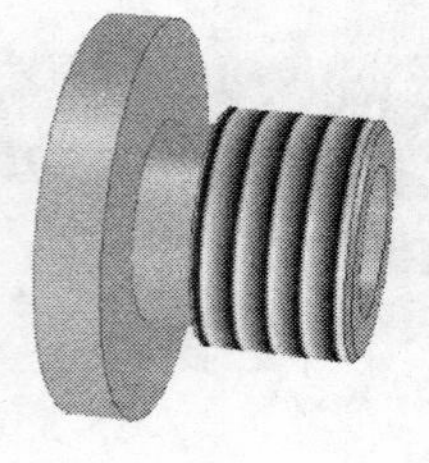

序号	代号	名称	数量	材料
40		中滑板刻度盘	1	H62

序号	代号	名称	数量	材料
41		中滑板手轮	1	H62

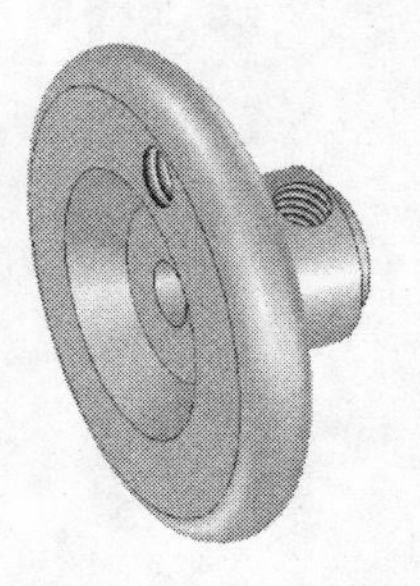

序号	代号	名称	数量	材料
42		大滑板	1	2A12

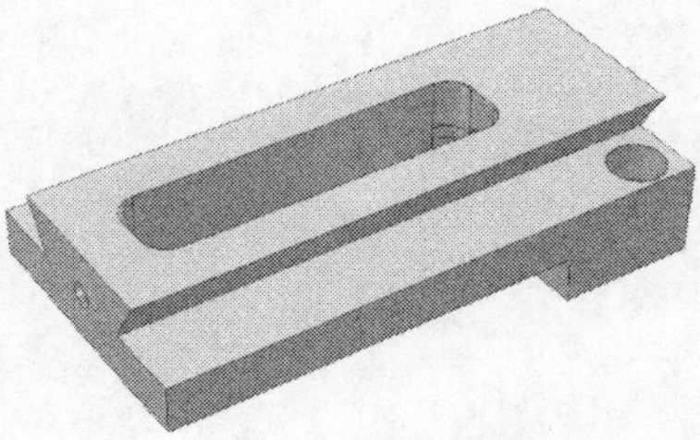

序号	代号	名称	数量	材料
43		床鞍螺母	1	2A12

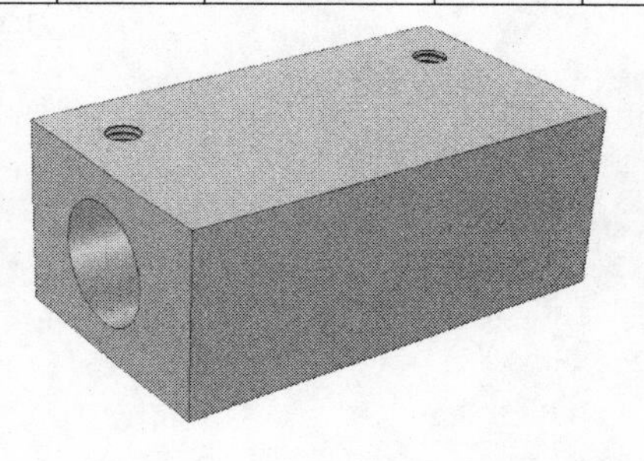

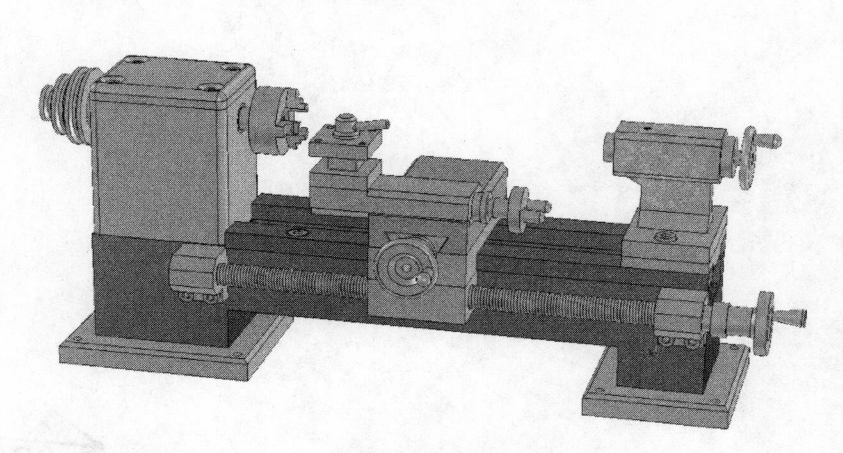

车床模型实体装配图